研究生创新人才培养项目示范教材建设

U0829928

人 机 工 程

邢 元 林 松 项忠霞 主编

天津大学出版社
TIANJIN UNIVERSITY PRESS

图书在版编目（CIP）数据

人机工程 / 邢元, 林松, 项忠霞主编. -- 天津 : 天津大学出版社, 2024.11
研究生创新人才培养项目示范教材建设
ISBN 978-7-5618-7090-7

Ⅰ. ①人… Ⅱ. ①邢… ②林… ③项… Ⅲ. ①人-机系统－研究生－教材 Ⅳ. ①TB18

中国版本图书馆CIP数据核字(2021)第262485号

RENJI GONGCHENG

出版发行	天津大学出版社
地　　址	天津市卫津路92号天津大学内（邮编：300072）
电　　话	发行部：022-27403647
网　　址	www.tjupress.com.cn
印　　刷	廊坊市瑞德印刷有限公司
经　　销	全国各地新华书店
开　　本	787mm×1092mm　1/16
印　　张	14.5
字　　数	396千
版　　次	2024年11月第1版
印　　次	2024年11月第1次
定　　价	68.00元

前　　言

谨以本书感谢十年前选择人机交互工程为研究方向并为之努力的我们。

手术机器人使用是否舒适？在今天仍然是一个不能简单回答的问题，人的感知敏感而丰富，每个人的肢体形式和操作技巧又不尽相同，设计同一款主操作手，让大多数人满意，这是充满挑战和未知的领域。一方面，人机交互方式众多，视觉、听觉、嗅觉、触觉等感知器官帮助人类与外界发生复杂深刻且细腻的接触，而由接触产生的认知深度和广度因人的经验不同而千差万别，进而，人机交互系统对人的主观感受进行记录捕捉及量化评估，对交互方式种类及性能进行提升。另一方面，客观世界或工程师工作，并不以人的感知为依据，需要客观量化。我们用图形和数字去描述身边事物及其关联，建立起主观世界和客观世界的关联桥梁，为人的感知和体验提供度量方式、评价标准和工程创新方法，就更为重要。《人机工程》正是这样一本书，希望与读者分享设计经验与方法，使用感性的并有冲击力的案例，讲述软件界面、工业产品、医疗产品等诸多领域的设计方法，以尝试回复"设计是否舒适"这样的问题，尝试建立客观标准且规范的工作模式，回复工程是否满足主观需求的问题。

我刚开始接触这门研究，便觉得进入了无限深刻的认知世界，自己也如一叶孤舟，从客观世界驶向主观世界，且要在两者间架构桥梁。课程开授，非常感谢天津大学项忠霞教授的信任支持和鼓励，在任何时候前辈们对青年教师的倾囊相授和自己的讲台经验的积累，都是非常宝贵的。忘不了，第一次捧着由美金购入的教材，看到的都是设计案例，没有分析，如何把理论和实践相结合，就是横亘在自己眼前的山丘沟壑。人机交互，不囿于一门科学，而是人因工程、生理学、心理学、设计学、机械工程等多学科交叉融合的产物，想要在汪洋之中取一粟并由此确立理论或平台，实在也非一世功力而不可及。但十年研究过程确实有所感，所以迫切希望与青年设计师们共同沟通、共同探讨，于设计路上共同前进。设计的大厦从不会停工，我们每日共同用自己的努力为之添砖加瓦，亦是一件乐事。由此，撷精去拙，构建自己的理论架构，希望取得抛砖引玉的效果。

本书分为三篇。第一篇为理论基础,第二篇介绍了 CONTACT 设计平台,第三篇为设计案例。我在《人机交互》授课过程中,幸有同济大学林松教授指导。他连续三年深入课堂指导点评,使我的授课形式、授课内容和授课技巧均有大幅提升,在德语教材和英语教材引进方面亦获益良多。后来我有幸参与林松教授《设计学》德文原著翻译工作,译书中更添写作规范与方法的要求。在此,仅代表天津大学人机工程课程教学团队向林松教授表达深切谢意。

同时,本书的出版得益于天津大学研究生院项目的支持。相关课程亦被评选为天津市优秀研究生课程,在此,也非常感谢学校的培养与鼓励。

“现实的世界是有边界的,思维的世界是无涯际的”,希望本书成为工程师们某段航程的导航标,助其驶向更辽阔的远方。

邢元

2024 年 10 月

目 录

第一篇 交互概念与设计方法

第二篇 设计工具

第三篇 案例分析

《人机工程》彩色版本电子书

第一篇　交互概念与设计方法

第一章　基础知识

本章对人机之间交互行为的基本概念、基本描述、分析方法进行介绍。人，为机器的操作者；机器，在本书中并未被限定为计算机、机器人或机械加工设备，而是被泛化为各类产品。

第一节　交互概述

交互即人和机器在混合工作场所中以人机协作的形式结合起来以应对复杂作业。本书的研究对象可描述为由“人-机-环境”所组成的系统。机器、机器人作为多功能单元，面临高柔性与高生产率的双重挑战。于是，人机合作的可能性与可行性成为未来生产系统设计的决定性基础。在实现特定目标的过程中，构建人机交互知识库可有效促进交互过程采集合理的“语言或命令”，并通过相应“硬件设备”执行指令描述的工作。

人机交互功能的核心所在就是要保证人与技术系统的高度协调，通过人机合一，使系统发挥最优作用。人机交互是通过各种形式的信息传递进行的，比如物理的、化学的和生物的信息。一方面，人借助交互界面，从技术系统里识别信息，采集和处理信息，最后作出决策，把待执行信息通过交互界面传递给技术系统；另一方面，技术系统通过交互界面接收人发出的执行信息，通过信息输入装置、信息加工单元驱动和控制技术系统运行，完成给定的任务，同时通过信息的输出单元，把相应的信息输出到人机交互界面上。

人机交互过程正是在这一信息的流通和循环过程中得以实现的，图 1-1-1 展示了人机交互系统从任务确定到任务完成的执行机理和交互界面信息的流动过程。

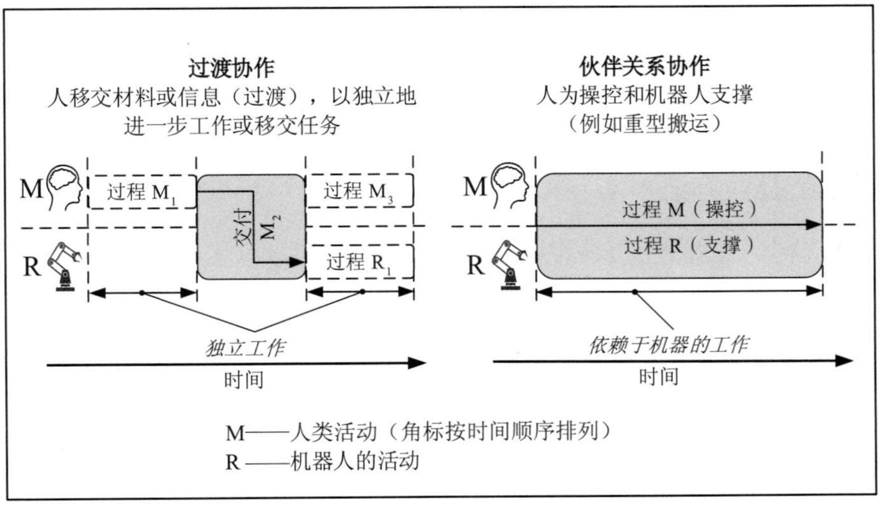

图 1-1-1　人机交互行为示意

一、交互形式

人机交互空间的相对位置关系决定了交互深度的环境条件。人机交互一般从功能上分为 3 种模式，如图 1-1-2 所示。

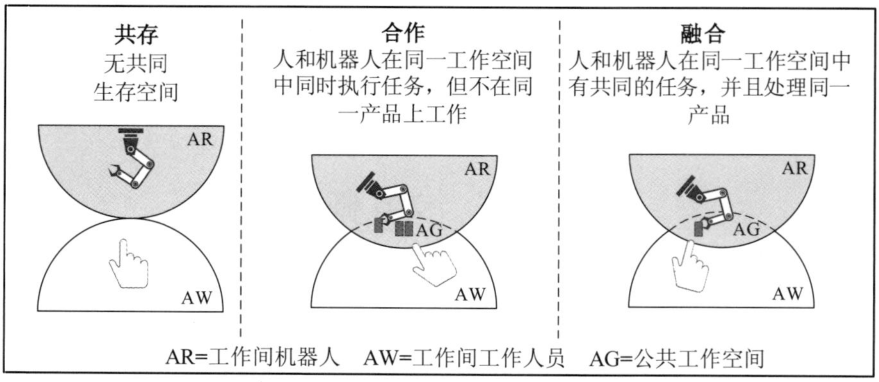

图 1-1-2　人机交互的 3 种模式

（1）共存交互。机器人的工作空间与人的操作空间无重叠，人机在不同工作空间中，分别完成各自不同的工作。

（2）合作交互。机器人的工作空间与人的操作空间有重叠，人机在同一工作空间中，同时完成各自不同的工作，面对不同的工作对象。

（3）融合交互。机器人的工作空间与人的操作空间有重叠，人机在同一工作空间中，同时完成共同的工作，面对同一个工作对象。

二、交互技术的提升

人机交互技术的提升和应用需要考虑两方面内容，一方面是服务于交互的知识库的建设，另一方面是交互技术的应用研究。在知识库建设中，设计者拓展现有交互方式，强化多模态信息增强现实能力，规范语义描述框架、自学习知识库和语义通信编码解码，构建人与智能系统、智能系统与智能系统之间的“达意”通信，为人机、机机等多种智能体间的协同提供自然顺畅的交互方式，为人机高度融合作业奠定技术基础。

三、产品的交互方法

在计算机这个“人机交互”产品中，人的感知器官或信息收集器官可被抽象定义为视觉系统、听觉系统、语言系统和触觉系统。这些感知系统收集信息并将其综合汇总到大脑中进行处理，最后得到反馈指令。以人使用笔记本电脑编辑 Word 文档为例，人与屏幕之间的交流为视觉信息交流，人的手指敲击键盘，输入文字。当希望调整文字在屏幕中的位置时，可以使用鼠标或者键盘上的“箭头”键。如果电脑的屏幕为可触摸交互式的，则增加了新的交互方式——手指触摸屏幕，上下移动，即可调整文字在屏幕中的位置。不同的任务可使用不同的交互方式来完成。相同的任务，也会因不同设备的不同功能产生不同形式的交互。

四、安全性设计与保障研究

技术系统和单元的安全性是人机交互的灵魂。在设计技术层面的安全性时，设计人员需要从机械、电控、软件、算法等技术方面多层次、多角度地解决系统自身的运行可靠性和安全性问题。人机之间相互融合的交互形式得到广泛的应用，不同的功能有不同的交互工作模式，如图 1-1-3 所示。

（1）安全监控。交互环境的控制通过对空间距离的监控来实现，当操作者与公共的人机作业空间的距离 s 小于或等于最小安全距离 s_{min} 时，机器人将自动停止运行。例如，限制操作行为或进行作业的交接时需要这种交互的工作模式。

（2）操作引导。交互环境的控制通过对机器人工作空间的极限位置和操作轨迹的危险性的监控来实现，在交互中通过一个协调装置的运行实现对操作者行为的引导。操作运动在监控下受限于最大安全额定速度，当机器人的运动速度 $v_{机器}$ 大于或等于最大极限速度 $v_{机器极限}$ 时，机器人将自动停止运行。例如，在力的增强或远程定位时需要这种交互的工作模式。

（3）运动监控。交互环境的控制通过分别对机器人和操作者不同的运动速度的监控来实现。在交互中，机器人的运行速度受控于人机工作距离，当这个距离小于最小安全距离时，机器人将自动停止运行。例如，对操作行为的限制或接收新的作业时需要这种交互的工作模式。

（4）动力保护。交互环境的控制通过分别对机器人和操作者之间接触时的作用力或压强的监控来实现。在交互中，根据机器人和操作者相互独立的运动是否有碰撞或卡住的情况，发生碰撞时是否超出极限负载等条件，决定机器人是否自动停止运行。这种交互的工作模式特别适合机器人和操作者在同一工作空间内完成各自不同工作时的工艺过程。

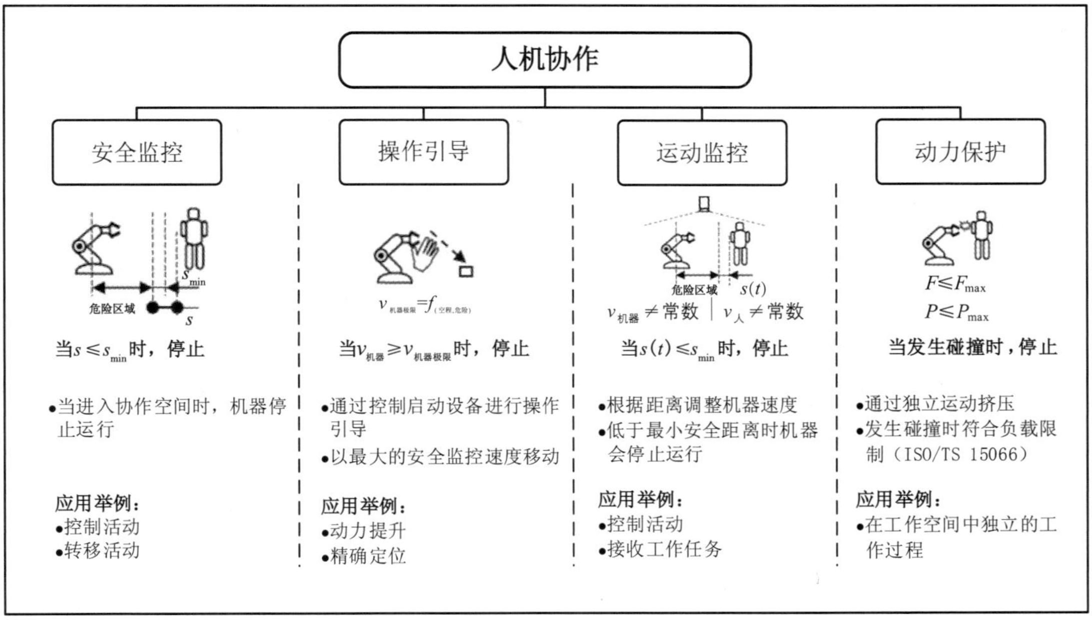

图 1-1-3　人机之间相互融合的安全性交互形式

思考题

（1）汽车驾驶的交互属于哪种形式？交互方法有哪些？

这些方法分别采用了什么交互设备?

(2)如果你是一位自动驾驶汽车的设计师,你认为参照普通汽车的交互系统,有哪些交互可以增加,又有哪些交互可以减少?为什么?

(3)如何提升汽车驾驶的安全性?在现有汽车的设计基础上,如何调整交互方式和防护设备?

(4)在你身边有很多交互设备,如笔记本电脑、手机等,请选取一个例子,分析其属于哪种形式,交互方法有哪些,又分别采用了什么交互设备。

解答提示

以思考题(1)为例。

汽车驾驶是一个交互比较复杂的过程。人的感知系统包括视觉系统、听觉系统和触觉系统,这些感知系统收集信息后综合汇总到大脑中进行处理并得到反馈指令。

在无导航系统辅助的驾驶过程中,驾驶员需要搜集路线信息、实时路况信息、实时车况信息。汽车系统通过车窗、后视镜、仪表盘等设备直接提供信息,驾驶操作则是驾驶员通过对方向盘、踏板、操纵杆等设备进行操作实现的。在不同任务(例如起步、超车、转向、倒车、侧方位停车等)下,人车之间均会建立起多种交互关系,人的感知系统对信息进行有效传递。有时,信息甚至会通过不同交互设备被重叠提供。

在有导航系统辅助的驾驶过程中,可看作汽车又增加了新的交互设备,提供视觉、听觉的交互方式,有时甚至有触觉的交互方式,给驾驶员提供正确的道路信息。

那么,在讨论汽车的交互形式时,我们最好依据不同操作任务的执行过程,去探讨有多少交互种类和交互设备。首先,列出驾驶过程中的任务清单。其次,可以从某一种感知系统(如视觉交互)开始考虑汽车有多少种设备可以实现人车之间的交互,分析每种设备的特点和重要程度如何,尝试分析是否有一些设备重复提供了信息,信息重叠的意义在哪里。随后,可以按上述方法依次分析其他的人车交互感知系统。

第二节 交互的表达

在描述产品的交互功能时,可使用交互模型对产品的交互功能进行表达。这样一方面可以体现出涉及的现有交互设备或交互方法,另一方面可以对交互过程中传递的信息种类和流向进行清晰的描述。在现有产品的交互功能评估和未来产品的交互功能开发过程中,正确描述现有产品的交互实现是非常有必要的。描述基于以下两个条件。

(1)人和机器被看作两个有类似特征的设备,既有执行交互的工具,也有交互信息处理器。

(2)在人和机器间,传递的信息可以被正确表达、处理并理解,并得到相应的回复信息。

下面以“人-计算机”交互系统为例进行交互表达的说明。

在图 1-1-4 中,左侧方框图为计算机系统,突出显示交互设备和中央处理器。右侧的方框图为人的系统,突出显示交互器官和认知处理器。左侧图中交互设备从上到下的排列顺序与右侧图中交互器官从上到下的排列顺序一致,基本表达了交互行为的形式。而交互过程信息传递的方向通过箭头来表示。为了区分信息种类,可以使用不同类型的线条表示视觉信息、听觉信息和触觉信息等。

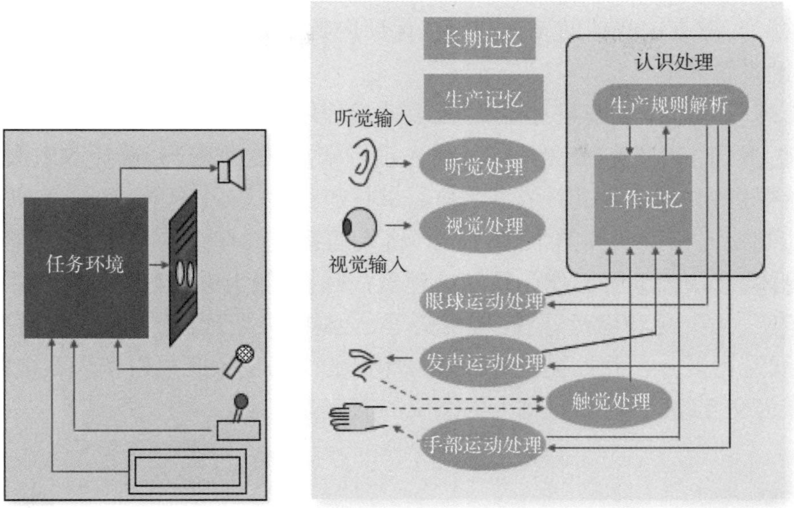

图 1-1-4　计算机的人机交互表达

随着产品多样化，有可能产生单一功能交互过程延长或多功能交互过程高度汇集的情况，此时的描述可按照如下两种情况分别进行。

1.动态交互

交互过程往往是动态的，单一时刻的交互描述不足以记载和表述交互行为，所以需要制作操作流程图对交互过程进行记录。下面以银行自助取款机（ATM）提取现金这一过程为例分析交互模型（图 1-1-5）。

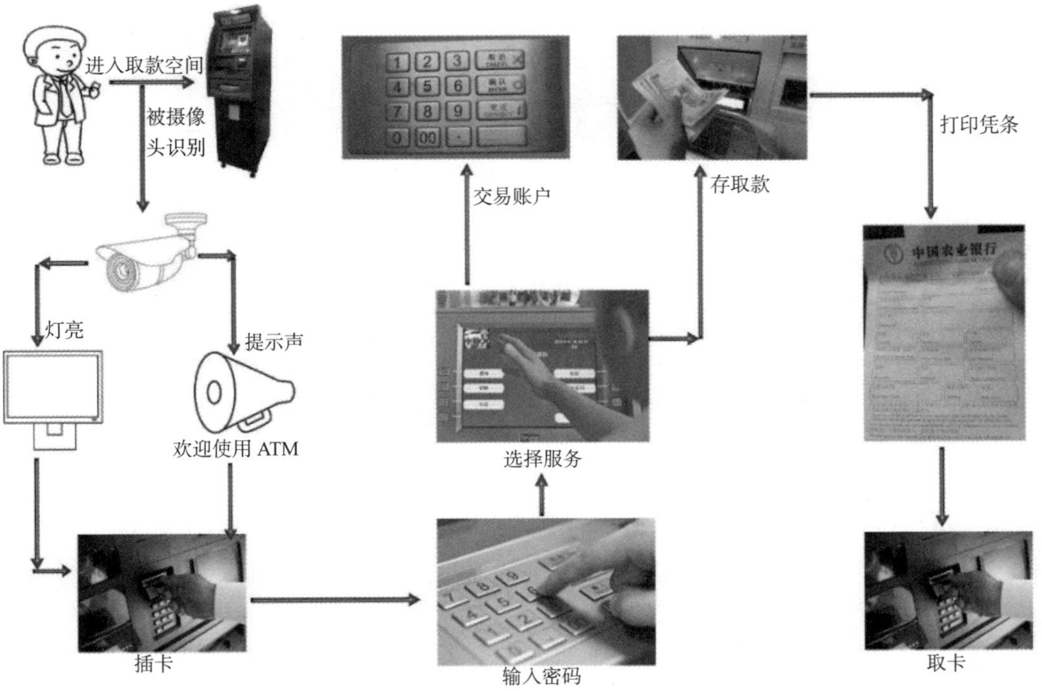

图 1-1-5　银行自助取款机提取现金过程中的人机交互

首先，划分系统的边界。交互行为发生的一方是人，另一方是银行的自助取款机系统。但是，需要注意，自助取款机所在空间内还安装有监控器和语音设备等辅助设备，配合人共同完成取款行为，没有这些辅助设备则无法保证取款过程的安全性，因此自助取款机系统包括相应的辅助设备。

其次，梳理取款过程。按照时间顺序，取款过程依次为：人进入取款空间，监控设备识别后，设备启动，发出"欢迎光临"的声音；插入银行卡后，输入密码，选择取款服务，输入取款金额后，机器提供相应款额；机器依据用户需求打印交易凭条；退卡，取卡，离开。

最后，绘制交互模型。如图 1-1-6 所示，将人的系统放在图的左侧，交互器官包括眼睛、耳朵、手和身体，使用大脑图标作为认知处理器；图的右侧为银行自助取款机系统，交互装备包括屏幕、喇叭、插卡孔和键盘、监控摄像头等，绘制中央处理器。在交互信息表达中，使用不同形式的线进行区分。此处提供的钱和打印出的交易凭条既可以作为系统的输出进行表达，也可以作为交互物品，返回左侧人的系统的交互器官上。

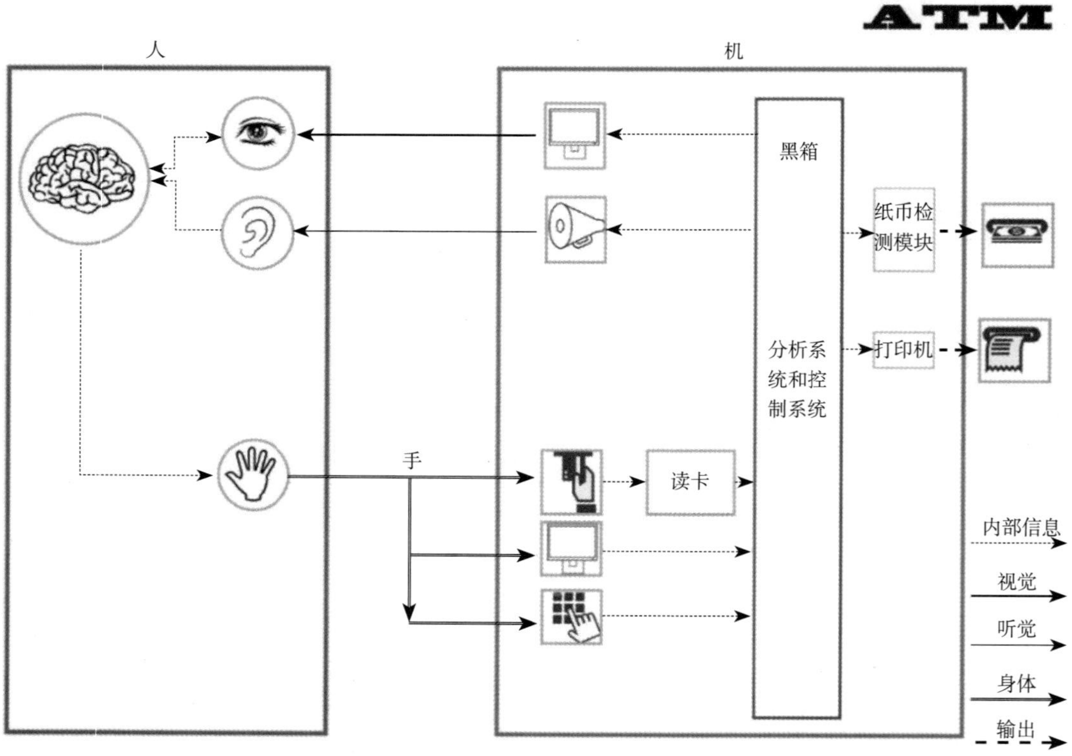

图 1-1-6　银行自助取款机的人机交互表达

图 1-1-7 为某款交互健身设备的人机交互过程，首先借助使用过程描述人机交互行为和交互方式，随后对交互行为进行图解表达（图 1-1-8）。

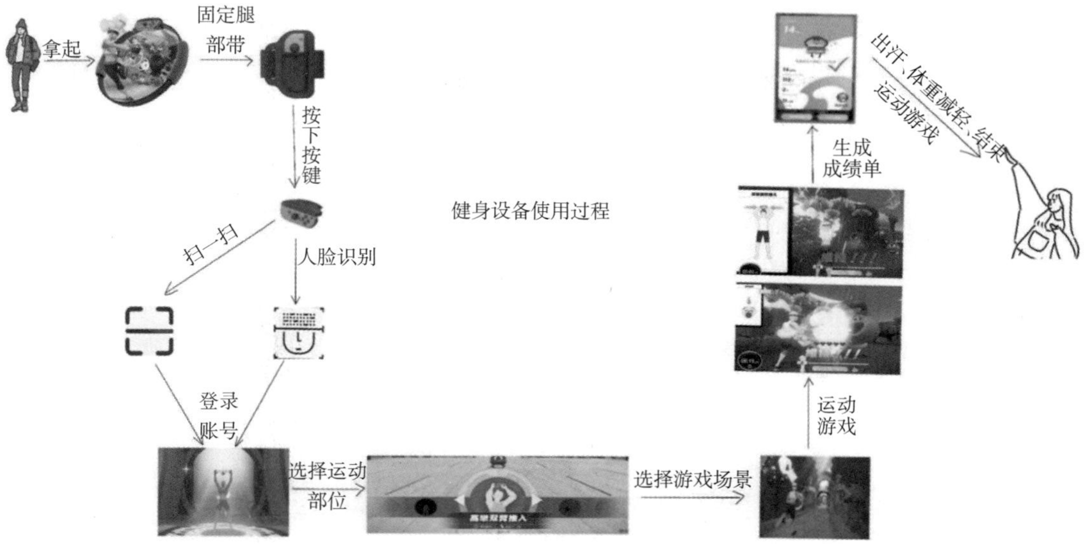

图 1-1-7　健身设备的人机交互

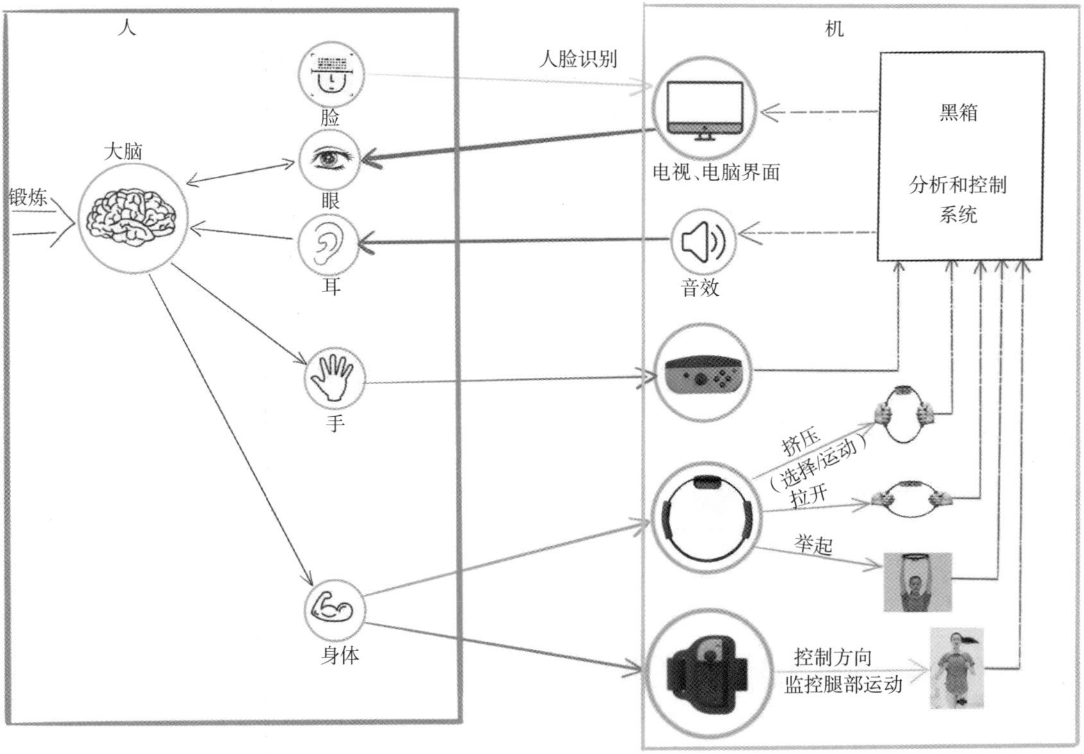

图 1-1-8　健身设备的人机交互表达

2.多功能交互

当产品具有丰富的功能时，应按照“先整理功能，后交互表达”的顺序进行分析。

首先，对设备的功能进行分类。以图 1-1-9 所示的某款手环产品为例，它具有支付功能、天气预报功能、时间管理功能、交流功能、健康管理功能、音乐播放功能等。我们可以在现有图形的基础上，进一步列出手环的基本功能和拓展功能，借助对其他信息源的依赖程度，对功能实现的复杂程度由高到低排列。

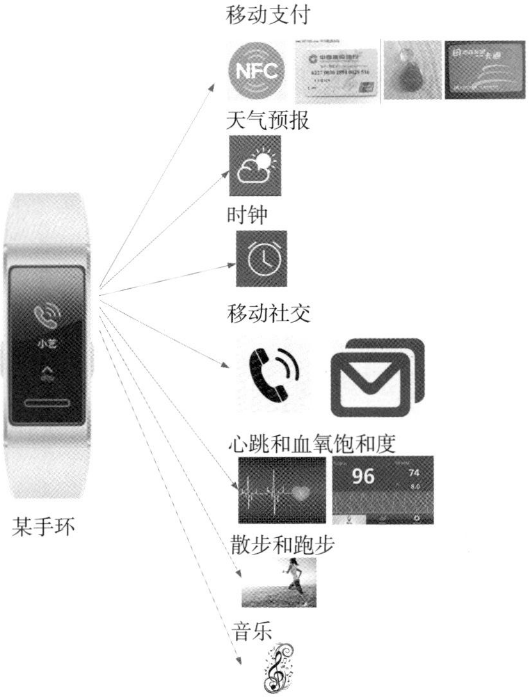

图 1-1-9　某手环的人机交互

随后，逐一绘制设备功能的使用过程。此时，如设备功能实现需要其他远端信息源支持，可将远端数据提供的资源看作产品的一部分来进行分析，以确保整个功能实现的过程描述清晰并符合逻辑关系。例如，支付功能需要互联网支持下的交易平台数据管理系统和银行信息管理系统，这两个管理终端也可看作产品的一部分。

再次，在描述交互的过程中，可依据每个功能实现的交互方式在图中进行表达。图中仍然为人的系统与产品的系统，交互信息与交互方式也清晰可见，不同的信息流使用不同的方式进行表达（图 1-1-10）。

思考题

（1）图 1-1-11 给出了汽车使用过程中的交互表达，请判断是否正确并指出可进一步改进的地方。

（2）超市中储物柜的交互使用功能描述如图 1-1-12 和图 1-1-13 所示。请首先分析使用过程并针对每一步骤中的交互形式和交互方法进行确认，随后绘制储物柜的交互图。借助这种思路，对日常生活中使用的某件产品进行交互功能的分析。

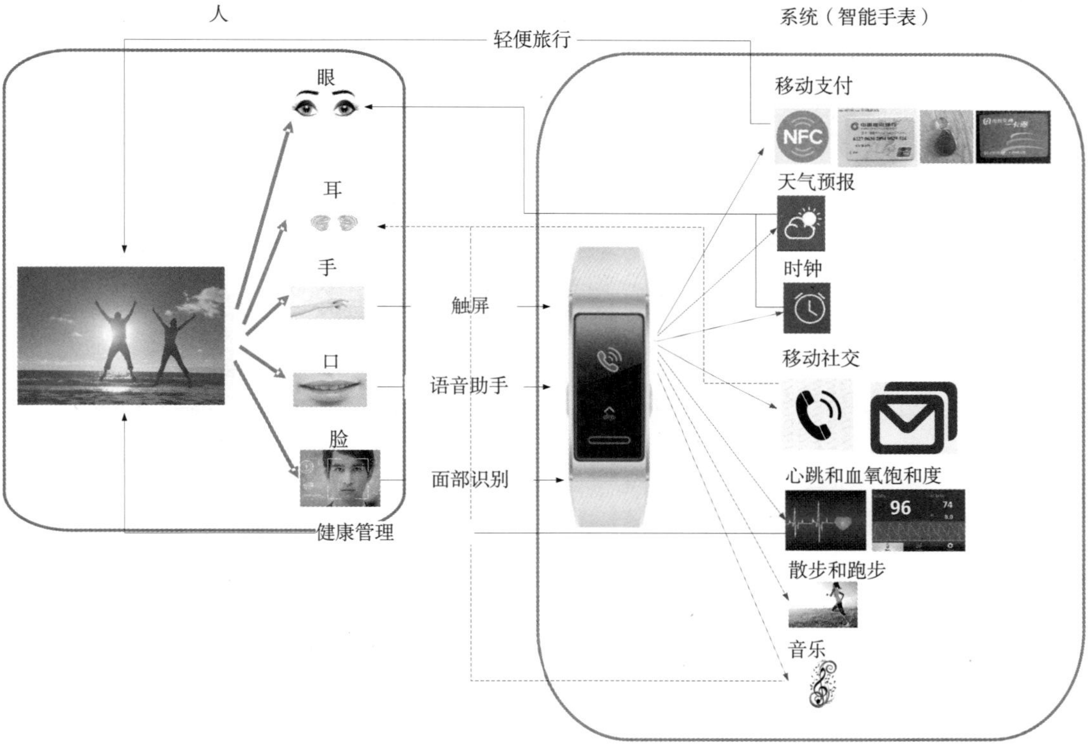

图 1-1-10　手环的人机交互表达

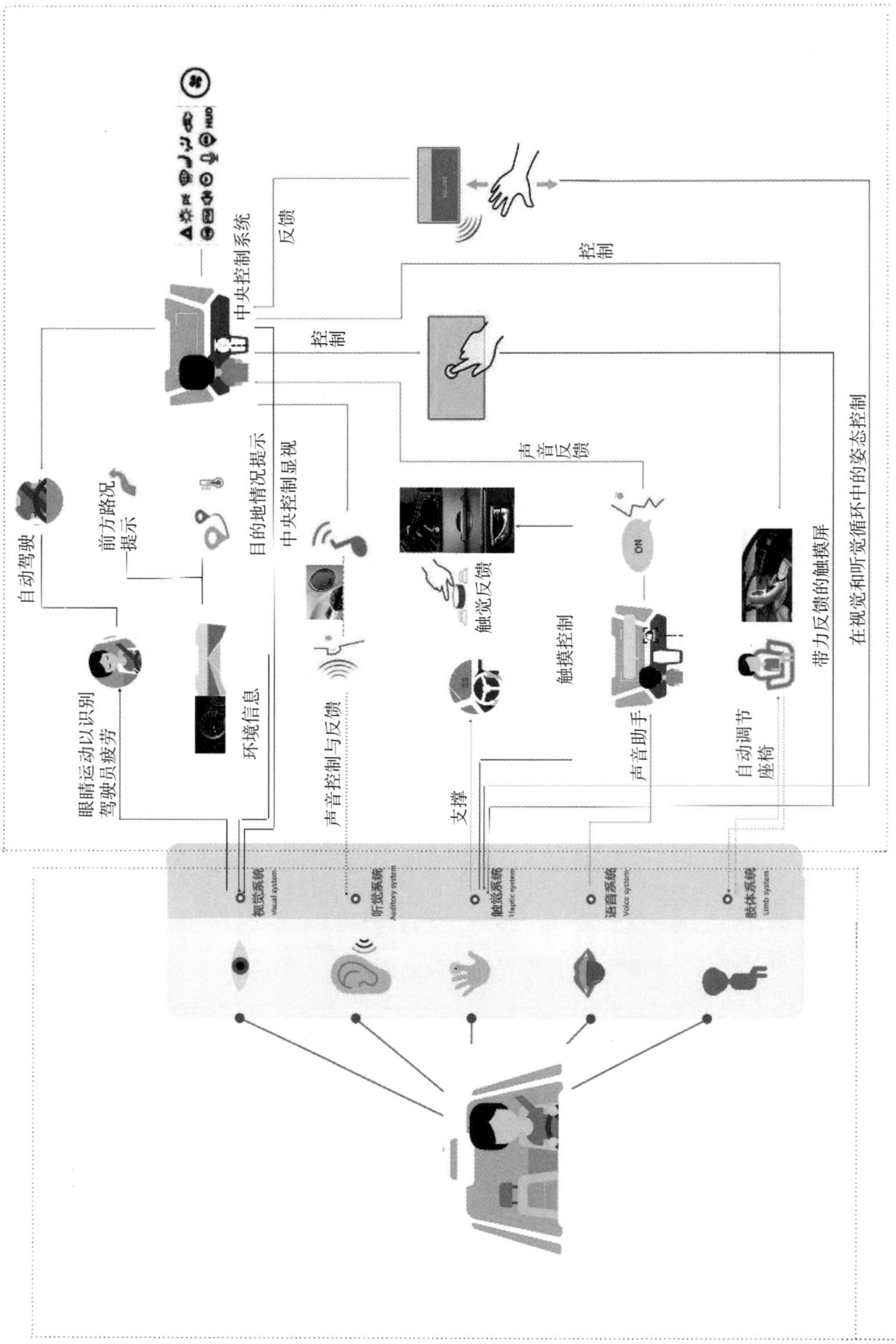
系统
人
中央控制系统
反馈
控制
控制
声音反馈
自动驾驶
前方路况提示
目的地情况提示
中央控制显视
眼睛运动以识别驾驶员疲劳
环境信息
声音控制与反馈
触觉反馈
触摸控制
支撑
声音助手
自动调节座椅
带力反馈的触摸屏
在视觉和听觉循环中的姿态控制
ON
HUD
视觉系统 Visual system
听觉系统 Auditory system
触觉系统 Haptic system
语音系统 Voice system
肢体系统 Limb system

图 1-1-11 “人-汽车”交互

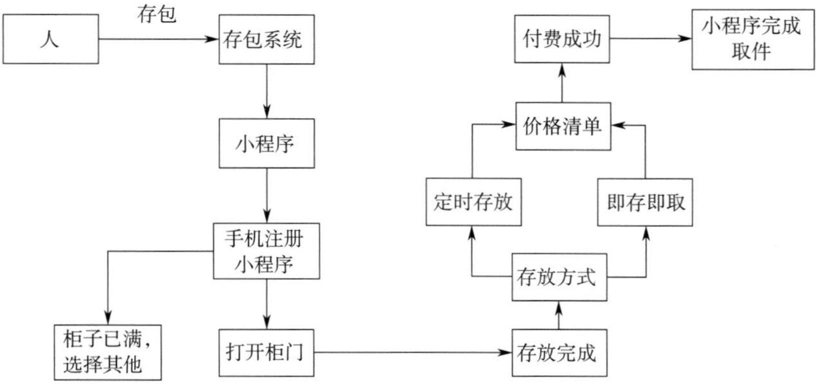

图 1-1-12　储物柜的使用过程

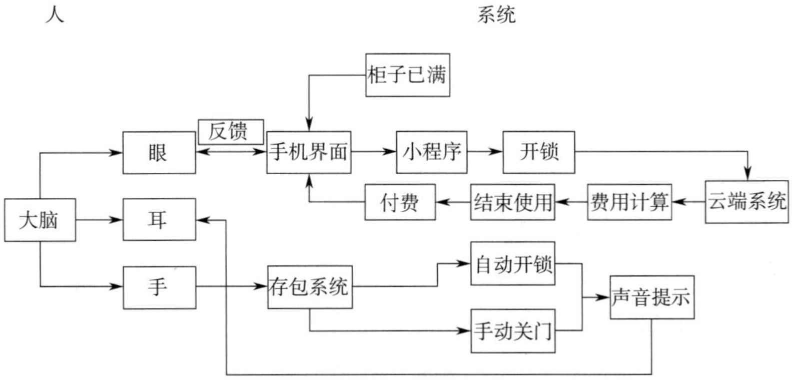

图 1-1-13　储物柜的交互表达

第二章　用户分析

本章从操作者的角度，对人的感觉、知觉和意识的形成进行介绍，检测人与技术交互时的能力与极限，由此提升将新技术引入产品时用户的感受，帮助用户更好地熟悉或适应新的技术系统。

第一节　感觉

感觉是人不同的感觉器官从环境中获取信息并将信息转化为对物体的形象、声音、味觉和触觉的体验，这是一个复杂的过程。比如，当人接触一个产品时，人的眼睛、皮肤等会向大脑传递产品的颜色、质感等信息，使人形成对产品的初步印象。通常，视觉是最重要的感觉，其次是听觉和触觉。

一、视觉

视觉可感知物体的形状与结构、大小与距离、亮度与光线、颜色与运动等信息。人类的视觉系统具有立体和深度的感知能力，这样便可以在三维空间中轻松地找到方向并与各种物体交互。

1.视觉的基本功能

（1）空间感知。这里特指在背景中识别出物体，可用目标识别准确度和细节辨识度进行描述（图 1-2-1）。在暗背景上觉察明亮物体主要取决于物体亮度，而不完全取决于物体大小。

图 1-2-1　成都春熙路上的特色标识易于辨识（组图）

（2）时间感知。这里强调人对闪烁频率的感知，即物理上闪烁的光在人主观上引起的感觉，可以用临界闪光频率进行描述。眼睛的周缘部分比中心区域更易于觉察闪烁。

（3）颜色感知。颜色感知使用明度、色调和饱和度进行描述。明度与物理刺激光波强度对应，色调与物理刺激光波波长对应，饱和度与物理刺激光波纯度对应。

2.现有设备的视觉交互

电脑屏幕、VR（虚拟现实）视觉眼镜等都直接与眼睛进行交互，让人获取信息。为了提升观感，某些手机屏幕可以感知周围环境，自动调整屏幕显示的主色调和亮度，同时保证图像闪烁频率高于觉察频率，保持图像稳定、清晰。

3.视觉的感知过程

人对外部事物的视觉感知并不是一个简单的生理过程，对外部信息的接收是有选择性的，并不是所有信息都能进入人的视觉感知领域。如果不对外界的视觉刺激作出选择，过度地接受刺激，就会不可避免地产生视觉疲劳，其结果就是什么信息也捕捉不到。在纷繁复杂的环境中，人的视觉会根据生理、心理的不同特点和需要，有选择地接收外界信息，对环境中的部分信息，视觉神经会抑制、排斥，甚至会出现视而不见的现象。

思考题

（1）生活中有各式各样的家用电器（图 1-2-2），如何借助视觉标志提供使用指导或提示使用风险？

图 1-2-2　家庭中家用电器的使用场景（组图）

（2）尝试讨论博物馆中的视觉交互的设计原则，并给出一些建议。例如：在场景布置（图 1-2-3）中应该注意哪些要素？选择哪一类设备？采用哪些视觉交互评价指标？

图 1-2-3　博物馆中的视觉交互场景（组图）

二、听觉

听觉系统最重要的知觉目标是确认事件及其位置。事件的确认有赖于稳态和瞬态信息。凭借双耳三维感知和极高的声压灵敏度，人们可以在空间内准确定位声音的来源。

1.相关术语

（1）听觉感受性。人类对声音的感受能力有很宽的动态范围，描述时可使用人耳能感觉到的最小声压级、人耳能听到的最低纯音频率和人耳对声长的解析力3个参量。

（2）听觉的绝对阈限。最小可听声级称为听觉的绝对阈限，是听觉绝对感受性的表征量。根据测验方法和条件的差别，用耳机做实验时，可得到最小可听声压；当在自由声场内进行测量时，可得到最小可听声场。

（3）差别阈限。人耳对声音的某一参量变化的最小可觉差称为差别阈限。它是听觉差别感受性的表征量。差别阈限可以是绝对值，也可以是相对值。

（4）听觉掩蔽。一个声音的阈值因另一个声音的出现而提高，这种现象就是听觉掩蔽。掩蔽是心理声学中很重要的效应，它不仅说明一个声音怎样影响另一个声音，通过它还有助于我们了解人耳的频率分辨力。

（5）空间听觉。水平面上的声源定位主要是通过双耳间的时间差和强度差实现的。正前方的声源在两耳产生的波形几乎是一样的。偏离中线的声源在时间上先到达一耳，到达近耳的声强大于远耳。两耳间的时间差和强度差与声源的位置和频率有关。

（6）声强和响度。声强超过听阈后，随着声强的逐渐增加，人在主观上产生由弱到强的程度不同的响度感觉。声强是客观的声音物理量，响度是主观的心理量。

2.现有设备的听觉交互

声控音响和声控导航设备具有自然语言理解和语音合成功能的语音技术，可以保证通信的实时性，增加交互的友好性。机器通过对自然语言的理解，将有声话语转变为可执行的命令，形成声控交互界面，如图1-2-4和图1-2-5所示。

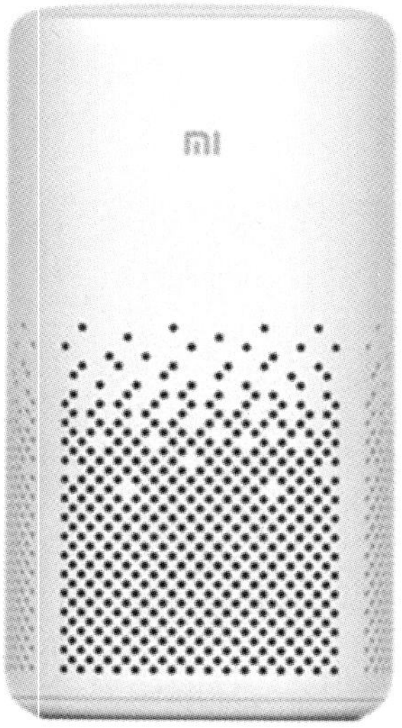

图1-2-4　某交互系统

图1-2-5　地图导航系统

思考题

在设计博物馆中的自助讲解器和语音导览设备(图 1-2-6)时,应考虑哪些声学因素、哪些交互方式以提升设备的使用质量?

图 1-2-6 博物馆中的听觉交互设备及获取方式(组图)

三、触觉

皮肤触觉感受器接触机械刺激产生的感觉称为触觉。皮肤表面散布着触点,触点大小不同,分布也不规则。一般情况下指腹处触点分布最多,其次是头部,而背部和小腿处触点分布最少,所以指腹的触觉最灵敏,而小腿和背部的触觉则比较迟钝。

1.提取信息的种类

人的身体接触物体后受到刺激时获得两种信息。一种是表面信息,其主要是皮肤与物体接触所感受到的各种信息,也就是接触反馈,即人与物体对象接触所得到的全部感觉,是触觉、压觉、振动觉、痛觉、冷觉等皮肤感觉的统称。另一种是肌肉运动知觉的信息,指通过四肢的位置和运动所产生的力量得到的信息,例如肌肉、关节和韧带等受到拉伸、压缩或扭曲时的受力感知。

2.现有交互设备

博物馆的交互设备越来越多地融入触觉交互,用户用手指接触屏幕触发信息的输出,从而提升人对知识的主动探索能力,在使用过程中提升交互的感官享受。机场的自助值机、银行的自动存取款机、教学楼的自助售货机等都是日常生活中常见的触觉交互案例。

四、多模态交互

1.交互形式

人类的感知和交互常常是多模态的。在真实环境中,人们通过触碰、手势、声音、表情等信息集合与同伴交流。不同输入模态的信息在数据格式、输入频率、语义等方面有不同的特点。多模态界面中最重要的模块就是集成部分,其也被称为融合引擎,集合不同模态的输入信息创造有意义的连贯指令。

2. 交互界面的种类

人机交互界面方案的最终目标是让用户获得自然、直觉和沉浸式的互动体验。所谓自然,是指运用自然技能与机器实现交流和互动。例如,使用多模态的界面方案时,可以将声音、表情、手势和肢体语言等多种互动方式结合起来。所谓直觉,是指人可以通过最少的学习,凭借前期积累的经验或习惯与机器进行交流。例如,淘宝或者京东的购物平台设计充分考虑了实体店的购物体验,实现经验的有效迁移。沉浸式互动体验是一种真实世界与虚拟世界边界模糊化的体验,机器成为大脑的延续,帮助我们完成任务。例如,在利用“达芬奇”微创外科手术机器人系统做手术的过程中,医生把探头探入观察区,通过显示屏的 3D(三维)立体影像观察人体内的实时情况。医生不受外界影响,直接通过视觉交互界面观察患者体内的情况,与开腹手术中直接观察患者体内的情况并无显著差异。

博物馆可以通过搭建实景或投射虚拟影像的方式形成多模态交互。如图 1-2-7 中的左图复现了历史事件发生的场景,使用了三种方式:沙盘提供了全局信息,方便参观者了解老城区的整体布局;大屏幕提供了动态的信息,介绍了历史背景和事件发生过程;周围沉浸式的场景和灯光布局则增强了参观者的实时感受,更容易将其带入历史故事和历史氛围中。右图中的瓷瓶也通过两种形式进行展示:一是真迹,参观者可以感受到瓷瓶的温润,观赏其上的精美绘画;二是立体影像,其从多个角度展示文物的风貌,同时配合文字信息介绍,促进参观者对文物的理解。

图 1-2-7　博物馆中的多模态交互场景(组图)

一些童书设计为了增强交互趣味性,添加了纸质图书与电子设备(如电脑或手机)链接的通道,将书中的知识用其他媒介进行展示(图 1-2-8)。交互过程也增加了小朋友的探索行为,满足了他们对自主操作的渴望以及由此获得知识的乐趣。例如,在有关机器人的书籍中,读者可以使用平板电脑看到虚拟机器人行走跳跃。

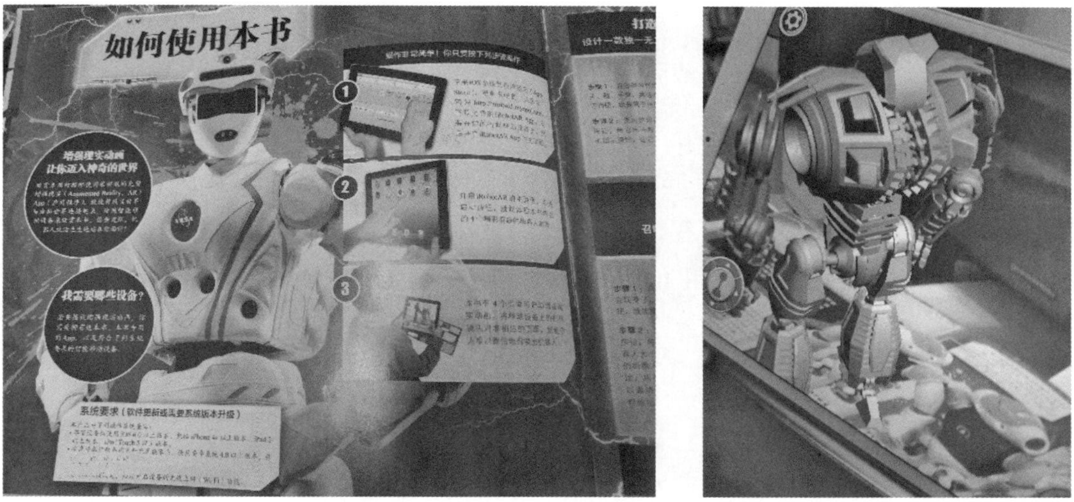

图 1-2-8　童书中的多模态交互场景（组图）

3.感知能力迁移

在交互过程中，若所使用的交互方式受限，则感知能力迁移。有时候我们会借助感知迁移更好地完成工作。在机器人辅助微创外科手术培训中，医生最需要构建的就是触觉与视觉的感知迁移。由于使用机器人技术，医生在手术过程中无法通过触觉感知作用力。例如，在打结过程中，若牵引力过大，则会造成组织变形；若牵引力过小，则会造成结扣松散，无法起到固定作用。所以，培训过程训练医生的视觉感知能力，使医生通过观察组织变形情况，构建“力-变形”物理映射关系，推测施加力的大小。经过一定量的培训，医生就可以提升“视触觉”的感知能力。图 1-2-9 所示的视觉补偿方案的白色方框中显示了左侧夹钳的夹持力大小。

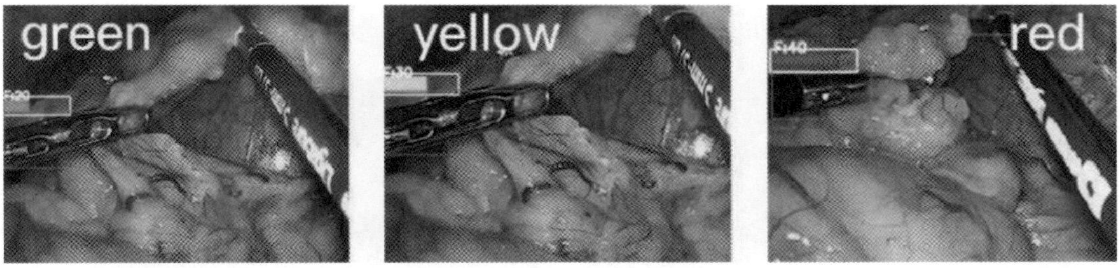

图 1-2-9　视觉补偿方案（组图）

思考题

（1）请分析图 1-2-10 中运用了哪些方法方便参观者更好地获取知识？这些方法的优点在哪里？有什么值得借鉴的地方？

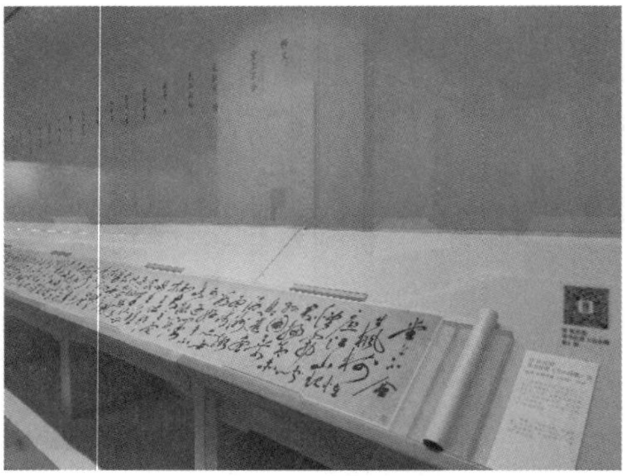

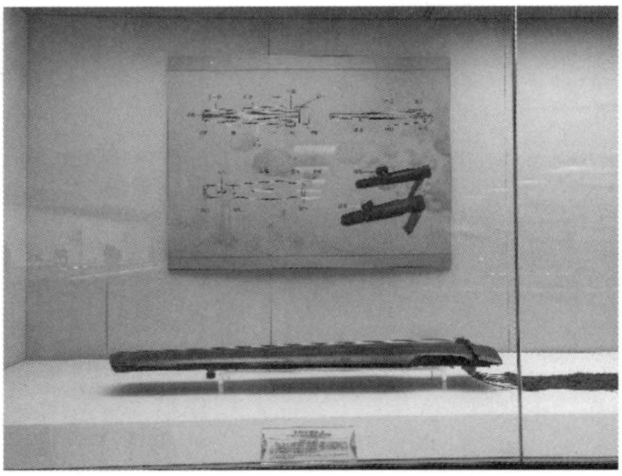

图 1-2-10　展馆中的展品陈列（组图）

（2）如果邀请你为博物馆设计以城市历史为主题的展览，参观对象年龄为 5~10 岁或者 60~70 岁，针对不同年龄段的人群，你会选择什么样的交互方式？在设计过程中应考虑哪些问题？

（3）请分析图书馆人工借还书过程，观察图中的借还书设备，分析其交互方式和特征。如果由你来设计，你会强调哪些交互方式？如何选择交互设备？

第二节　知觉

知觉是人脑对直接作用于感觉器官的客观事物和主观情况的整体反映。知觉是在感觉的基础上产生的。人对外界的感觉越丰富、越精确，对事物的知觉也越完整、越准确。

在日常生活中，无论在何种场景下，都会有丰富的感官信息刺激我们的大脑（图 1-2-11、图 1-2-12）。本节的内容可以帮助设计师快速建立便捷通道，用以提取和处理感官信息，高效率地将其加工成有效知识，形成对事物完整、正确的主观认知。

图 1-2-11　生活中的购物空间

图 1-2-12　博物馆展览空间

一、知觉过程

直接知觉即从环境中提取相关信息的直接过程。与之相对，间接知觉则是当前呈现的外部刺激与它在大脑中已存在的内部表征的匹配过程。这个过程分为两步：首先，认知主体提供对刺激的描述；随后，主体主动推断出该刺激是由哪种客体产生的。知觉就是对刺激作出的一种假设的解释。

二、知觉组织

1.图形-背景知觉

丹麦心理学家埃德加·鲁宾（Edgar Rubin）在 1915 年指出，图形是独立的，是具有明确形状的部分；视野中的其余部分称为背景。图形-背景组织过程的基本原则是：“如果有两个同质的但颜色不同的部分，其中一个部分面积较大，并且包围着另一个部分，那么较小的被包围的部分被看作图形的概率极大。”然而，视野中任何组织较好的部分都可能被看成图形，而其余部分则被看作背景。图形和背景间的差异是形成知觉的最简单的原因。

当我们在公共空间中行走时，利用“图形-背景知觉”可以清晰地判断出周围的路况信息，而当机器人在行走过程中，通过视觉系统读取周围环境的特征信息，便拥有了与人类类似的“图形-背景知觉”功能。

2.形状知觉

特征检验理论认为，特征是构成任何图形的基本单元或成分。对二维图形来说，特征就是边、角、曲线。人们的识别系统在接收输入的刺激信息之后，首先分析特征，找出输入的刺激具有哪些特征，然后把它们和长时记忆中的各种特征进行比较，一旦与长时记忆中的某个特征实现最佳匹配，这个刺激就被识别出来了。所以，封闭性和图形结构具有优势效应。

在博物馆中，每件展品都有丰富的信息量，但由于陈设条件有限，就要考虑选用多种方法对整体展品进行表达。图 1-2-13 左图中，镜子巧妙地展示了杯底的落款。图 1-2-13 右图则使用向视图的方法，从 8 个角度分别展示了葫芦的 8 个表面图案。图片按照展开顺序分列于上下两层，清晰简明地表达了图片间的相对位置关系。虽然两件展品均使用局部二维图进行展示，但人们依据常识仍然可以将它们进行有效拼接，形成对完整展品整体外貌的认知。

图 1-2-13　博物馆的展品陈设（组图）

3.知觉定式

知觉定式是人由过去的经验和环境中事物之间的关系而产生的对感知世界的一种知觉

启动。知觉定式是自上而下的加工过程，通过建立的假设和过去的经验提出一般的组织策略，并把这些策略应用到整个图形。这些策略会影响人们对细节和部分的知觉。

如图 1-2-14 中，借助知觉定式可以在图片中识别大熊猫的主要外形特征，轻易从环境条件中辨识出大熊猫的位置和姿态。

图 1-2-14　玩耍中的大熊猫可以从背景环境中被识别出来（组图）

三、运动知觉

1.运动觉察器

对运动的知觉是人类的一种基本能力。在现实生活中，物体运动太快或太慢时，我们都觉察不到它的运动。这是由于运动知觉的阈值（能够觉察到的最小速度）会随着物理或人的心理、生理因素的改变而发生变化，而不是随着物体实际运动速度的改变而发生变化。物理或心理、生理因素包括目标物的大小、距离、背景、亮度水平以及人视网膜受刺激的部位和眼睛的适应状态。

2.诱导运动

诱导运动是一种视错觉，指观察者知觉到某个物体的运动，而实际上该物体根本没有发生空间位移，只是其他物体运动使得被观察物体好像在运动。这种运动知觉受到被观察物体周围环境的强烈影响。

3.运动后效

运动后效的产生是由于前面知觉到的运动在运动刺激停止之后仍然存在。例如，瀑布错觉，在注视向下流动的瀑布一定时间之后，再观察静止的景物，该景物会看起来在向上运动。

如图 1-2-15 所示，博物馆中为了展示古代纹饰，在走廊中采用大屏幕动态展览，这便是利用了人的运动知觉，步步成景，移步异景，使观看者强烈地感受到图案的细节关联和色彩的丰富联系。

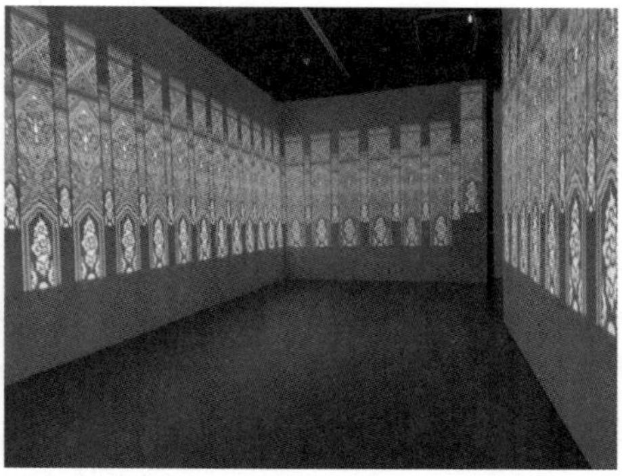

图 1-2-15　博物馆中的图案展览（组图）

四、知觉恒常性和错觉

1.知觉恒常性

当物体相对于观察者在空间的位置发生变化时，到达观察者眼睛的光线也会经历连续的、较大的变化。这种情况可以发生在物体移动而观察者不动，或观察者移动而物体不动时。这种对物理刺激变化而保持稳定知觉的现象为知觉恒常性。它是视觉系统最具特色的性质之一，同时它也向我们对空间知觉的理解提出了挑战。这种恒常性是自动和时时存在的，大多数时候我们都意识不到它的存在和作用。

（1）明度恒常性。明度恒常性，指即使照明条件发生变化，一个物体的明度仍然保持相对稳定。

（2）大小恒常性。当观察物体的距离改变时，知觉到的物体大小保持恒定的现象被称为大小恒常性。很多因素会影响大小恒常性，但最重要的还是物体的距离和背景。

（3）形状恒常性。在不同的照度下，同一物体看起来明度相同；从不同距离观察同一物体时，其看起来仍然大小相同；从不同角度观察物体时，物体也都保持相同的形状，这种现象被称为形状恒常性。

2.错觉

错觉产生的原因与认知因素相关。认知因素包括过去的经验、学习和注意。错觉程度会随着对错觉图形观察时间的增加而减小，反馈也对错觉程度的降低起着重要作用。人们最为熟悉的几何错觉有月亮错觉、缪勒-莱耶尔错觉、蓬佐错觉等。

地平线附近的月亮比天顶的月亮看上去大；落日时的太阳比正午时的太阳看上去大。其实，月亮和太阳的大小无论在何时都是一样的。因此，这一现象是一种视错觉，心理学上称之为月亮错觉。

当感觉和知觉系统被促使我们获得大小恒常性的同一信息所误导时，就会发生一些惊人的错觉，例如蓬佐错觉、缪勒-莱耶尔错觉。

五、注意

1.注意的特征

（1）选择性。这种选择性让我们通过控制感觉和知觉、思维和行动的优先次序来影响经验和行为。

（2）容量有限性。在一个单位时间内执行各种心理操作的能力是有限度的。这种操作包括感知觉分析、思维、记忆及运动活动的规划。

图 1-2-16 为博物馆文字材料展示案例。展示规划使用了说明文件和突出文字两种方式。文件展示了中国第一场篮球比赛的布告，首先强调了布告出现的历史背景和特殊价值，还原了背景。其次，使用线框对布告中介绍篮球比赛的原文进行了高亮提示，并且在说明中对高亮提示的部分进行翻译，形成信息有效关联，进一步强调史实。

在展示的过程中，依据“选择性”进行读者的阅读顺序设计，对主要文件进行了突出布局，放在灯光最好的位置；在此基础上，考虑容量有限性，将最重要的内容进行框选突出显示，而且考虑到读者的差异，对这一部分英文文段进行翻译，让更多观众获得有效信息。

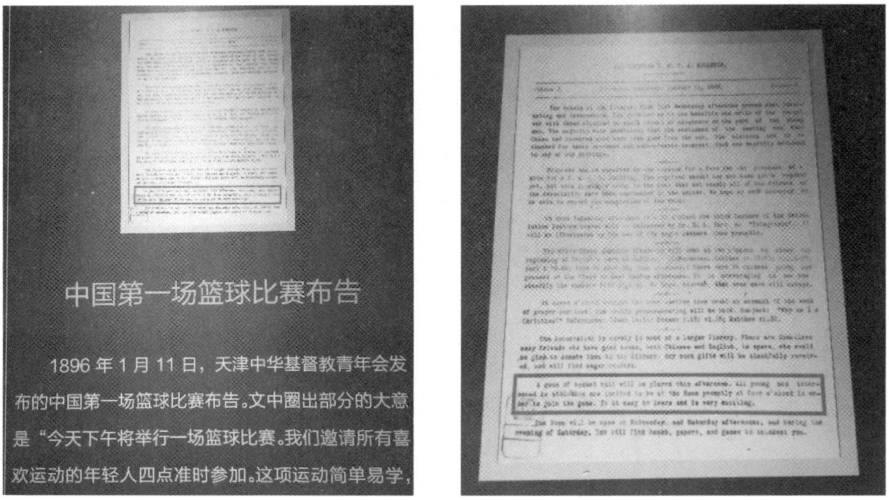

图 1-2-16　博物馆中的文字材料布展案例一（组图）

图 1-2-17 中展示了古迹《光绪甲午父子同科乡试朱卷》及《殿试卷》，原件及仿制件上的文字生动形象地展示了当时科举考试的场景，而下面的中英文提示介绍了科举制度的背景，既对展品内容进行了有益拓展，又没有抢占展品的主导位置。

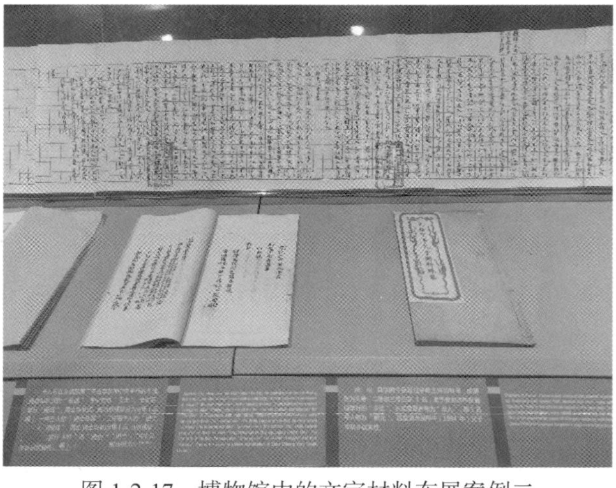

图 1-2-17　博物馆中的文字材料布展案例二

2.注意的原则

(1)选择性注意。不论是视觉刺激还是听觉刺激,人们都有能力选择性地加工刺激。

(2)分散注意。人们根据一定的规则和策略将注意力分配到不同的任务上。每个任务对注意力的要求不同,可能在某些因素的变化下,同一任务被分配到的注意力相应增加或减少。

(3)注意的控制。当众多信息同时输入时,人们只对其中一个信息加工而不对另一个加工,这是很困难的。在加工过程中,信息容易发生竞争。注意可以对低级和高级的心理加工过程(例如感觉、知觉及记忆)进行调控。

如图 1-2-18 和图 1-2-19 所示,在页面设计与陈设设计中,均需要考虑如何设定适宜的"注意"引导。大幅的动画、图片、特殊字体或者单个陈列,势必会吸引"注意"。

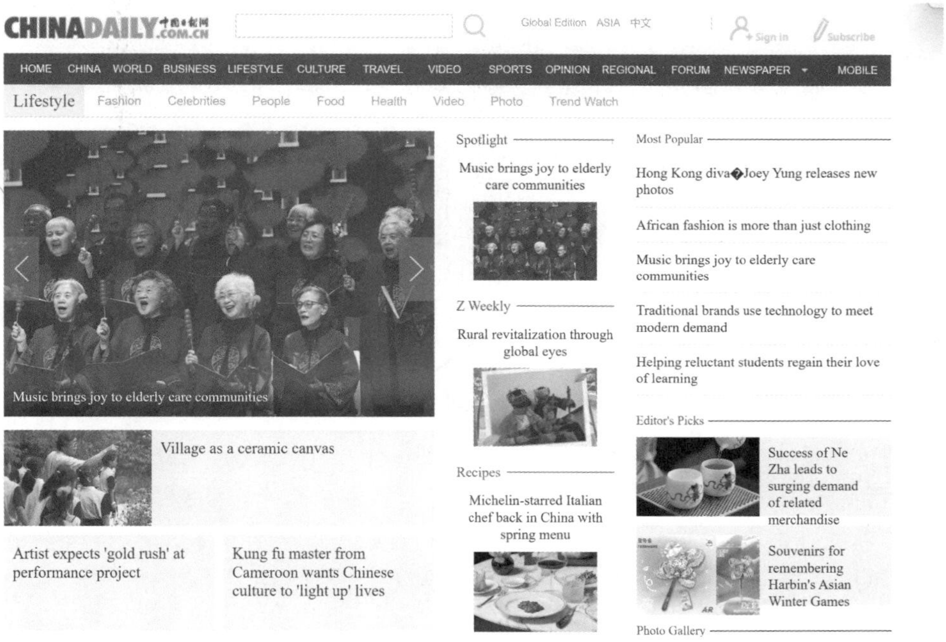

图 1-2-18　中国日报网首页

图 1-2-19　博物馆的陶瓷陈设

思考题

（1）利用前述方法对图 1-2-18 中的网页设计进行分析，可以采用哪些方法吸引读者的注意力或者分散读者的注意力？如果由你对学校的新闻网页进行设计，你会提出哪些设计原则？

（2）博物馆中的物品陈设采用了哪些方法吸引读者关注？在图 1-2-19 中，你觉得有哪些信息是布展时希望提供给参观者的？如果观众为 3~6 岁的儿童，你会做哪些方面的调整？

（3）城市路标设计如图 1-2-20 所示，如果邀请你作为城市中的路标指示牌设计师，请提出 2 种以上解决方案，给出尽可能详尽的信息，并对所提出的方案进行分析比较。

图 1-2-20　城市路标设计（组图）

（4）尝试分析产品销售策略与表达设计的指导原则。图 1-2-21、图 1-2-22 和图 1-2-23 作为 3 种销售方式，每一种都提供了相当丰富的信息。自动售货机使用实物和图案两种方式突出展示商品的外形和价格。在实体店铺中，人们可以通过多种交互方式对商品进行充分了解，所以卖场中对主导产品进行了强化处理，吸引人们聚焦于主要产品。网络卖场实现了线下购物向线上购物的转移。在购物过程中，人们通过模特的展示来推测商品的穿着效果，所以页面设计突出强调了衣服的材质和纹理，展示了模特的穿着效果，并且给出了可提供的颜色和尺码，尽最大可能帮助人们完成购物过程。

图 1-2-21　自动售卖机的销售方式

图 1-2-22　实体卖场的销售方式

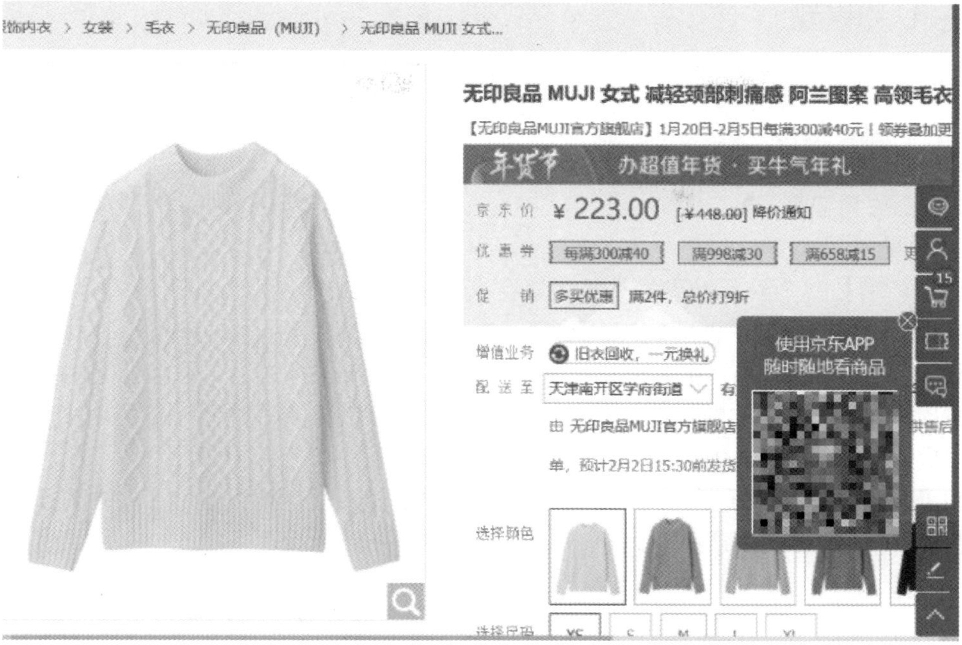

图 1-2-23　网络卖场的销售方式

请借助选择性注意原则和分散注意原则，对销售表达方式的有效性进行分析，并对上述案例给出改进性建议。

第三节　认知

一、认知的基本概念

认知是人们从外界获取信息在头脑中处理信息并加工应用的过程。认知有很多形式，比如思考、记忆、学习、做决策、看、听、读、写或交谈等。认知被划分为体验性认知和反思性认知。这两种模式每天都会发生。

体验性认知就是我们对身边发生事件的有效反应和觉察，这需要我们进行一定程度的参与，并对相关知识有所了解。例如驾驶汽车或打电子游戏，人们都会在参与过程中逐渐积累经验。

反思性认知则包括思考、比较以及做决定等。这类认知会产生新想法和创意，例如设计、学习以及写作本身都具有创作性质，在人的头脑中加工而成，使加工者产生新的经验。

二、认知过程的组成

认知包括感觉、知觉、记忆、思维、决策等。这一过程起始于感觉或知觉，即在一定时间内，从一定范围获取感官信息，并建立信息间的联系，由此获得知识经验。经验在大脑中被加工、存储和比对，一段时间后还可以复现并被人使用，促进与他人之间的交流，指导人们作出决策或认知新事物。

三、认知模型

有很多基于认知理论的概念框架用来解释或预测用户行为,指导产品设计。这些模型可分为内部作用模型和外部作用模型。内部作用模型主要用于描述个体的认知过程,而外部作用模型主要用于描述个体与外界团队或设备之间的协作,形成认知过程。

1.内部作用模型

1)心智模型

心智模型被视为外部世界的某些因素在人脑中的反映。最常用的心智模型基于阈值理论,即某些事物的运作方式为"多多益善"。这一原则通常适用于物理设备。例如水龙头旋开越大,流出的水就越多。但人们使用错误的心智模型指导行为也是非常常见的。例如,等待电梯时有人会按两次以上按钮,在问及为什么如此操作时,他们相信按电梯按钮的次数增加,电梯就会更快地到来。

由此,当人们不太了解产品工作原理或可提供的服务内容时,心智模型往往是不完整的、容易混淆的。在使用产品时,也会基于不适当的类比和不正确的直觉。为了提升产品的易用性,设计师需要建立简单高效的交互式系统心智模型,通过在线帮助教程或说明书的形式进行情景敏感性指导,帮助人们更有效地执行任务或处理系统故障。这里的"情景敏感性"有两个特征:响应性,响应用户的输入,并给出有用的反馈;直观性,提供易于理解的方式,与系统进行交互。

例如,编辑一段文档后按下"保存"按钮,通常会出现进度条,提示保存功能正在进行且显示保存程度实时进展,这就很好地展现了响应性与直观性,避免由于使用者不了解工作进度而产生错误操作。

2)信息处理模型

产品设计师使用信息处理模型计算人们执行任务的效率,通过所得到的感知和响应某个刺激的时间长度,去发现信息过载时刻以及此时的"瓶颈"状态。

以在公共场所中的标识设计为例,信息处理模型显得尤为重要。在电梯口需要考虑为不同行动方向的人群提供信息,信息种类包括电梯轿厢运行方向、当前所在楼层等。如果标识作出了很好的引导,就容易被人们正确使用,从而加速电梯口的人员流动。

图 1-2-24 的左图隐藏了非常丰富的设计细节。首先,为了方便在电梯轿厢内乘电梯者确认轿厢停靠的楼层,设置了电梯地面标识,当电梯门打开时,人们可以根据电梯地面的标识"L1"进行再次确认,所以"L1"朝向电梯门方向。其次,为了服务等待电梯的人们,电梯门上方的标识清晰显示了目前所在的楼层和即将搭乘的电梯的编号;亮灯区域很好地提示了轿厢目前所在的楼层为 B1 层,上行方向;向下运动的请求已经触发。

图 1-2-24 的右图是博物馆中的垃圾箱,标识牌给出了分类垃圾箱和相应的说明。同一种类垃圾的收集箱使用统一颜色,有指向性,可帮助人们快速做好分类。但是在具体使用过程中,如果考虑在每一类说明中增加更多与博物馆参观时产生的垃圾相呼应的内容,就有更鲜明的特色了。

图 1-2-24　公共设施的标识设计与内部认知模型的呼应案例（组图）

2.外部作用模型

由于认知活动或任务具有复杂性，人们需要借助其他设备或通过与团队配合完成相应工作，以提升思考强度，减少记忆负荷，拓展工作种类。

1）分布式认知模型

分布式认知模型描述了团队中的各个成员在认知过程中承担的作用并解释交互机理，即考虑信息在流经不同人且借助不同工具时如何重新表示并高效准确传递。这种描述和分析方法不集中于某个人的大脑中，而是集中于团队内成员个体以及所承担工作之间的关联。例如，手术室中主刀医生、助手医生与护士的配合操作，飞机驾驶时机长、副驾驶员和交管中心的配合工作，都是基于分布式认知模型建立的。信息在不同的人和不同的媒介中传递，借助各种协调机制，实现协作活动。

图 1-2-25 所示的是远程牙科诊疗平台系统在牙科手术过程中的分布式认知模型。整个平台的交互系统涉及：①主刀医生、护士、患者之间的信息交互；②主刀医生、护士与电脑界面之间的信息交互；③电子设备与手术器械之间的控制信息传递与反馈信息收集；④手术器械与患者组织之间的交互。

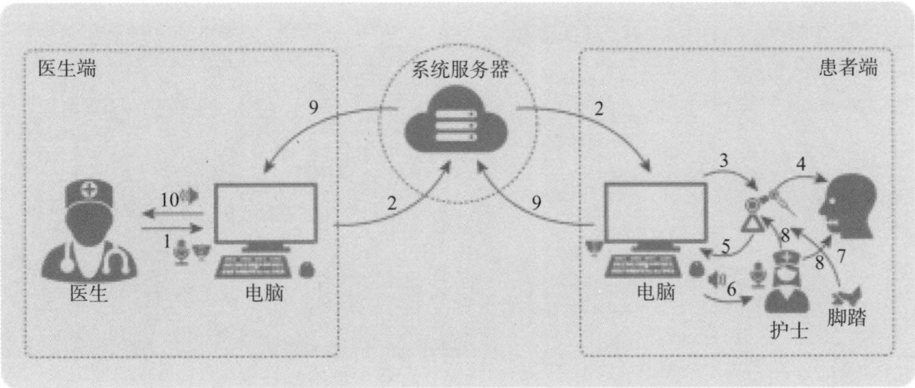

图 1-2-25　牙科手术过程中的分布式认知模型

医生在使用远程牙科诊疗平台对患者进行牙科手术的过程中，首先通过语音和视频界面与患者进行术前信息沟通与确认；随后，通过器械操作界面与护士确认治疗操作方案中的器械与器械运动信息。在治疗过程中，护士在现场实时监控患者的状态和手术机器人运转状态，医生在远程监测器械操作的准确性。机器人也具备自我监测功能，当传感器检测出器械过速或过载情况，可以立即停止操作，并借助显示界面和语音提示医生和护士，等待医生接下来的操作。面对突发风险，医生和护士具有同等的停止操作权限。

借助分布式认知模型，可以清晰划分医生、护士、手术机器人、患者在诊疗过程中的职责，依此完成后续的设计工作。

2)外部信息辅助认知模型

人们通过书籍、多媒体、网页等不同的外部信息资源获取或创造新的信息。记录工具如笔、计算器、计算机等便成了辅助认知的有效工具。在外部信息辅助认知过程中，使用不同的工具会造成认知过程的困难程度不一致。以数学计算为例：当计算“12 × 12”这个算式时，分别使用计算器和笔两种计算工具，两种计算方法难易程度不一。

四、以用户为中心的设计

此类设计结合对人的感知与认知的深入了解，从产品的可用性或功能性入手，考虑在现实世界中产品如何被人使用并如何发挥相应的作用，这个过程涉及有意识地进行处理、与他人讨论以及使用工具辅助进行工作。

例如，在进行两地之间最优路线评价时，不同的人会依据不同的评价指标分析每条路的优点和缺点，如距离长度、等候时间、红绿灯个数、机动车和非机动车混合通行等。借助导航设备，我们可以了解更多的实时路况信息，通过分析不同的场景，选择属于自己的最优解决方案，如图 1-2-26 所示。

但在超市网页上，通常包含更多的购物信息，如图 1-2-27 所示。通常，面对过量信息时，人们反而更难作出抉择。那么，网页要如何呈现信息呢？有效的设计策略是“越少越好”，产品关键信息的显示尤为突出。①按照超市购物分区的理念，做好信息归类，便于检索，方便购物者尽快检索到他们想要的信息；②购物者通常依据很少的信息作出选择，诸如他们认可的品牌、低价或者具有吸引力的包装。

图 1-2-26　两地之间最优路线评价

图 1-2-27　超市购物界面设计案例

思考题

（1）分析某款阿尔茨海默病治疗产品在治疗中如何激发人的认知行为。

治疗方法描述：该产品通过经颅磁刺激（transcranial magnetic stimulation，TMS）治疗方法、CE-proved 技术、非侵入性皮层增强器（NICE）技术来刺激颅内负责记忆和学习的脑部区域，增强脑神经的长期势差过程以及通过认知训练来巩固记忆，减缓退行性进展并逆转衰退。TMS 刺激增强了神经元之间的化学键并重新激活了脑细胞的活动。将认知训练和 TMS 相结合的治疗方法的效果好于单独采用任意一种方法的效果。一个疗程需要 6 周的时间，每周需治疗 5 天，每天持续一小时，如图 1-2-28 所示。

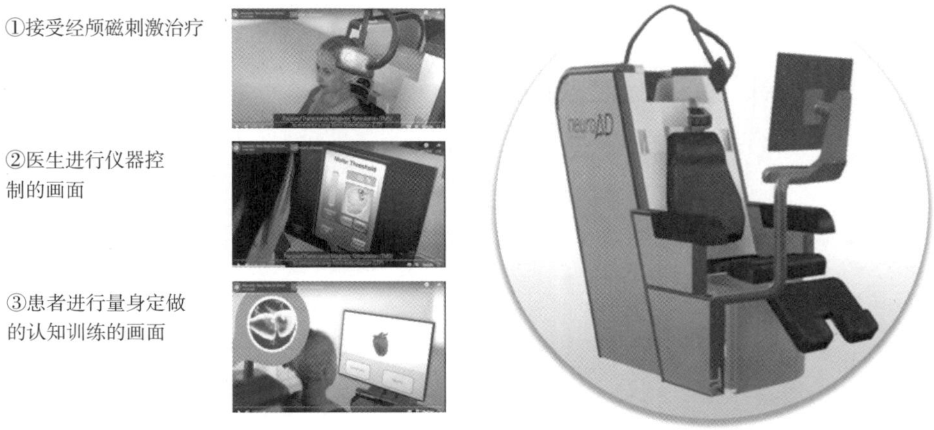

图 1-2-28　TMS 治疗方法

（2）选择生活中的某件生活用品（如电脑、电视、手机等），探索该用品的发展演变过程，分析人们在使用此种用品的新一代产品时所依赖的认知模型是什么样的，以及其是如何构建并发展的。

解答提示

以思考题（1）为例。

①阿尔茨海默病（Alzheimer's disease，AD），俗称老年痴呆症，是发生在老年期及老年前期的一种原发性退行性脑病，指的是一种持续性高级神经功能活动障碍，即在没有意识障碍的状态下，在记忆、思维、分析判断、视空间辨认、情绪等方面发生障碍。

②设备的交互分析如图 1-2-29 所示。

③在认知训练中，通过图片与文字的刺激以及动作配合完成指令，构成“认知-决策-行为”模式，帮助大脑形成训练闭环，如图 1-2-30 所示。

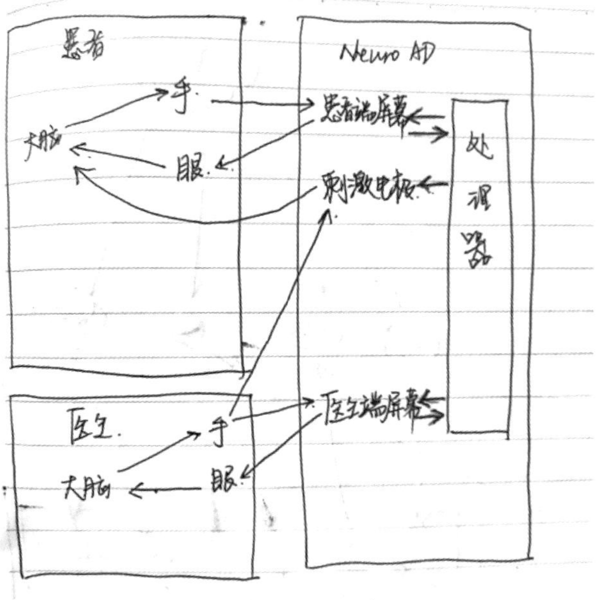

图 1-2-29　设备的交互分析

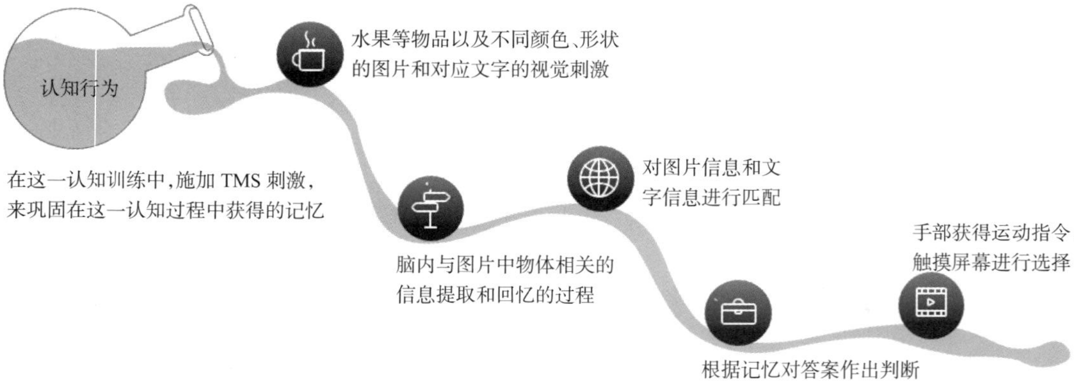

图 1-2-30　认知训练过程

第三章　评价方法

本章将对评价方法进行介绍。评价实验提供了采集和分析数据的框架，按照规范流程执行定量研究和定性研究，形成对产品的综合评价。实验设计环节需要满足如下要求。

（1）可靠性。与量化研究相关，确保测量时各种因素和要素的稳定性。

（2）可复制性。实验过程可以被其他研究者复现，并得到相同的测试结果。

（3）有效性。与研究成果的可信度相关，确保学术理论正确且测量方法有效。

第一节　基本概念

一、实验设计

实验设计就是规划实验内容，通常是在特殊环境中设定某个单一变量进行控制，以量化评价该变量对实验结果的独立影响。单一变量可能是实验环境参数（如温度、湿度等），也可能是实验工具参数（如尺寸、速度等），还可能是实验人员特征参数（如年龄、性别等）。实验可分为真实工况实验和实验室工况实验。在实验设计过程中，需要考虑如下方面。

（1）测试任务与辅助任务规划。在实验前，测试者应明确告知参与者实验细节、所使用的观测设备以及如何评价等关键信息。

（2）实验参与人员组成。参与人员既包括代表性用户，也包括足够多样化的预期用户样本。比如，"特别用户"指极少使用此类商品甚至没有使用经验的用户。

（3）培训方式和方法。提供相应的操作培训，介绍培训的性质和必要性，可选用操作实体样机、操作虚拟样机或阅读学习资料等方式，方便参与者了解操作。解释测试环境、场景及定向任务如何准确反映出实际使用情况。指定的任务要确保参与者可以按照一个实际工作流程来执行，而不是按照可能错误或顺序颠倒的步骤执行。在实际情况中，培训和测试之间很可能会有时间延迟，造成参与者学到的知识和技能"减退"，应当依据实际使用场景确定延迟的时间。

（4）样本大小和离群标准。每个分组要有合适的样本大小。例如，最初设计测试一般有 6~7 人，总结性测试每组应大于 15 人。如果预期用户人群的能力差异较大并且操作方式差异较大，则需要增加样本。同时，应建立标准，来判断参与者是否具有参加实验的资格。

（5）描述与操作数据相关的记录方法。描述预期收集数据的类型以及分析方法；确定检测方法及使用设备；定义操作失误、操作困难和侥幸事件；总结失误的处理方法并评价相关风险的危害。

二、定量研究

定量研究中采用的物理量必须是可以测量的，以精确描述客观世界中的某个现象。例如，长度、温度、速度等物理量的度量可以使用尺子、温度计、测速仪等设备进行。而有些与人类感知相关的物理量不仅仅以客观评价为绝对主体，还要结合主观评价进行评估。主观评价不仅仅是语言陈述和问卷量化评分，也可以通过设备来监测人体的生理和心理信息，从而进行客观量化评价，形成主观评价的客观表达。例如，对于疲劳这个状态感知量，可以由受试者主观上的心理感知程度进行描述，也可以使用肌电设备采集信号，从生物学的角度进行分析。

为了提供物理量（概念）的度量，必须有一个或一组指标用来代表概念，指标可以有如下形式。

（1）通过结构化的访谈或者问卷中的一个或一组问题，来描述被测试者的观点或行为。

（2）通过使用结构化的观察表记录个人行为。

（3）使用官方的统计方法。

指标可由不同的来源和方法得到，很多情况下，研究者会考虑只用一个指标来描述概念是否足够——并非一个指标不能描述，而是他们更倾向于使用一组问题来描述某个概念。

三、实验观测方法

做评价测试时通常需要考虑在工作过程中发生的交互工作内容及特质，对测试参与者进行有效的信息采集，可通过结构化观察和结构化访谈进行。

1.结构化观察

结构化观察是依据显式规则观察实验参与者的行为并且进行记录。显示规则包含：①观察者要注意的要素以及记录行为的方法；②预先规划实验的时间顺序或者逻辑顺序，要求参与者进行相应的操作。结构化观察的最大优势就是直接观察，直接解读。

“有声思维”是一种高效的观察方法。在实验过程中，参与者被要求用语言描述实验任务的进程以及操作过程中的感受，叙述自己感到迷惑或困难的事情，反馈对被测试产品的期望和满意程度。

2.结构化访谈

结构化访谈有时也称为标准化访谈。采访者应该严格按照设定好的顺序准确读出问题。问题通常非常明确，且给受访者提供一个确定的答案范围。

将结构化访谈标准化的重要性在于，尽可能地将访谈所发现的差异联系到受访者的真实差异，而非提问或记录的方法。差异性可能以两种方式出现：一种是采访者自身的差异，即采访者没有保持提出问题或记录答案的一致性；对于多个采访者，还存在采访者之间的差异，即采访者之间没有保持彼此提问或记录的一致性。

结构化访谈中常见的错误因素包括：语言表述不准确；不恰当的提问方式；错误理解受访者的部分语言；错误记录受访者的部分语言；不恰当的信息处理方式；等等。

3.心理量表测量

物理刺激可以用物理量表来测量，但心理感受却很难用物理量来测量。原因有二：一方面，针对不同的人，相同幅度的物理刺激很难造成相同的心理量变化；另一方面，有一些物理刺激引起的心理上量的变化（例如喜欢程度）很难用物理量表达。因此，专业的心理量表被设计出来以量化人的感受。

心理量表分为顺序量表、等距量表和比例量表等。顺序量表是将测试对象的某一属性按照一定的规则排列出顺序，但没有显示该属性在某一名次的具体数值，也无法估算彼此间的差距，所以是比较粗糙的测量表。等距量表具有相等的单位，可以测量对象之间的差别。比例量表不仅可以测量对象间的差别，还可以确定相关的比例。

思考题

（1）请选择一件日常生活中常见的物品，例如闹钟、手表、手机或自动铅笔等，尝试描述该物品的性能，提出可以测量的物理量去描述这些性能，并提出相应的测试方法。

（2）请围绕一件日常生活中常见的物品，针对产品使用者、产品设计工程师和产品质量工程师等人群，分别设计调查问卷，提取市场需求和技术发展趋势等信息。请依据如下过程执行：

①设计过程，分析问卷中每一个问题的目的或希望采集到何种信息；

②发放问卷，注意适宜人群的样本数量和分组适用性；

③回收问卷，统计每道问题的结果，并分析是否得到设计问题时所期待采集到的相应信息。

第二节　基于交互体验的评价

交互类产品的评价需要注意产品使用者的交互感受，记录用户交互体验的变化以及交互深入程度，提升交互质量，结合使用过程和使用感受，进行评价。

一、基于使用过程风险的评价

在操作过程中，需要认真观察实验参与者的操作以及他们所处的工作环境，不仅要了解操作者做错了什么，而且要更进一步描述他们为什么可能作出错误的决定或采取错误的行动。评价或分析可以分为：①识别潜在的不安全操作行为，避免使被测产品或测试者处于非安全操作状态；②识别不应该提供的动作，如以错误的时间或顺序进行的动作，或者持续时间过长或过短的动作。此实验过程可依据如下两种方式进行。

1.失效模式及影响分析（FMEA）

FMEA 在产品设计阶段进行，可识别关键元素并采取适当的纠正措施。FMEA 结果将列出所有产品组件（包括硬件和软件）的故障及其后果和可能发生的频率。

2.危害和可操作性分析（HAZOP）

HAZOP 在产品早期概念设计时进行，亦可称为安全设计方法。HAZOP 可发现由于偏离设计或操作规则所导致的事故。分析过程主要基于经验，所以可能无法解释新的和意外的事件。HAZOP 可以扩展为：①事故分析，即事故原因的识别；②危害分析，即事故造成的危害严重性识别。

二、基于使用感受的评价

将“人（操作者）-机（产品/操作设备）-环境（操作环境）”看作整体系统，人、机和环境均为系统中的要素。要素间的相互作用会给操作者带来不同的使用感受和使用体验，直接影响最终操作结果。所以，产品的评价不能只关注“过程”，也与使用者的操作感受有关。当操作者为团队时，不能仅仅关注“单个”操作者的“正确”动作，还要关注与使用产品相关的团队中每个成员的感受。例如，机器人辅助手术室团队中有医生、护士、麻醉师等成员，通过解决团队合作，不同资历和角色成员之间的沟通，信息检索、信息整合和操作条件等方面的问题，有序地整合系统工作过程中所涉及的信息流和决策流。使用感受的提升对手术安全性至关重要。

新技术、新设备的使用可能会导致错误操作。如果没有及时发现这些错误，可能会导致灾难性的系统故障。常见的错误原因包括：①员工缺乏技术经验导致错误的安全感，或者过分依赖技术系统产生的解决方案、建议；②系统默认值或快捷方式没有顾及特殊用户的操作习惯或操作经验；③频繁的、不相关的或令人分心的警告信息会干扰工作流程和操作人员高度集中的注意力，并造成不可接受的延迟。

思考题

请选择一件日常生活中常见的物品，如闹钟、手表、手机或自动铅笔等，尝试描述该物品在使用中的潜在风险，设计问卷，采集使用者的感受。

第三节　基于交互操作任务复杂性的评价

对于交互操作的评价，在评价交互性能、交互感受的基础上，还要考虑操作任务的复杂性对评价结果的影响。建立复杂性评价模型，设定操作环境的影响因素和任务的难度，可以有效地进行操作任务的设计，更好地评价操作质量。

一、交互操作的复杂性模型

交互可以依据发生形式分为视觉交互、听觉交互、嗅觉交互、味觉交互、触觉交互等，构建复杂性多级星形网络体系，以描述参与实验的交互影响因素。如图 1-3-1 所示，中心节点为操作任务总体复杂性，与所有其他一级节点相连，而一级节点之间没有连接，每个一级节点都包含多个二级节点且二级节点之间无连接，依此类推。

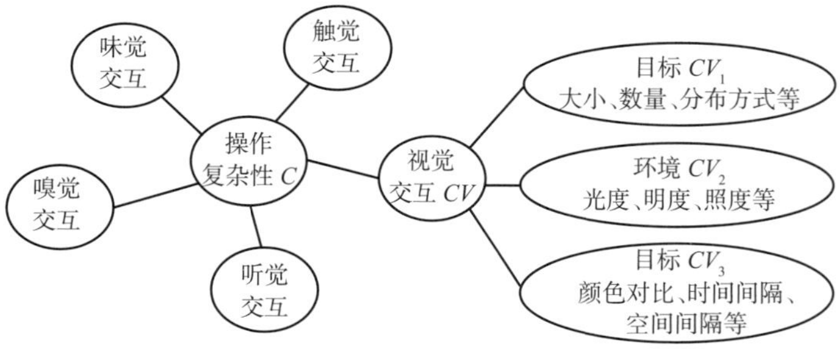

图 1-3-1　操作任务的复杂性分析

以视觉交互为例，可分别从 3 方面考虑：观察对象本身、环境因素以及“目标-环境”间的关系。视觉的影响主要体现在光照和物体上，其中光照的影响与光源强度、光源位置、光源个数有关；其中物体的影响主要与物体的形状、大小、位置、背景有关。

在量化分析复杂性分数时，仍然依据等级进行计算，二级难度系数的分数为 CV_1、CV_2、CV_3，取值区间为 0~5 分，5 分为最高。CV_1、CV_2、CV_3 的权重系数分别为 W_{CV_1}、W_{CV_2}、W_{CV_3}，且 $W_{CV_1}+W_{CV_2}+W_{CV_3}=1$。由此，可以综合计算出视觉 CV 的取值。

由此，可以继续分别得出听觉、触觉、味觉、嗅觉的得分；而最终的复杂程度即为几种交互方式的综合得分。根据已有的可能影响因素，从听觉、实验的复杂程度、操作方式、认知基础等 4 个方面去验证相应的培训因素对新手培训的影响及影响程度。

二、交互操作的影响评价

交互操作的影响评价主要采用量表评估的方式。量表可以是行业广泛使用的常规量表，也可以是依据具体任务操作逻辑而自行编辑的量表。

1.美国国家航空航天局任务负荷表 NASA-TLX

用于脑力负荷评价的方法多种多样，归纳起来有主观评价法、主任务测量法、副任务测量法以及生理测量法 4 类。主观评价法以操作简单、使用方便、对工作人员无干扰而成为最流行的脑力负荷评价方法。该量表方法为目前国外研究报道较多的脑力负荷主观评价法之一，具有较好的信度与效度，可以真实、稳定地反映脑力劳动者的脑力负荷水平，用于评估模拟飞行、空中交通管制和警戒任务期间的个人工作量。

数据处理方法：NASA-TLX 得分通过对 6 个维度进行 1（低）~20（高）分的自评计算得出。

2.状态-特质焦虑量表（STAI）

状态-特质焦虑量表（state-trait anxiety inventory，STAI）由 Charles D. Spielberger（查尔斯·斯皮尔伯格）等人编制，首版于 1970 年问世，1988 年被译成中文。该量表为自评量表，由 40 项描述题组成，第 1~20 题为状态焦虑量表，主要用于反映即刻的或最近某一特定时间的恐惧、紧张、忧虑和神经质的体验或感受，可以用来评价应激情况下的焦虑水平；第 21~40 题为特质焦虑量表，用于评定人们经常的情绪体验。

数据处理方法：全量表进行 1~4 级评分（状态焦虑，1—完全没有，2—有些，3—中等程度，4—非常明显；特质焦虑，1—几乎没有，2—有些，3—经常，4—几乎总是如此），正向的情绪按照反序计分。

3.特殊操作的主观感受问卷

心理需求反映了执行任务时需要多少感知活动（例如思考、决定、计算、记住、寻找和搜索）。体力需求量反映了需要进行多少体力活动（例如进行回缩和缝合）。时间需求反映了对象由于任务期间的速度或步伐而感到多少时间压力。执行表现衡量任务完成的感知水平。努力衡量的是身心努力的程度。挫败感衡量的是在执行任务时的压力和烦恼与对象感到满足和放松的程度。

在每次穿环实验之后，调查受试者完成实验操作后的疲劳程度、对器械的熟悉程度、对器械的操作感受、操作器械时的手眼协调性、对视野景深判断的准确性、对实验流程及实验具体操作过程的熟悉程度、该实验任务对提高手术技能的价值以及实验后对再次进行同样实验的信心水平。通过此问卷评估受试者对穿环实验整体的主观感受。

思考题

请选择一件日常生活中常见的物品，例如闹钟、手表、手机或自动铅笔等，分析其操作的复杂程度。熟悉并使用 NASA-TLX 量表，测试使用该物品时的脑力负荷。

第四节　产品的可用性分析

一、可用性评价体系

可用性是相对于用户、系统或产品而言的，不唯一，也不固定。研究者使用的可用性评价体系也有所不同，以下几种最具代表性。

（1）ISO 9241/11：有效性、效率、用户满意度。

（2）ISO 9126/1：理解性、可学习性、可操作性、吸引程度。

（3）沙克尔（Shackel）理论：速度、学习时间、记忆保持性、出错率、态度。

（4）尼尔森（Nielsen）理论：学习性、高效性、可记忆性、容错性。

二、可用性评估

可用性测试包括形成性评估和总结性评估。形成性评估是在产品开发的过程中尽可能发现可用性问题。总结性评估用于横向评估多个版本或者多个产品，常用的方法包括用户测试、启发式评估与认知预演。

经过长期的实践与研究，市面已经研发出较多可用性评估方法。其可分为传统可用性评估方法和生理评估方法两大类。目前常用的传统可用性评估方法包括问卷法、用户访谈法、观察法、可用性测试、专家评估法、用户模型法等。常用的生理评估方法包括眼动追踪技术、脑电技术等。这些方法各有优缺点，需要根据研究对象、应用场景选择适合的评估方法，以减少误差，提高评估的精度。

1.问卷法

问卷法是常用的可用性评估方法。问卷法便于信息获得和量化统计，并且已经形成标准化的可用性量表，包括系统可用性量表（SUS）、用户交互满意度问卷（QUIS）、网站分析和测量量表（WAMMI）、单项难易度问卷（SEQ）、主观心智负荷问卷（SMEQ）、测试后系统可用性量表（PSSUQ）等。

2.用户访谈法

用户访谈法也是常用的可用性评估方法，有不同形式。结构型访谈采用问卷或调查表按程序进行；非结构型访谈是没有固定程序的自由交谈，可以详细地了解用户信息和用户的使用感受并发现问题，但时间成本和经济成本较高。

3.用户模型法

用户模型法是通过收集用户数据，建立典型的用户模型来帮助设计人员了解用户信息、避免设计出现问题的重要方法，可以基于用户调研建立，常用的模型有 GOMS 模型、ACT-R 模型等。

4.眼动追踪技术

眼动追踪技术借助眼动仪记录用户处理视觉信息时的眼动轨迹，记录用户的整个操作过程，通过记录的数据获得用户在使用界面时对不同过程的感知信息，并通过对客观数据的分析来研究界面的可用性。

思考题

请选择一件日常生活中常见的物品，例如闹钟、手表、手机或自动铅笔等，尝试描述该物品的性能，提出可以测量的物理量去描述这些性能，并提出相应的测试方法。

第五节　示例分析

本节将对有着不同经验等级的医务人员进行机器人辅助微创外科手术操作技能差异性评估。首先假设不同经验等级测试人员之间的操作技能差异可通过在其操控下的机器人执行机构末端的运动数据反映出来；其次构建由夹持、释放、持物移动、传递等基本手术动作构成的操作模型，运动数据采集设备实时记录机器人末端的运动轨迹并对数据进行关键特征的提取与计算分析；最后通过实验数据进行分析比对，对所提出的假设进行深入探究与验证。

一、实验设置与任务拟定

本次实验邀请了 30 名医疗行业相关人员参与，按经验水平等级将这 30 名实验参与者划分为专家组、中级组和初级组 3 个组别，各组人员的具体信息情况见表 1-3-1。

表 1-3-1　实验参与人员信息统计

组别	人数	职别	年龄段	临床经验等级
专家组	10	主治医师	45~64 岁	超过 120 例机器人外科手术经验（达芬奇系统）； 超过 18 年传统微创外科手术经验（平均每人）
中级组	10	住院医师	27~35 岁	无机器人外科手术操作经验； 约 6 年传统微创外科手术经验（平均每人）
初级组	10	医学院学生	18~23 岁	无机器人外科手术操作经验； 无传统微创外科手术经验

为考察实验人员在遥操作（teleoperation）模式下的操作技能，同时又要避免因专业知识差距导致的水平差异，实验设计任务不应具有较难的经验技巧特点（如若是设计血管缝合模拟操作，经验尚浅者会因为临床手术知识的缺乏而导致无法完成任务），故此次实验以完成由简单的手术动作构成的操作为主。按单手操作及双手协作能力分别选取 pick-and-place（拾取与放置）和 ring-threading（圆环穿线）作为本次研究的两种基本实验任务。

（1）pick-and-place 实验又可称为 peg-board 实验，如图 1-3-2 所示，圆柱 5 和 6 为起始位置，圆柱 9~12 为目标位置，实验要求参与人员操控左、右手器械，分别将橙色与蓝色套环从起始位置夹取，避开障碍物（圆柱 1~4、7、8）后成功放入目标位置。每一次操作均包含一个“夹持—移动—释放—回位”的动作过程。

（2）ring-threading 实验类似于 pipe-cleaner 实验（如图 1-3-3 所示），圆环 1~3 构成一个狭小通道，要求实验人员双手协调操作，完成“引线”由圆环 1 进入，并依次穿过圆环 2 与圆环 3 的步骤。传递过程中没有夹持及释放次数的限制，实验人员应尽可能准确地使“引线”穿过各圆环中心，且手术器械不能触碰圆环，亦不能使夹持物掉落。

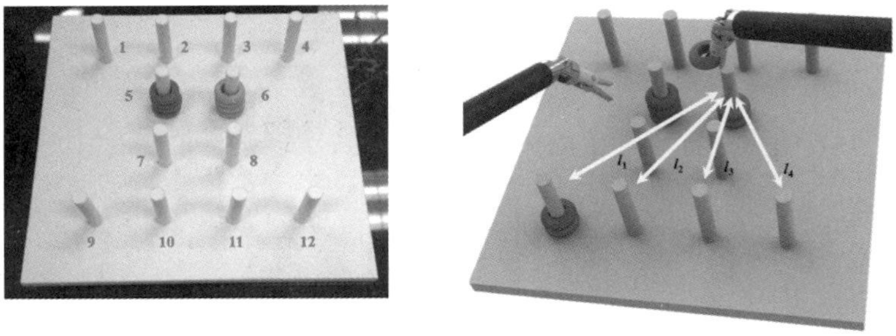

图 1-3-2　pick-and-place 原理示意

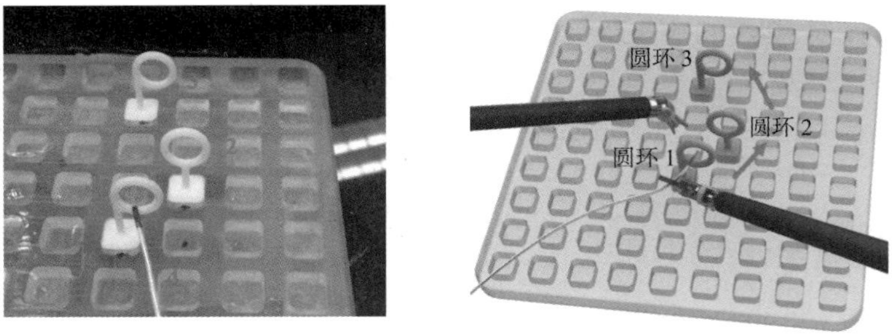

图 1-3-3　ring-threading 原理示意

实验任务均在微创外科手术模拟训练装置中完成。将两个任务分别进行动作级的细分，其具体流程如图 1-3-4（a）与图 1-3-4（b）所示。图中所有动作流程构成一次完整的实验任务，要求每名实验参与人员两种实验任务各完成 5 次。为保证评价的客观性，实验开始前，每名实验人员均有充足的时间熟悉机器人系统的主从操作，以及了解实验任务的具体步骤；实验设置与要求对每名参与人员完全保持一致。

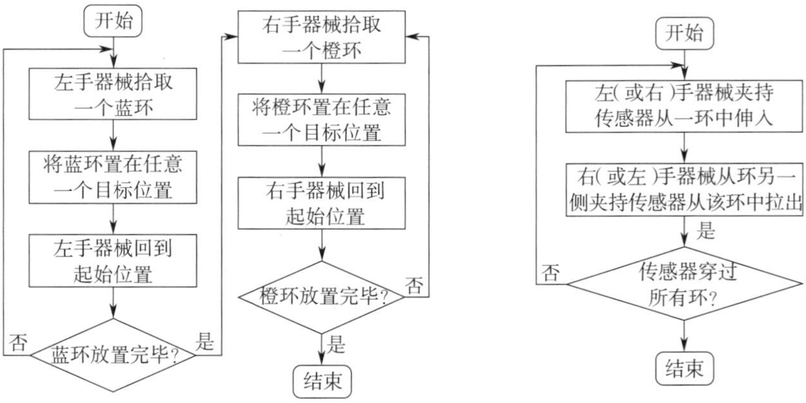

（a）　　　　　　（b）

图 1-3-4　操作序列框图

（a）pick-and-place　（b）ring-threading

二、基于电磁追踪原理的运动数据采集

电磁追踪是一种利用磁场信息获得物体位置和空间姿态的方法，在生物医学、虚拟现实等应用中具有广泛而重要的作用。电磁追踪系统主要由电磁信号发射源、数据处理与控制单元、电磁信号接收单元和电磁定位算法等组成，如图 1-3-5 所示。信号发射源主要是一正

交的三轴线圈,受数据处理与控制单元产生的信号控制,三轴线圈分时工作,向空间辐射电磁场。信号接收单元也由正交的三轴线圈构成,分 3 个时段接收电磁场信号,并将接收到的信号经过 A/D 转换后传入数据处理与控制单元。这样最后就得到 9 组数据,组成了一个 3 × 3 的矩阵。这 9 组数据中包含了目标物体足够的信息,可以用电磁定位算法解算出目标物体的 6 个自由度。

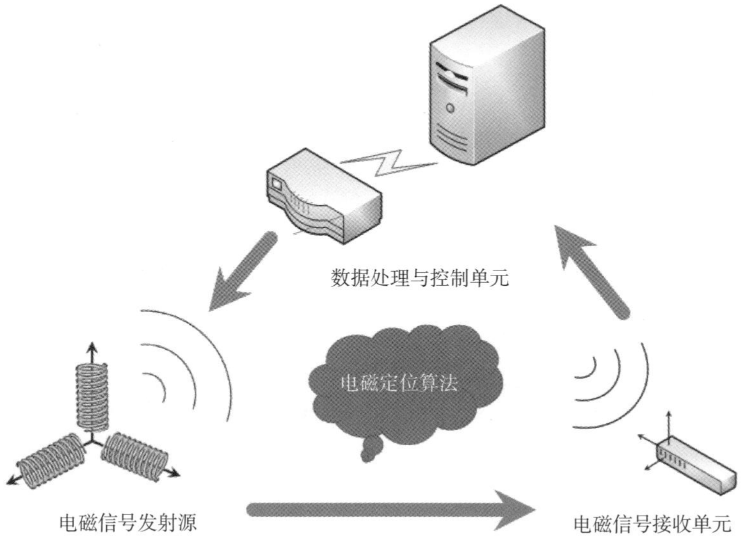

图 1-3-5 电磁追踪系统构成

本次实验所使用的运动数据采集设备为美国 Ascension(森松科技)公司研发的三维电磁追踪系统 3D guidance trakSTAR system(3D 磁场传感器跟踪器)(图 1-3-6),该系统包含磁场发生装置、信号发射装置及传感器,具体技术指标如下所示。

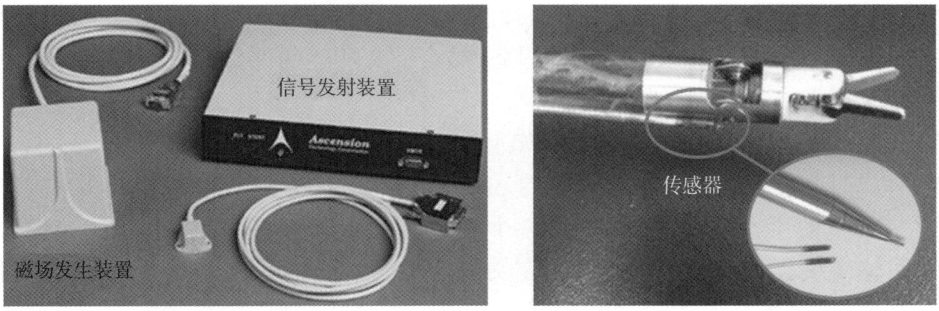

图 1-3-6 三维电磁追踪装置(组图)

- 传感器尺寸:外径为 1.5 mm,长 7.7 mm,电缆长 3.3 m。
- 系统更新频率:240~420 Hz。
- 传感器接口数:4 个。
- 静态精度:位置(1.4 mm 均方根),角度(0.5° 均方根)。
- 静态误差:位置(0.5 mm,30.5 cm),角度(0.1° ,30.5 cm)。
- 输出信息:各传感器的 X、Y、Z 位置坐标,方向角,方向矩阵。
- 输出数据格式:二级制形式的记录数据。

传感器在本次实验中主要有两个作用:一是固定在手术器械末端采集机器人输出的运

动轨迹，二是作为 ring-threading 实验中的“引线”采集实验参与人员的操作路径。当使用电磁追踪设备进行实验时，需要同时获知传感器与实验环境中各标志物的相对位置关系，如 pick-and-place 实验中传感器与圆柱的相对位置，以及 ring-threading 实验中传感器与各圆环的相对位置。因此，需要在每个实验开始之前选定实验环境中某一标志物的位置作为标定点。设定磁场发生装置基坐标系 A，在标定点处建立坐标系 B，以位置矢量 $\boldsymbol{P}_{AB}$ 描述 B 相对于 A 的位置，如图 1-3-7 所示。若传感器 C 在坐标系 A 中的位置为 $\boldsymbol{C}_A$，则它相对于标定点坐标 B 的位置 $\boldsymbol{C}_B$ 可表示为

$$\boldsymbol{C}_B = \boldsymbol{C}_A - \boldsymbol{P}_{AB} \tag{1-3-1}$$

由此，根据实时测量的传感器相对于磁场发生装置的相对位置以及坐标转换关系，可得出传感器相对于实验环境中标志物的运动轨迹。

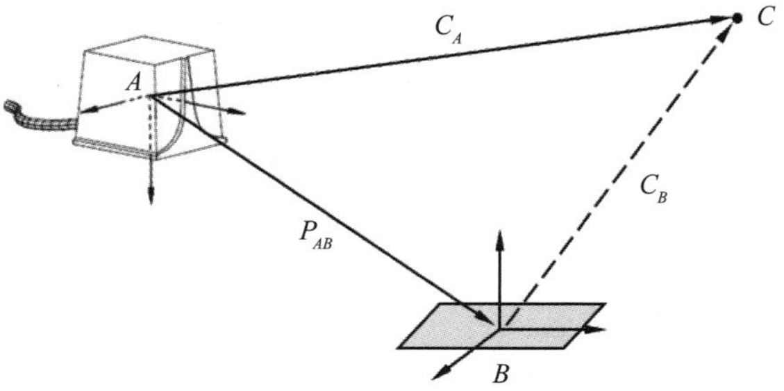

图 1-3-7　电磁追踪系统坐标转换

三、基于动作评价指标的信息提取

基于动作的定量评价是采用建立数学模型的方法，对操作动作进行数据收集和处理，从而对评价对象作出基于定量结果的分析和判断。在机器人操作技能评价研究中引入定量评价的方法，可提高评价结果的全面性与准确性，避免单纯依靠主观意识评定所带来的判断失误。基于现有的机器人系统操作及检测设备，结合前文所述的评价方法，分别对两个实验任务进行定量评价指标的提取。

pick-and-place 任务评价指标的定义如下。

（1）完成时间。此为完成一个完整的 pick-and-place 任务所需的时间，即从左手器械拾起第一个蓝环到右手器械放置完成最后一个红环并回到起始位置所用的时间（单位为 s）。

（2）可避免失误次数。本次实验中定义的 3 种人为操作可避免失误为：①手术器械完成任务过程中与实验环境中设置的障碍物间发生的碰撞；②实验进行当中出现的夹持物（圆环）在意外情况下的跌落；③实验过程中由操作不当引起的任务中断，如运动超限造成的主-从对应复位等。当失误发生时，操作者不需要重新开始，而是继续完成下一步动作，同时，每位实验参与人员的失误次数将被记录下来。

（3）运动速度。此为完成实验任务时手术器械末端的平均速度，选择器械腕关节处作为速度采集位置，按左手器械与右手器械分别采集（单位为 m/s）。

（4）运动跃度。手术器械运动过程中，其运动跃度表示为某一时刻运动加速度的变化率，即该时刻位移对时间的三次方导数，如式（1-3-2）所示（单位为 m/s^3）。

$$j = \sqrt{\left(\frac{d^3x}{dt^3}\right)^2 + \left(\frac{d^3y}{dt^3}\right)^2 + \left(\frac{d^3z}{dt^3}\right)^2} \tag{1-3-2}$$

式中：j 为运动跃度；x、y、z 为手术器械位移的 3 个分量。

（5）运动轨迹冗余度。以单个手术器械运动路径为例（如图 1-3-8 所示），设 L_1 为手术器械末端在一次实验任务中的运动轨迹总长度，如式（1-3-3）所示（单位为 m）。

$$L_1 = \int_0^{MT} \sqrt{\left(\frac{dx}{dt}\right)^2 + \left(\frac{dy}{dt}\right)^2 + \left(\frac{dz}{dt}\right)^2}\, dt \tag{1-3-3}$$

式中：x、y、z 为运动轨迹的 3 个位移分量。

L_2 为起始位置到目标位置的直线距离之和，如图 1-3-2 所示，令 l_1、l_2、l_3、l_4 分别代表起始位置到各目标位置的直线距离，考虑到每一次由起始位置到目标位置放环均包含一个完整的来回动作，且左、右手器械工作路径一致，则有

$$L_2 = 4 \cdot \sum_{i=1}^{4} l_i \tag{1-3-4}$$

将运动轨迹冗余度定义为手术器械运动轨迹总长度与起始位置到目标位置的直线距离之和的百分比，如式（1-3-5）所示。

$$TR = \frac{L_1}{L_2} \times 100\% \tag{1-3-5}$$

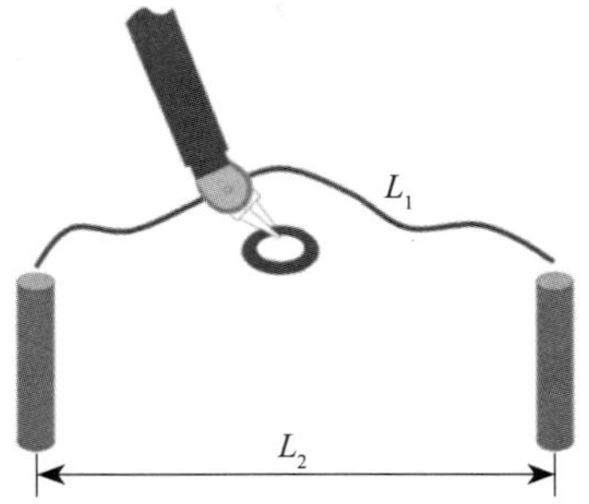

图 1-3-8　pick-and-place 中的器械运动路径

ring-threading 任务评价指标的定义如下。

（1）靶面得分。当传感器穿过圆环时，其穿行路径与圆环所在平面存在一个交点，如图 1-3-9 所示。将圆环面分为 4 个区域，赋予不同的分值，传感器每穿越一个环即可由其路径与圆环平面的交点的位置得到相应的分数。对每一位实验参与人员记录每完成一次 ring-threading 任务后的总得分。

（2）完成时间。此为由实验参与人员操纵手术器械夹持传感器穿过第一个圆环开始，至传感器从第 3 个圆环伸出为止所需的时间（单位为 s）。

（3）运动轨迹波动。以连接圆环中心点之间的直线作为理想轨迹，轨迹波动度定义为一个完整的 ring-threading 任务中传感器的实际运动轨迹相对于理想轨迹的标准偏差（单位为 mm），即

$$RMSE = \sqrt{\frac{1}{N}\sum_{i=1}^{N}\left(x_i - p_i\right)^2} \tag{1-3-6}$$

式中：x_i（i=1, 2, …, N）为运动轨迹上的采样点；p_i 为 x_i 在理想轨迹上的投影点，如图 1-3-10 所示。

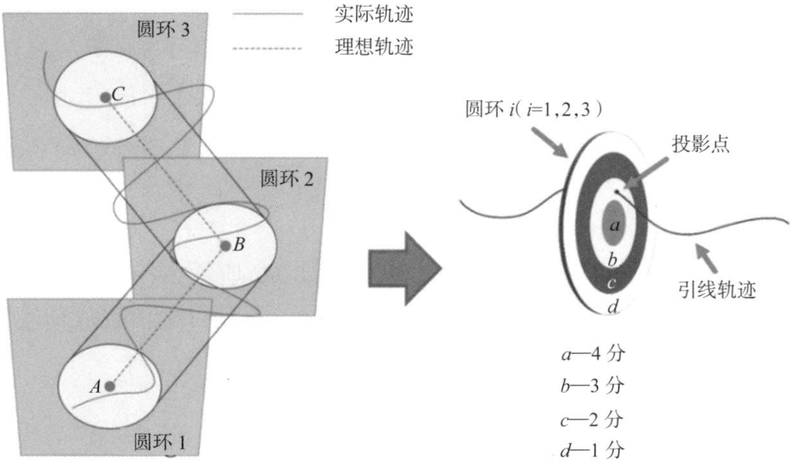

图 1-3-9　靶面得分原理

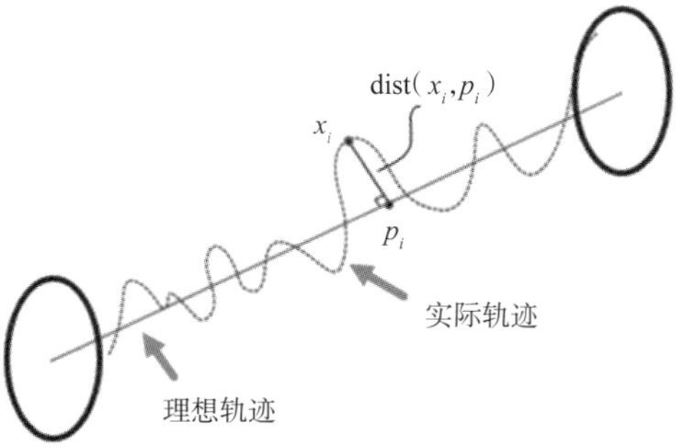

图 1-3-10　理想轨迹与实际运动轨迹间的距离偏差示意

（4）最大偏差：传感器运动轨迹与理想轨迹的最大偏离量（单位为 mm）如式（1-3-7）所示。

$$MD = \max\_\operatorname{dist}(x_i, p_i) \tag{1-3-7}$$

（5）运动速度与运动跃度的定义与 pick-and-place 任务中的定义一致，此处不再赘述。

四、实验结果统计分析

实验人员完成操作任务的情况如图 1-3-11 所示。所有实验数据均导入 MATLAB R2014a 中进行处理，统计结果根据实验参与人员所在的组别进行归类，并应用 t 检验及方差分析（ANOVA）进行显著性差异对比，检验水准设为 $p < 0.05$。

图 1-3-12（a）、（c）、（e）分别展示了专家组、中级组与初级组中的一名实验参与人员完成一次 pick-and-place 任务时手术器械末端的输出轨迹。显而易见，相较于其余两组，专家组人员由起始位置到 4 个目标位置的运动轨迹更为清晰明确。从实验结果差异性统计对比（表 1-3-2）中可以看到，专家组在运动时间、可避免失误次数、运动轨迹冗余度及运动跃度方面均优于其余两组，而在运动速度方面，专家组与其余两组统计数据对比并未体现出明显差异。另一方面，通过中级组与初级组的各项评价指标对比可以发现，两个组别各项实验数据均未出现统计学差异。

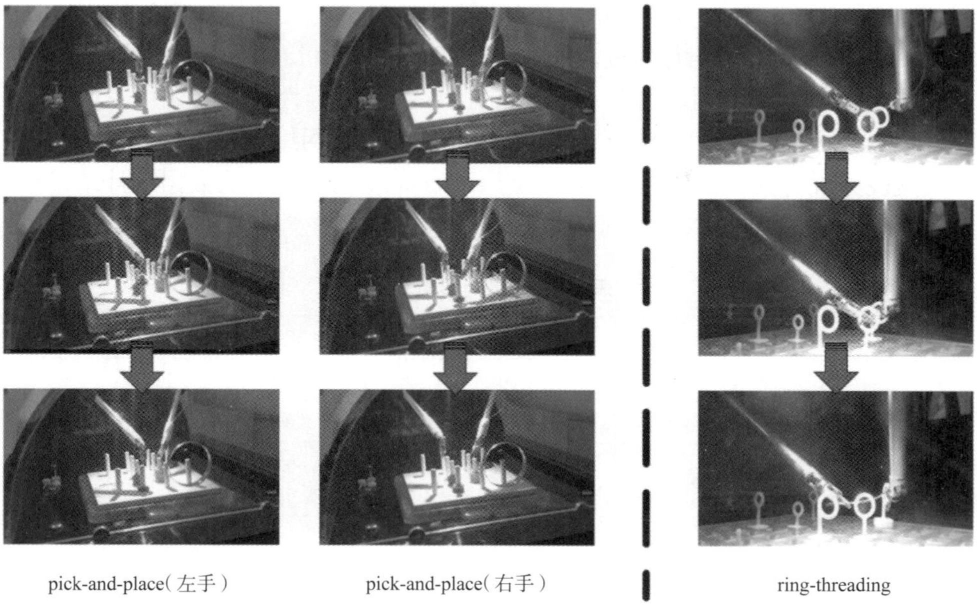

图 1-3-11　实验场景

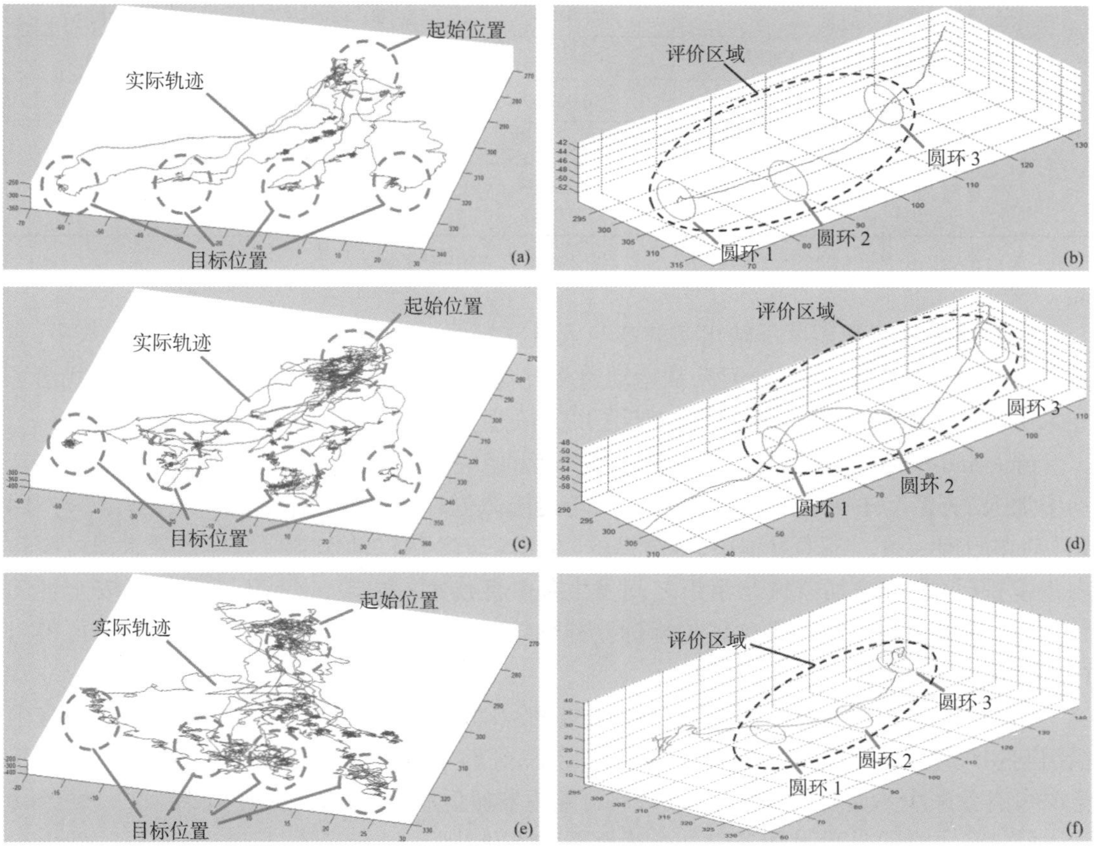

图 1-3-12　MATLAB 环境下输出轨迹示例

（a）专家组 pick-and-place 轨迹；（b）专家组 ring-threading 轨迹；（c）中级组 pick-and-place 轨迹；（d）中级组 ring-threading 轨迹；（e）新手组 pick-and-place 轨迹；（f）新手组 ring-threading 轨迹

图 1-3-12（b）、（d）、（f）分别展示的是对应上述实验参与人员各完成一次 ring-threading 任务时“引线”（传感器）的路径轨迹。通过对比三者的路径可看出，专家组人员的操作轨迹相较其余两组人员更为平顺。由表 1-3-2 中的实验结果差异性统计对比可看出，专家组在靶面得分、运动轨迹波动、最大偏差及运动跃度方面与其余两组相比差异明显，而在运动时间及运动速度方面并无统计学差异。与 pick-and-place 实验类似，从数据统计结果来看，中级组与初级组各项评价指标对比均不存在明显的统计学差异。

表 1-3-2　运动参数对比

任务	评价指标	E-R	E-N	R-N
pick-and-place	运动时间	0.001 6	0.000 6	0.805 2
	可避免失误次数	0.014 7	0.000 5	0.069 4
	运动速度	L：0.697 3 R：0.301 4	L：0.295 1 R：0.308 6	L：0.580 6 R：0.921 8
	运动跃度	L：0.040 7 R：0.032 5	L：0.030 4 R：0.003 3	L：0.874 2 R：0.428 1
	运动轨迹冗余度	0.005 7	0.043 9	0.584 7
ring-threading	靶面得分	0.020 8	0.026 0	0.965 3
	运动速度	L：0.316 6 R：0.750 3	L：0.721 6 R：0.209 3	L：0.140 2 R：0.402 6
	运动时间	0.734 6	0.876 9	0.836 2
	运动轨迹波动	0.002 6	0.002 9	0.502 3
	最大偏差	0.025 4	0.006 6	0.056 8
	运动跃度	L：0.030 8 R：0.044 2	L：0.003 1 R：0.004 6	L：0.803 6 R：0.615 1

注：E 表示专家组；R 表示中级组；N 表示初级组；L 表示左手器械；R 表示右手器械。

实验结果从客观角度反映出实验参与人员在机器人操作方面的运动控制技能水平，通过本章节所提出的运动评价模型，从运动速度、精度、稳定度三者权衡关系方面出发，找出了专家组与非专家组（包含中级组与初级组）之间的显著差异。

pick-and-place 实验旨在测试机器人操作者的单手运动控制能力，在手术器械点对点运动中加入“夹持”与“释放”两个基本动作，与传统微创外科手术操作训练中的“伸出”与“回缩”动作原理一致。手术过程中，不合理的“伸出”与“回缩”动作非但会导致手术器械脱离内窥镜视野，也会增加器械与组织之间发生接触性伤害的风险，这是不容忽视的安全性问题。3 组实验参与人员的各项评价指标差异性统计如图 1-3-13 所示，根据统计结果可得出以下结论。

（1）由路径冗余度差异可知，专家组人员的运动轨迹长度明显比非专家组人员（包含中级组与初级组）更短，这反映出在同等工作量下，经验水平等级高的操作人员在进行实验任务时可有效减少不必要的动作幅度，从而可缩短器械运动距离，提高工作效率。

（2）完成时间是手术任务中一个很重要的评价指标，一般来说，手术时间越长，并发症发生的概率越高。通过显著性差异统计可以发现，专家组人员的任务完成时间明显短于非专家组人员，与之相对应的是在可避免失误次数上专家组也明显少于非专家组。然而从实验统计数据上看，专家组人员在运动速度上并未体现出明显优势，由此可推知，在运动速度相差无几的情况下，手术操作效率与动作准确度密切相关。

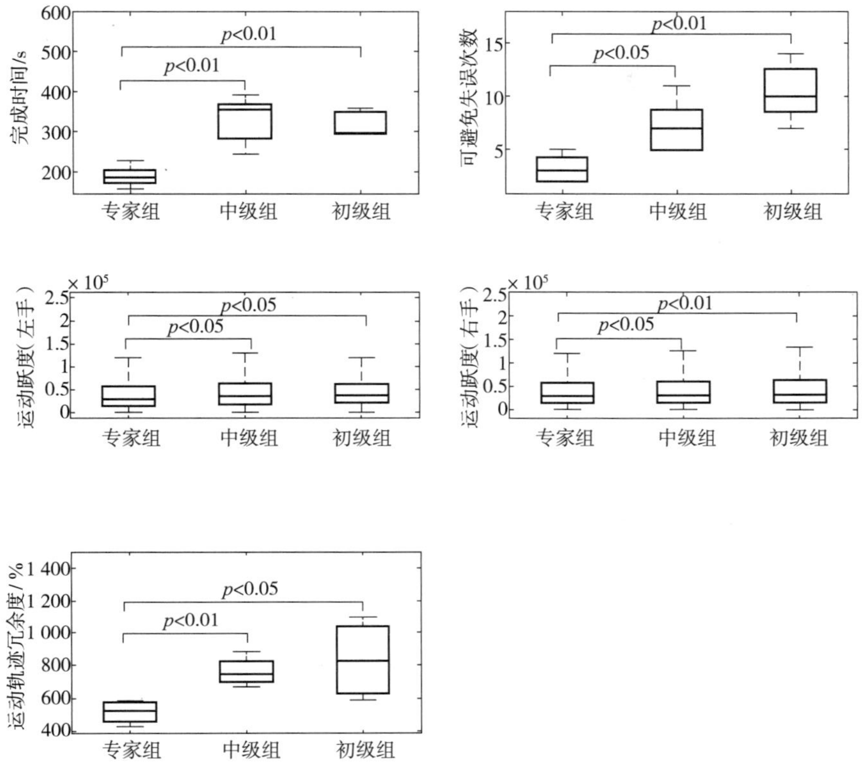

图 1-3-13 pick-and-place 实验统计学差异

（3）在手术任务进行过程中，若操作人员动作的速度和方向发生突然性的改变或是停顿，会打乱动作节奏，造成操作效率降低。由运动跃度差异性统计可知，专家组人员的运动轨迹更为平顺与连贯，体现出专家组人员有着更稳定的输出动作。

综上所述可推测得知，在机器人辅助微创外科系统基本手术单手操作训练任务中，动作的完成质量并不仅仅与运动速度有关，而更稳定的动作输出及更少的动作失误率往往带来更高的效率。

ring-threading 实验旨在考察实验参与人员在有限空间内的双手协调操作技能，其动作细致程度相较于 pick-and-place 实验更高。这一双手持“引线”交替穿环的流程可视为临床手术任务中缝合任务的动作拓扑。缝合操作与手术完成质量密切相关，不合理的进针位置选择及持针运动非但影响伤口缝合质量，还会对腔内组织造成伤害。通过实验中圆环靶心位置的寻找可进一步考察实验人员的手眼协调能力与运动稳定性。3 组实验参与人员的各项评价指标差异性统计如图 1-3-14 所示，根据统计结果可作出以下分析。

（1）从靶面得分统计上看，专家组的任务完成分数明显高于其余两组人员，由此可推知，在进行双手较精细的操作时，经验水平较高的操作者在实验任务中能够更准确地找到目标，这也体现出专家组人员有着更好的手眼协调能力及操作精度。

（2）由“引线”轨迹最大偏差指标统计可知，专家组人员在运动控制能力上具有明显优势，可将手术器械运动幅度控制在很小的范围之内。这一发现与 pick-and-place 任务中的发现一致，动作幅度的控制不仅可降低手术器械运动脱离视野的概率，增大与组织误触碰的概率，在双手操作中也可有效降低器械之间发生碰撞干涉的概率。

（3）在任务完成时间与操作速度上，3 组人员并无明显差异，而从运动轨迹波动及运动跃度差异性统计结果上看，专家组人员在操作输出动作稳定性及连贯性方面明显优于其余组别人员，这一发现与 pick-and-place 实验中得出的结果类似，由此可见，经验水平较高的专家组人员无论是在单手动作还是在双手协调操作上均有着更为稳定的运动输出能力。

由该实验分析结果可得出，在机器人辅助微创外科系统双手协调精细操作中，任务完成效率并不一定体现在操作速度及任务完成时间上，而与操作精度以及运动的约束能力和动作稳定性、连贯性亦密切相关。

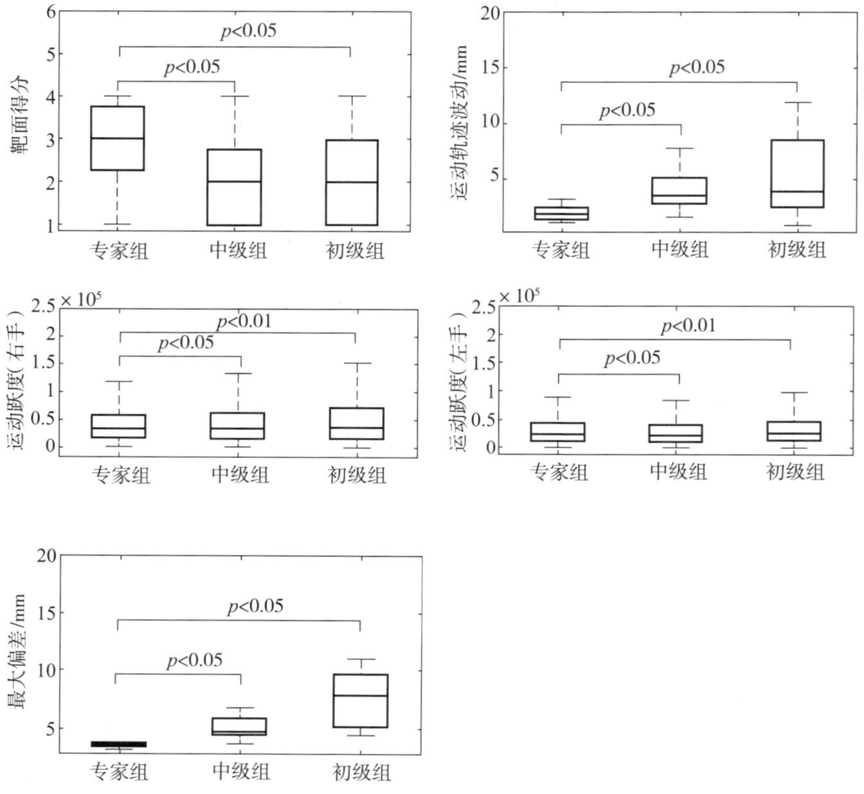

图 1-3-14　ring-threading 实验统计学差异

拓展内容

一、数据处理的准确性和便捷性

大部分结构性访谈的主要问题形式为封闭式问题。使用封闭式问题，回复被限定在有限的选择中，换而言之，采访者提供两个或更多的可能答案，并且让受访者从中选择一个或几个。理想状况下，过程非常简单，仅仅需要挑个对钩或者圈出答案或使用类似的行为。这样做的优势在于采访者的区别被减弱了，采访者所记录到的每一个受访者的反馈都不会被错误理解。如果是开放性的问题，采访者就不会写下所有的话，可能会有所修饰，或者错误理解受访者的意思。

二、进行访谈

1.了解流程

在采访之前，采访者应该熟悉流程。如果是个人访谈，采访者通常是有压力的，在压力之下，标准的采访步骤，例如过滤问题等都会造成采访者慌乱，或者错过问题，或者问了错误的问题。如果有两人或多人作为采访者，就要对他们进行培训，让他们了解什么是应该做的，以及按照流程应该如何操作。

2.介绍研究

向受访者介绍研究目的，有助于建立信任。介绍的方式可以为口述或者出示文档。用口头介绍的方式可能会帮助建立联系，缓解刚开始的尴尬局面。介绍内容通常包括注意事项，如：①执行测试的工作人员的身份；②正在进行的研究的赞助商的身份；③研究的来源，例如研究生或本科生的毕业论文；④使用移动的语言介绍研究内容、研究重要性及将要采集的信息种类；⑤受访者被选入实验的原因；⑥明确参与是自愿的；⑦重新确认所提供信息的可信性；⑧提供继续询问问题的可行性。

3.融洽

快速建立融洽的气氛，鼓励受访者参加访谈，并且持续到访谈结束。友好的氛围将使得受访者更愿意按照计划好的方式接受访问。

4.提出问题

结构化访谈的目标之一就是确保每一个受访者被问相同的问题。提问方式的变化也会成为调查研究中的错误的来源。结构化的访谈意味着降低这种变化的可能性，但不能保证一定不会出现，因为总有各种可能因素使得采访者更换问题。

5.记录答案

采访者记录答案时，应当尽可能准确地记录答案，不这样做的话，会导致采访者错误理解受访者的答案，并且产生错误。

6.清晰说明

在上述工作之外，采访者需要对采访进度进行说明。

7.问题顺序

一方面，改变问题的顺序可能会导致特殊的问题被忽视；另一方面，问题的顺序可能会产生影响，提出问题的变化可能成为潜在错误的原因。

三、观察时间表

设计时间表用来记录观察，是一个很关键的步骤，需要在如下方面深入思考。

（1）清晰的焦点非常必要。一方面，必须确定观察对象和观察内容。例如，如果想要认识到观察焦点，那么观察者必须准确知道谁将被观察。同样，观察者必须知道如果背景中某些方面发生变化，需要如何记录。另一方面，研究问题需要被清晰阐述，观察者才会知道在任何背景下发生的众多事件中，哪一个将会被记录。

（2）行为类型的设定边界要清晰。当很难界定某个行为的归属时，也许最好的方法是设计一个临时种类，对行为进行标记。由此，在正式实验前，常设定一定量的非结构化观察或预实验，以便发现潜在的问题。

（3）记录系统要容易操作。有很多动作种类的复杂系统不是人们所希望看到的，观察者需要被培训，当他们遇到太多选项时，仍然会觉得沮丧和迷惑。

（4）有些观察时间表需要为部分观察者提供一定量的解释说明。

第四章　产品研发方法

产品研发的理念基于系统化、模块化和集成化的思想。一个成功的产品研发项目除了对产品质量、产品成本和研发周期有很高的要求外，还必须具有高度的可持续性，因而在整个研发过程中，必须顾及全生命周期，保证整个产品研发过程具有横向和纵向的贯穿性。

第一节　基本概念

一、全生命周期的观点

产品全生命周期始于产品需求的提出，终止于产品的回收，随后重新开始进入下一个产品生命周期。产品全生命周期是由规划、研发和设计、制造、使用和循环回收 5 个主要阶段循环构成的，如图 1-4-1 所示。从图中可以看到，从规划、研发到制造是产品的“生长”过程，称为产品生成，这一过程也是价值创造过程。相应地，从产品使用、运营到回收是“回落”阶段。一个产品成功与否，应该兼顾整个生命周期的每一个阶段，从整体去评价。

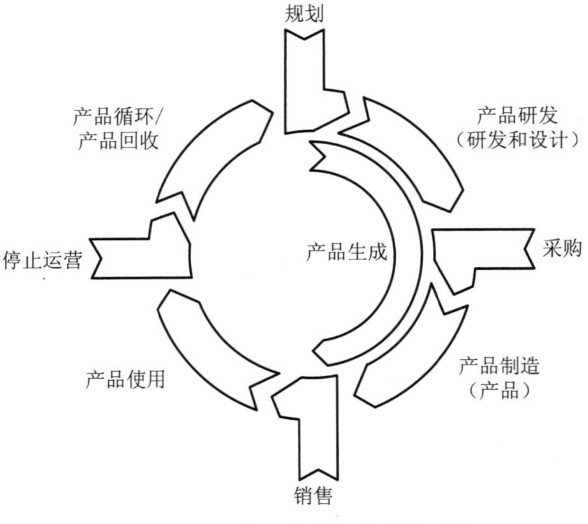

图 1-4-1　产品的全生命周期示意

传统线性研发过程只考虑与研发阶段相邻的前后生命阶段的需求，往往历经多次迭代，产品改善的需求只有在产品生命周期的后期才能凸显出来。但在现有的环状研发模型中，研发人员在研发阶段兼顾全生命周期各阶段的需求，通过产品的虚拟生成，以及对生产、使用和回收过程的模拟，使得产品研发更为有效和合理。由此，一个产品的好坏以及投放市场成功与否取决于研发阶段，研发阶段在全生命周期中起着决定性的作用。

扫一扫

视频：产品的全生命周期及研发指标

二、系统的观点

根据系统学的观点，任何产品都可以被看作一个技术系统。技术系统由3个部分组成：系统元素或子系统；元素或子系统之间的关联；系统边界以及系统与外部的交互。如图1-4-2所示，这一系统模式不仅适合技术系统的结构组成，也可以表达系统的工作机理和系统的功能。

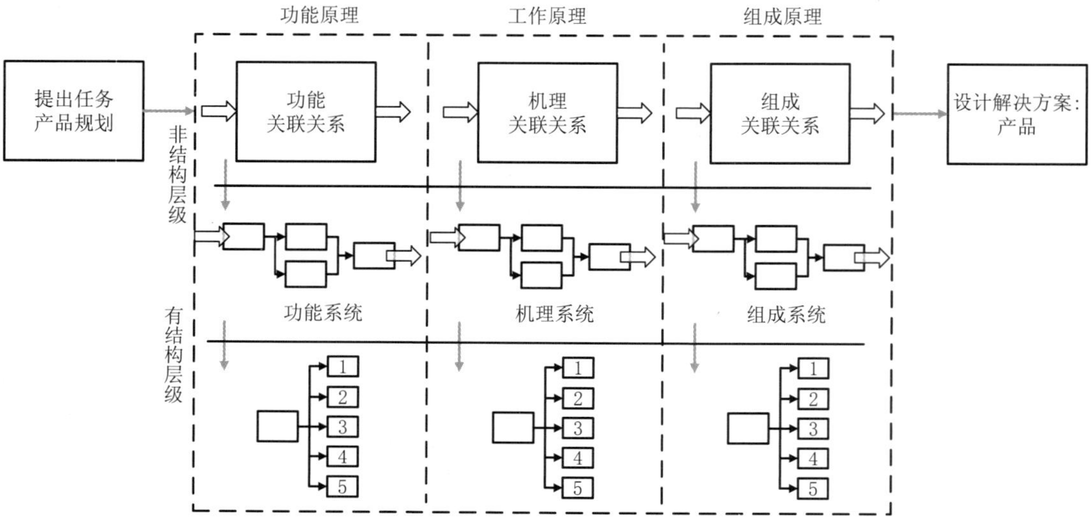

图1-4-2　产品技术系统的3种模式

扫一扫

视频：产品的系统模型及研发策略

思考题

请仔细观察日常生活中的一个产品，尝试从全生命周期的角度进行分析，在规划、研发和设计制造、使用及循环回收等阶段找出对产品质量产生影响的重要因素。

第二节　产品概念的生成

产品概念的生成过程从提炼客户需求和拟定目标指标开始,进而使用草图或粗糙三维模型简要描述工作原理和产品形式,目的在于让产品更加贴近用户需求。图 1-4-3 为产品概念生成流程。

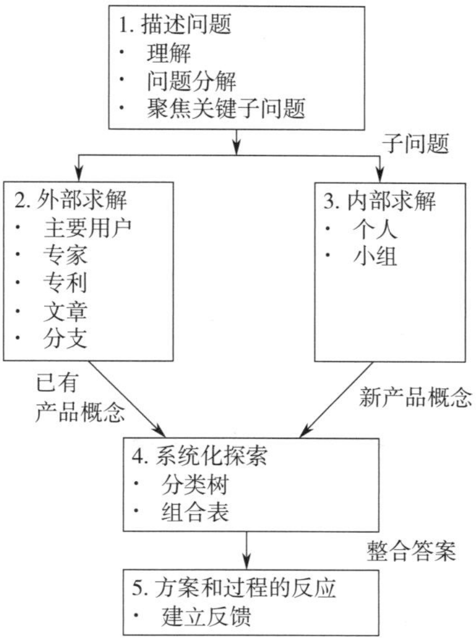

图 1-4-3　产品概念生成流程

一、描述问题

在产品概念的生成过程中,项目的任务描述、用户需求清单和初期产品规格是最为理想的输入数据。如果设计者缺乏对产品清晰的了解,就需要从描述问题这一步开始,在明确现有生产或使用中存在问题的基础上,定义产品需要具备的功能。

在现实中,很多设计都因为太复杂而无法实现,这就需要设计师从宏观上明确仍待解决的问题,提出整体解决方案,再从微观上分解问题,不断简化,直至确定最终方案。

因此,描述问题时,可先将产品看作一个功能黑箱。产品功能被分解为在黑箱中实现的能量、材料和信号的转化。每个产品的功能不同,在黑箱中转化的能量、材料和信号也不同。有时是 3 项中的 1 项或 2 项发生转化,有时是 3 项转化同时发生。图 1-4-4 以饮水机为例给出了示意。产品黑箱(饮水机)左侧是能量、材料(自来水)和信号(触发信号)的输入,右侧是转化后得到的新能量、新材料(饮用水)和新信号(触发状态)。

接下来,创建更具细节的功能描述。产品的整体功能可被分解为 3~10 个不可拆分的子功能。拆分过程由设计者依据经验和现有条件决定,可以依据用户使用行为顺序进行分解,并没有唯一正确的答案。功能分解最容易应用于技术产品,也可以应用于简单的或明显的非技术产品。在图 1-4-4 中,以水的转化为例,黑箱左侧为自来水,进入黑箱后,子功能依次为存储水、净化和加热水、释放水,在黑箱右侧才可获得饮用水。

二、搜索解决方案

1.外部搜索

外部搜索的主要目的是找到现有解决全部问题或子问题的方案。在研发过程中,有 5 种方式可以从外部获得信息:主要用户访谈、专家咨询、专利检索、文献搜索和专利比对。这样找到的现有的解决方法比新方法通常更快、更便宜。由此,团队便可将原创能力聚焦于没有合理的解决方案的剩余问题上。

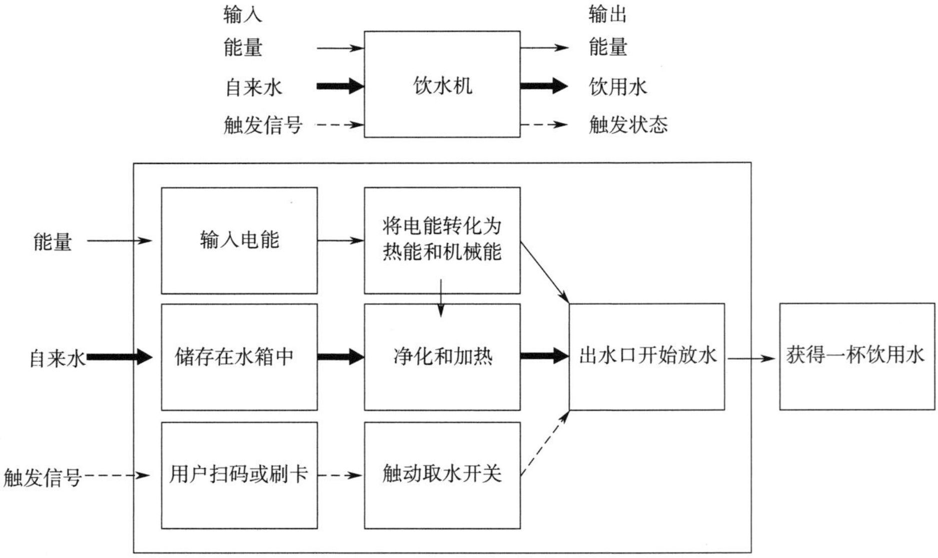

图 1-4-4　饮水机的问题描述步骤示意

(注:为了清晰表达,选用细实线代表能量的转移或转化,粗实线表示材料在系统间的移动,虚线表示系统内信号的传递)

2.内部搜索

内部搜索是利用团队和个人的知识和创造力去生成方案概念。最常用的便是头脑风暴法,即基于团队现有知识的开放式创新方法,汇聚记忆中可能有用的信息碎片并应用于问题解决。

为了获得更多的可行方案,很多专家认为在这一阶段设计团队提出的主意越多,团队探索解决方案的空间越大。为了追求数量,也可以适当降低对每个方案质量的期待。绘制草图可看作一个有效的验证方式。这是由于实体产品的空间合理性很有挑战,文字和语言不足以描述清楚,此时,草图在概念的表达上就会非常有帮助,如图 1-4-5 所示。

三、系统化探索

系统化探索的目的在于整合组织碎片化解决方案。概念分类树和概念组合表是两种有效的工具,可以被灵活使用。

1.概念分类树

概念分类树用于划分可能的方案分支,形成相对独立且便于比较、修改的分支。每一个分支都可以被认为是一条不同的解决整体问题的路径。当两个方案看起来都很不错的时候,团队可以分为两个或若干个独立工作组,这样的分配也可以降低概念生产的复杂性,例如图 1-4-6 所示的机器人变刚度关节设计的概念分类树。

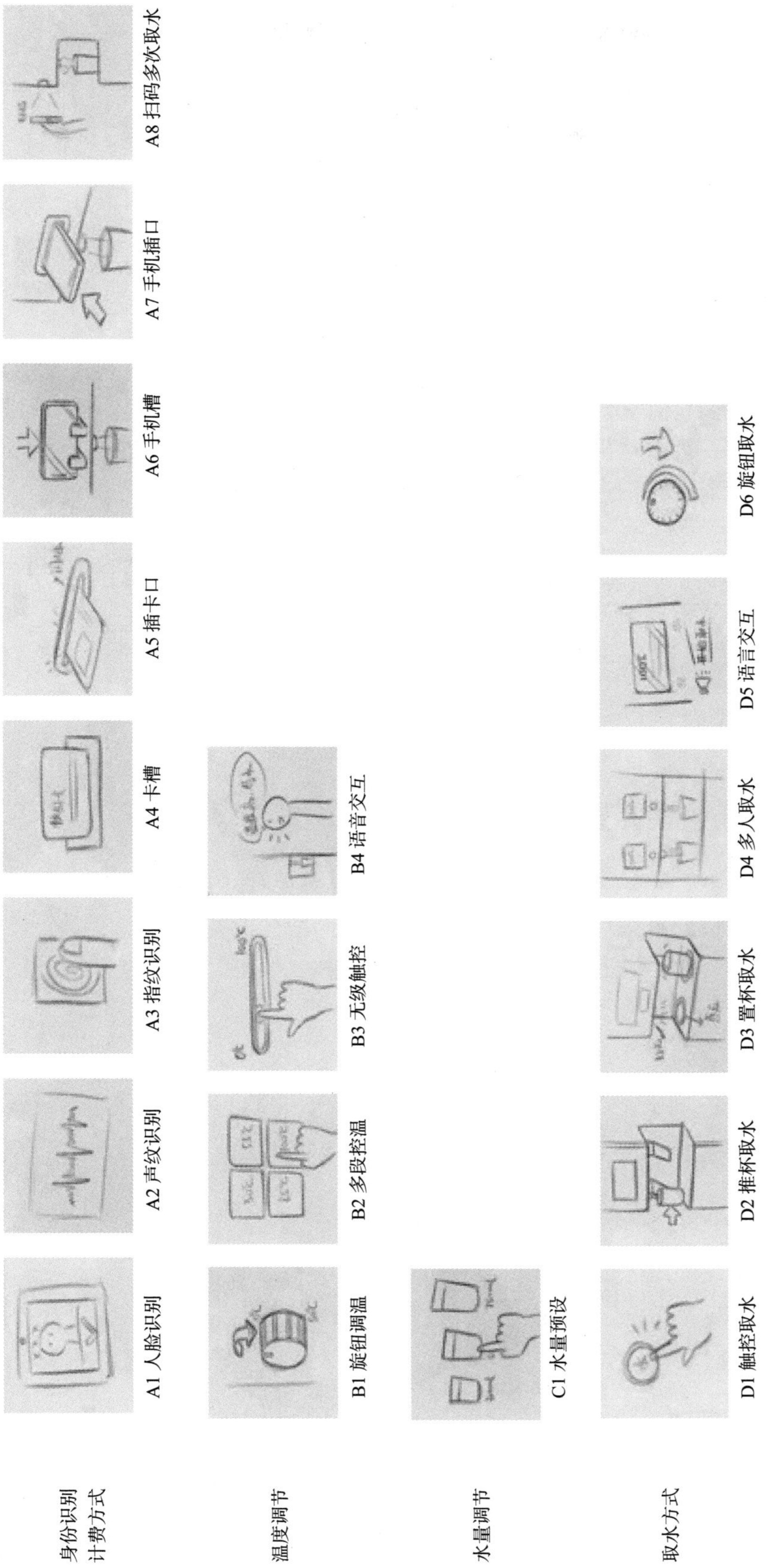

图 1-4-5　饮水机问题的解决方案

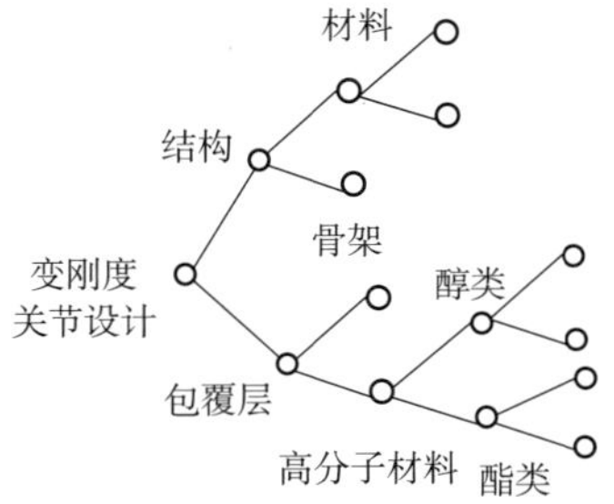

图 1-4-6　机器人变刚度关节设计的概念分类树

2.概念组合表

概念组合表提供了一种系统考虑方案组合的方法。表头里的每一列代表将要被解决的子问题,每列中的具体内容是由外部搜索和内部搜索得来的解决方案。整个问题的潜在解决方案就是从每一列里选出解决方案并整合汇总,形成完整的解决方案。整合过程可能会产生多个解决方案,如图 1-4-7 所示的文具盒的概念组合表。

存储笔	书写备忘录	打开文具盒
硬质盒子	便签贴	拉链
布袋	小白板	卡扣开合
软皮袋子	纸夹加纸	盖子插拔
皮质感外壳加硬质内里盒子	屏幕	滑盖
木质盒子		

图 1-4-7　文具盒的概念组合表示意

四、方案和过程的记录

记录应该贯穿整个过程。记录的内容应包括过程文件、结果文件和评价文件。评价文件应结合设计团队对探索过程的满意程度、内部资源和外部资源的利用率以及求解空间的覆盖程度进行记录。

思考题

以日常生活中的用品为例,进行设计分析。

解答提示

设计一款超大容量铅笔盒,设计示意如图 1-4-8~图 1-4-10 所示。

(1)方案规划。

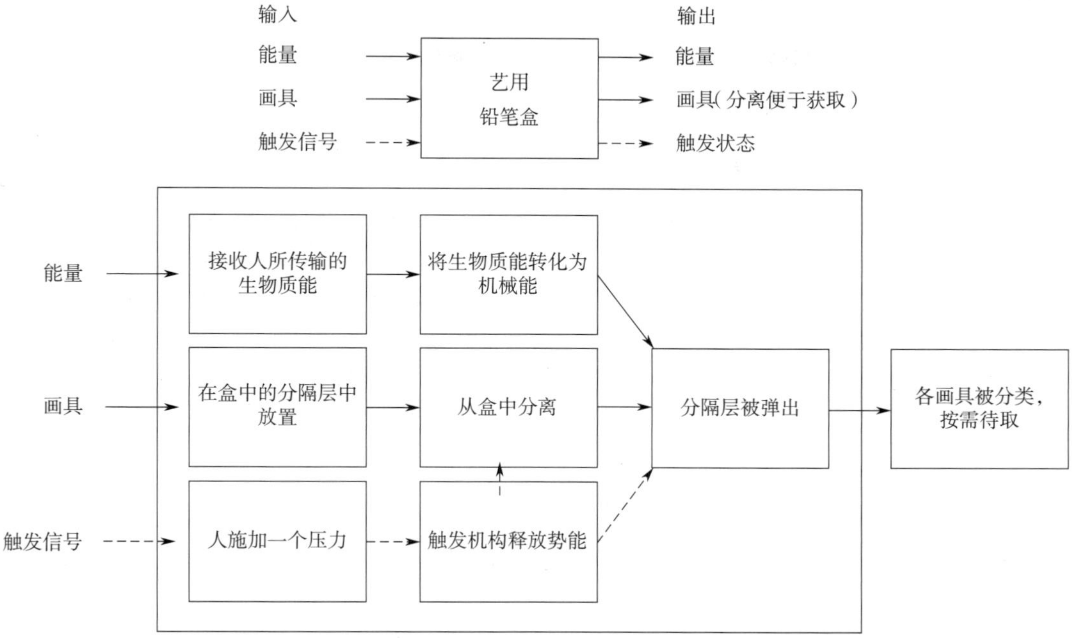

图 1-4-8　方案规划示意

（2）分解-合成。

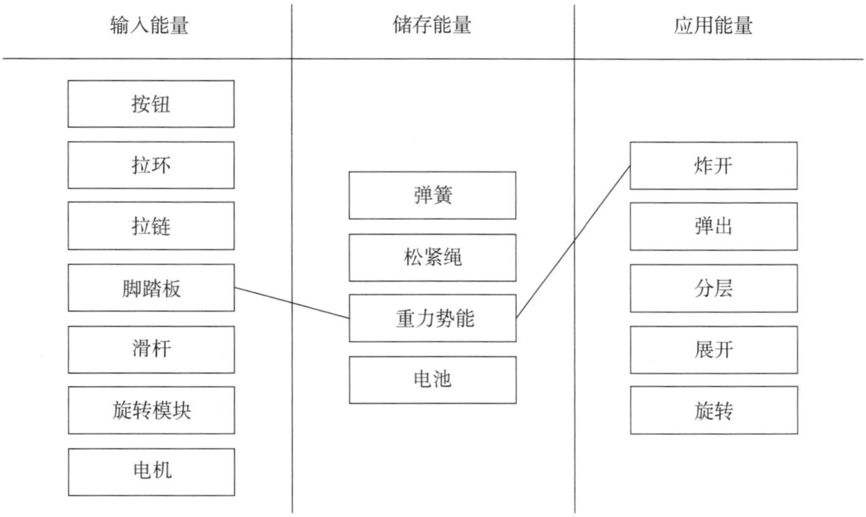

图 1-4-9　分解-合成示意

（3）方案产生。

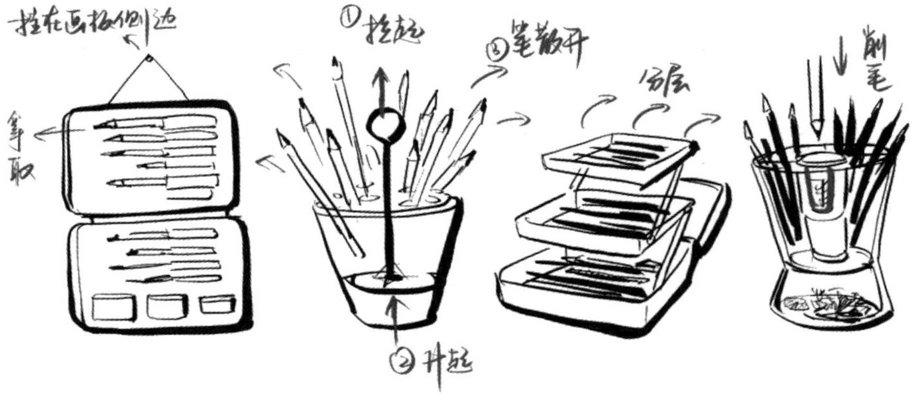

图 1-4-10　方案产生示意

第三节　客户需求

认识客户需求是一个过程。并非所有的用户需求都是显而易见的，有些需求并没有被大多数用户意识到，当它们被发现并被满足时，就会收获更多的用户满意。例如，在 2000 年以前手机并不具备拍照功能，而且大多数用户并不知道他们想用手机来拍照。可是夏普手机 J-SH04 首先提供了拍照功能。该款手机赢得了很多关注，开启了拍照手机 1.0 时代。

认识潜在需求的能力非常重要，可以给企业带来机会，开发出让顾客惊喜的产品。当然，一旦潜在需求被满足并通过新产品的功能显现出来，这些功能就会被广泛使用并且成为"必要"功能。认识客户需求的过程依次为：从用户那里获得粗糙数据；将数据转化为用户需求；按照重要程度拟定需求结构；记录过程和结果。

扫一扫

视频：产品的技术需求清单

一、从用户那里获得粗糙数据

1.数据获得的方法

采访和观察是较为常用的数据获取方法。采访通常在用户的环境中进行，一个或多个产品研发团队成员与一位用户讨论需求，持续 1~2 h。观察则是观察已有产品或新产品的预期功能在真实环境中的使用情况。观察可能是被动的，与用户没有任何直接交互，在观察的过程中研发团队得到产品使用的第一手数据。

2.用户选择

为了更有效地辨识需求，研发团队通常选择导向用户和极端用户进行采访。导向用户指的是那些体验超前于市场需求的用户。采访中将会发现现有产品的不足或者初露端倪的用户新需求,通过辨识出这些需求,研发团队有可能获得很大的收益。极端用户是那些按照非常规方式使用产品或者有特殊需求的用户。他们可以帮助研发团队发现一些不亟须解决的次要需求,或者从不会作为竞争优势的重要需求。

二、将数据转化为用户需求

观察或采访中得到的粗糙数据都将被转换为用户需求。转换时要遵循以下 5 条原则。

(1)准确描述需求,即说明产品功能而非给出解决方案。用户需求可以对产品的具体功能(或称为“工作内容”)进行说明,但要避免过早给出“确保实现功能的技术方案”。虽然用户通常从解决现有产品问题或不足的角度来表达喜好,但是在准确描述需求时,这种描述应该独立于技术解决方案进行表达。

(2)充分利用粗糙数据。从粗糙数据中挖掘细节,形成不同层次的需求表达,以免丢失有效信息。

(3)尽量选用正向表达。使用正面的词语对产品需求进行描述,易于提炼产品的技术指标。但在有些特殊场合,很难找到合适的正向词汇去表达,所以这时候并不适合使用这条原则。

(4)基于使用过程进行描述。在规范的使用过程中,产品依次展现出用户希望它所具有的功能或性能。研究团队应对这些表现出的功能或性能需求进行详细描述,由此确保各成员在设计过程中对产品技术指标的理解保持一致。

(5)避免使用“必须”或“应该”。不推荐使用“必须”或“应该”等语气词进行描述。它们通常暗含着需求的重要等级,但此时,设计团队并不需对用户需求的重要程度划分等级。

三、按重要程度拟定需求结构

经历前两步之后,通常会产生 50~300 个用户需求说明。设计师需要进行进一步处理并且概括总结。首先,需删除冗余的用户需求说明。其次,依据相似性,进行需求分组,并给每组添加一个标题。再次,创建可以容纳 2~5 个组的超级组。最后,审核编辑整理好的需求说明。此时,可以考虑给超级组赋予权重系数。采用基于用户经验或基于未来用户的调查,经过讨论最终达成研发团队共识,便可以确定系数。两种方法的区别在于成本、速度和准确度。

四、记录过程和结果

这个过程最终形成文档。此时,有一些问题需要给予特别的关注,例如,调研是否覆盖了目前市场的各种重要客户类型,是否捕捉到目标用户的潜在需求,哪些用户应该被邀请参与后面的研发过程,等等。

第四节 产品规格

用户需求也被称为“用户的语言”,是对产品功能的精确描述。同类产品的功能差异性可使用规格来进行表达。规格包括两个部分,即度量单位和数值。数值可以有几种形式,如具体数值、范围或者不等式。

在理想情况下,研发团队在早期研发阶段就拟定产品规格并加工实现。但在实际中,由于生产技术水平限制和产品成本约束,会造成最终的产品规格与早期拟定的产品规格存在差异。所以,设计团队应该反复校核这一规格差异是否会对产品功能产生影响。

建立产品规格需要 4 个步骤,即准备技术指标清单、搜集竞争对手的信息、设置指标数值以及形成最终文件。

一、准备技术指标清单

有效的技术指标可以直接反映产品满足用户需求的程度。技术指标清单的制定方法为:①给出每个需求的清晰定义;②通过精确且客观的度量反映出功能满足需求的程度。

在理想情况下,每个用户需求都有一个技术指标可以与之对应。但从实际情况看,有时候一个技术指标与多个需求呼应,有时候一个需求又与多个技术指标呼应。例如:谈到"某部件容易安装"这个用户需求时,很容易让人想到这个需求与该部件安装到整体结构上的时间相关。但是,当我们考虑更多细节时,"安装时间短"真的等于"容易装配"吗?当迅速安装是以疼痛或者不舒适姿态为代价,甚至造成工作伤害时,这种产品很容易面临销量不佳的窘境。所以,与"容易装配"这个用户需求呼应的,可能是"安装时间短""装配操作时的身体舒适度高或学习时间短""徒手或使用简易工具"等多个技术指标。

由此,为了更准确地建立起需求和技术指标之间的关系,研发团队首先需要依据每一条用户的需求表述进行清晰的意义理解,并提炼完整的定义。随后,借助"需求-指标"矩阵构建需求和指标之间的关系来确定最终结果。如图 1-4-11 所示,矩阵的行是用户需求,而列是产品的技术指标。单元格中的圆点标记代表着需求和指标"有关",而单元格中没有圆点标记则代表需求和指标"无关"。

建立技术指标清单时要考虑以下几点。

(1)完整性。技术指标清单应尽可能完整,以确保产品满足用户需求。需求和指标会存在"一对多"或"多对一"的状态(如图 1-4-11)。

(2)可测量性。指标应具有实际意义,通过直接观察或分析可以得出数值结论,容易被研发团队比较。

(3)通用性。通用性是在市场上竞争中的通用情况,顾客对基于公布的技术指标数据进行独立评价,并作出购物决策。

思考题

图 1-4-11 中的"指标-需求"矩阵中,有哪些指标或需求的描述是错误的?如何改进?

解答提示

(1)需求尽量简明扼要,并根据重要程度排序。例如:"多功能"过于宽泛,无法与具体的技术指标对应。

(2)技术指标尽量选择可以明确度量的客观物理量,避免与解决方法或功能模块等混淆。

例如:①"手机控制"和"APP 控制"是具体的实现方法,而非具体的技术指标;

②钛合金是具体的材料,应给出材料主成分和密度等主要性能参数;

③音响是一个功能模块,缺少具体技术指标说明。

18 播放音乐	17 使用太阳能	16 水可过滤并清洁	15 不易划伤	14 可以自行预定温度	13 容易清洗	12 水温可调	11 使用便捷	10 质量轻	9 节能	8 多功能	7 长工作寿命	6 外观优雅	5 低功率	4 过程控制	3 控制范围大	2 大容积	1 价格便宜	需求 / 指标	
																	●	100~200 元人民币	1
																●		400~750 mL	2
				●		●	●								●			手机控制，范围为 30 m 内	3
							●							●				APP 控制，WiFi 控制	4
													●						
												●							
											●								
										●									
									●										
								●											
							●												
						●			●										
					●													双层结构	
				●			●												
			●																
		●																	
	●																		
●				●															

图 1-4-11　智能水杯的“需求-指标”矩阵

二、搜集竞争对手的信息

即使研发团队不想做垄断产品，新产品与其他产品间的竞争关系也不可避免。所以，当进入产品研发阶段时，团队就应该考虑如何在市场竞争中取得优势，收集对手的技术指标值，确定自己产品的定位。

三、设置指标数值

研发团队应综合考虑竞争产品的可接受性及竞争者未来制造的产品的性能。进行产品任务说明和目标市场划分后，通常使用 5 种数值来表达指标。

最小值：指标的最低约束值，但越接近理想值越好。

最大值：指标的最大约束值，但也不要过大。

中间值：在最大约束值和最小约束值之间的数值。

精确值：某些指标具有特别的数值，任何偏离都将降低产品功能。

一组离散值：有些指标具有几个离散值可选择。

由于数值（最大值、最小值或中间值）通常可以看作对功能的约束，故产品竞争空间的边界可由此确立。

四、形成最终文件

研发团队可能需要多次重复前述步骤才能达到目标一致。每次讨论后的记录都可以有效控制讨论结果与项目目标的一致性。

第五节　产品架构

本节的目的是从功能和逻辑关联的角度出发，采用模块化设计的思想，实现最基本的实体架构模块设计。模块的封装形式和架构决定了产品细节设计的颗粒度和未来测试的分配形式。

一、基本单元

产品可以按照功能或结构进行拆分，成为功能模块或者结构模块。功能模块可以独立地执行某项具体任务。例如：储纸盘可以看作打印机的一个功能单元，作用是存储纸张。结构模块可以是零件、部件或装配体。结构模块中的一部分在产品概念阶段确定，另一部分在细节设计阶段确定。

二、架构种类

（1）插槽模块架构。每个模块与架构的接口界面均不相同，具有独立的形态，所以功能不同的模块无法交换接入位置。

（2）总线模块架构。有一条通用的总线，每个模块可以通过相同形态的接口接入总体架构。不同功能的模块均可随意选择接口，接入设备，正常使用。

（3）截面模块化架构。模块与整体的连接通过模块的接口平面与整体的接口平面相互接触就可实现。

三、架构设计

架构设计是产品概念设计的核心。当新产品作为现有产品概念的扩展改进时，架构将在概念生成阶段被定义，以草图、功能图和概念生成的原型等非正式形式出现。此时，概念设计聚焦于将更多的可选择功能嵌入产品中，以增强产品的多样性。例如，可定制的个性化产品，通常是在已有成熟产品的基础上，提供可以选择的、可更换的个性化设计款零部件，或者提供不同的增值服务。

如何将产品化为“模块”的集合，与市场策略、制造性能和产品研发管理方面的抉择密切相关，而且会直接影响产品变更、产品多样性、元器件标准化、产品性能、可制造性等方方面面。

四、架构的建立

产品架构应建立在功能综合的基础上，首先实现“从整体到局部”的设计规划以确保功能的实现，再实现“从局部回到整体”的设计确认，以保证产品的加工顺利进行。

1.建立产品的原理图

原理图表达了团队对产品组成模块的理解。在产品概念设计阶段结束时，原理图中有些重要模块已经完成，还有一些仍然停留在功能描述阶段。如果产品是一个包括上百个功能模块的复杂体系，为了简化工作，建议去除一些不重要的功能或者将功能集成为更高级的可分解功能体系，将功能模块限制在 30 个以内。原理图并不唯一，可以制定多个备选方案，供决策时综合考虑。

2.原理图中的模块集成

设计模块的集成方式时应从几何形态、功能形态、制造能力等角度进行考虑。几何形态包括模块自身的几何精度和装配方式。功能形态包括功能的共享性、继承性和封装性。制造能力则考虑加工的可行性和标准性。

3.产生粗略布局

产品布局可以是二维或者三维的形式，使用手绘草图、计算机建模或实体模型建立等方式生成。此时，需考虑模块之间的装配形式和作用形式，并规划模块间的连接，确保：①产品外观符合美学设计思想；②人机交互界面外观、交互方法及交互形式符合人机工程学要求。

4.识别交互类型

模块间的交互有两种。第一种是主要交互，即在原理图中准确描述为主要的“功能模块”间的连线。第二种是其他交互，为其他功能模块间的实现方式，通过文件记录进行补充描述。不同的团队会选用不同的方法调整活动或者交互信息。

思考题

请以日常生活用品为例，分析产品架构如何影响提供多样性的能力？不同产品架构对成本有何影响？产品架构如何影响管理提升过程？

第六节 产品研发过程

产品研发过程应遵循一定的设计思维模式（林教授视频 5）和行为模式（林教授视频 6）。具体研发流程通常分为 6 个阶段，依次为产品规划、概念设计、系统设计、详细设计、测试和改进、生产运行等。

扫一扫

视频：产品研发中的思维模式

扫一扫

视频：产品研发中的行为模式

一、产品规划

规划通常被认为是“研发的前奏”，由企业策略引导，进行基于技术发展和市场目标的评估，以认识客户需求和建立产品参数为主要工作内容。

（1）认识客户需求。了解客户的需求，使用带有权重系数的层次化列表进行描述，将信息有效地传递给研发团队。需要特别注意用户的潜在需求，因为用户很难描述出目前不存在的商品或服务。

（2）建立产品参数。将客户需求转变成技术术语，使用由度量单位、极限值和理想值组成的参数表进行描述。产品规格参数表在研发早期开始设定，并逐渐调整以适应产品全生命周期的各种约束条件。

规划阶段的输出是项目任务规划，指明产品目标市场、商业目标、客观环境和约束条件。

二、概念设计

在概念设计阶段，研发团队辨识目标市场的需求，提出可供选择的产品概念，进行评估筛选。顺利通过此流程的产品概念将进入接下来的研发和测试阶段。这些阶段依次为概念生成、概念选择和概念测试。

（1）概念生成。概念生成的目标是探索将会引领用户需求的产品概念。概念生成包括外部研究、团队内创造性解决问题、系统探索多样解等。这一阶段将会产生 10~20 个概念，使用草图和简单的文字说明进行表述。

（2）概念选择。研发团队在众多产品概念中进行概念选择，分析并逐步筛选出最有效的概念。这个过程通常需要几次迭代和优化。

（3）概念测试。研发团队对一个或多个概念进行验证，以便确认客户需求能否被满足，评价此方案的市场潜力，发现方案中的缺点并进行改进。

三、系统设计

系统设计包括产品架构定义、主要元件的初步设计、与内外部资源相关的细节设计以及生产工艺和装配的初始方案设计。此时，团队应建立详细的研发时间表、设计策略以缩短研发时间，识别完成项目所需的资源；形成汇总文件，包括任务描述、用户需求、所选概念细节、产品指标参数、市场分析、研发进度、研发成员和预算等。

四、详细设计

详细设计的内容覆盖完整的几何参数、材料参数、零件公差以及将购入的标准元件规格。这一阶段的输出是产品的控制文件，内容包括：描述零件和刀具的几何形状的草图或计算机文件、购入零件的参数、产品制造和装配的过程规划。

五、测试和改进

测试和改进阶段需要构建和评估产品的预生产原型样机。早期原型通常使用与计划生产零件相同的几何结构和材料，但不必使用真实的制造方法，目的在于测试产品是否会按照设计方案工作并满足主要的用户需求。递进原型通常使用预生产过程供应的零件，不必使用最终的装配过程，目的在于测试必要的工程改变对最终产品的性能和可靠性的影响。

六、生产运行

在生产运行阶段，产品使用预设的生产系统，解决现有制造环节中存在的问题。

第七节　方案评价

一个研发项目可产生多个方案，本节将推荐 2 种方法进行择优。

扫一扫

视频：产品研发中的问题求解

一、量表法

在量表法中，分别列出产品备选方案和关注指标，将现有产品或者最有可能选用的方案定为目标方案，选取“备选方案”和“目标方案”依次进行各项指标的比对。评价得分规则为：如果备选方案优于目标方案，则记为“+”；如果备选方案差于目标方案，则记为“−”；如果备选方案等同于目标方案，则记为“0”。通过量表进行记录，统计各方案得到的符号结果分数，“+”为 1 分，“0”为 0 分，“−”为−1 分；对得分求和，便可以得到备选方案与目标方案的比对结果，辅助进行选择。

以杯子设计为例，经过讨论保留 5 个方案（图 1-4-12），分别命名为 A、B、C、D 和 E。量表（表 1-4-1）中，第一行为进行比对的 5 个杯子的方案名；第一列为方案评价指标。此处分别为成本、加热/制冷功能、过滤质量、清洁效果、控温精确以及能耗。

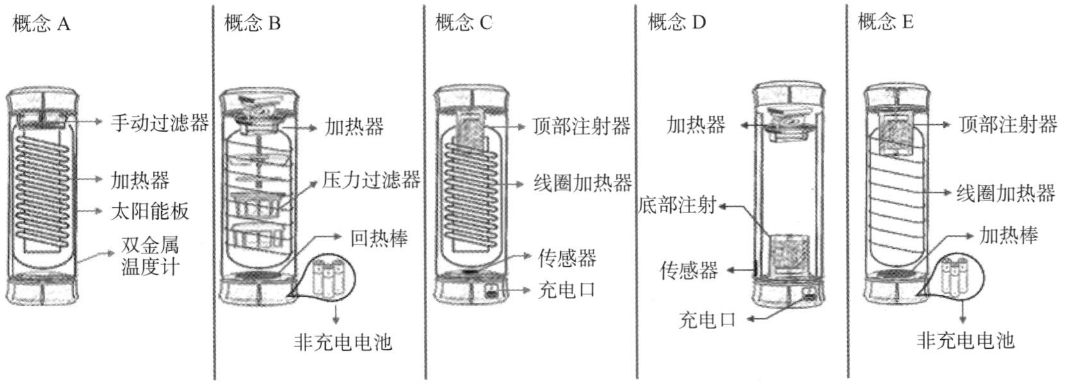

图 1-4-12　方案表达

为了进一步优化方案，可以看到新的一轮评审中，对方案 B 和 C 进行了整合，对 E 进行了调整，随后使用增强型评分表（表 1-4-2）。虽然继续沿用旧指标，但是开始考虑各个指标的价值，并依据重要程度为指标赋以权重系数；同时，对每个方案的性能进行打分，分数区间为 1~5 分。以 SC 整合方案的成本指标为例，成本指标的权重为 10%，这一项分数为 4 分，所以“成本”综合得分为 0.4 分。依次，可得到新一轮的评分结果。在此基础上，计算各个方案的总分，依据分数由高到低的顺序进行排序。

表 1-4-1　方案对比量表

指标	概念 A	概念 B	概念 C	概念 D	概念 E
成本	-	0	0	-	-
加热和冷却性能	0	+	0	+	-
过滤质量	+	-	0	+	0
易清洁	+	+	0	+	+
温度测量准确度	-	-	0	0	-
能量	-	0	0	0	0
"+"总数	2	2	0	3	2
"0"总数	1	0	6	2	2
"-"总数	3	2	0	1	2
净得分	-1	0	0	2	0
排序指标	5	2	2	1	2
后序工作	否	合并	合并	是	修改

表 1-4-2　方案对比量表（增强版）

选择指标	权重	概念 BC		概念 D		概念 E+	
		评分	带权重分数	评分	带权重分数	评分	带权重分数
成本	10%	4	0.4	3	0.3	5	0.5
加热和制冷性能	35%	4	1.4	4	1.4	3	1.05
过滤质量	15%	3	0.45	3	0.45	2	0.3
易清洁	20%	3	0.6	2	0.4	2	0.6
温度测量准确性	15%	3	0.45	3	0.45	2	0.3
能量	5%	2	0.1	3	0.15	3	0.15
总分		3.4		3.15		2.9	
排序		1		2		3	
后序工作		继续研发		否		否	

二、功能分支法

综合考虑产品的各项评价指标，构建指标体系，逐渐细分影响系数，得到功能分支树。随后，再针对各个方案进行综合打分，计算最优值。

以饮水机改进方案（图 1-4-13）为例，依据用户访谈所述功能，挑选出 4 个最重要的功能：计费方式、温度调节、水量调节、取水方式，并且为每个功能设计实现方案（图 1-4-14），随后对方案进行打分，填写方案遴选表格，通过比对得分，最终确定方案（图 1-4-14 中带蓝框的为被选中的方案）。图 1-4-15 为功能分支树，图 1-4-16 为综合各方案后绘制的产品草图，表 1-4-3 为方案遴选表。

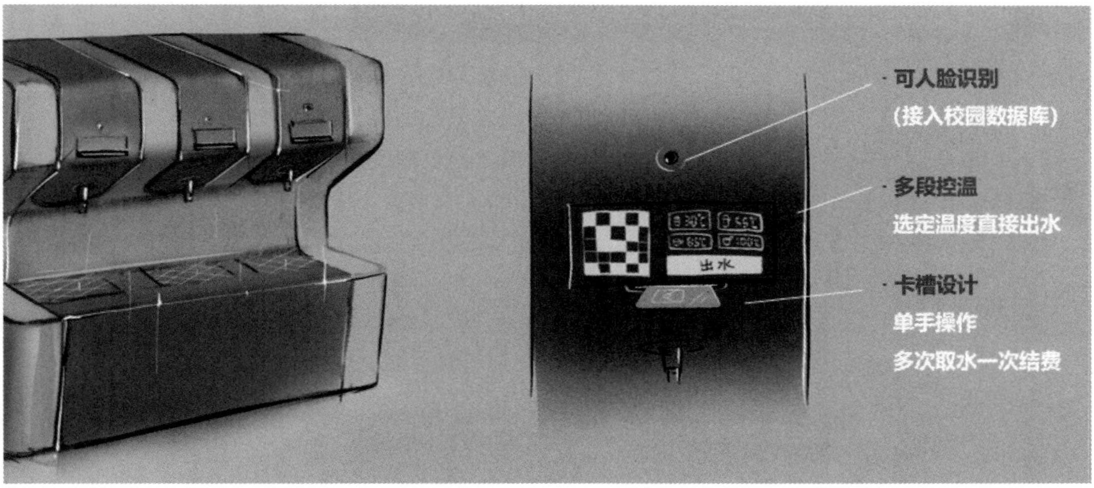

图 1-4-13　饮水机改进方案

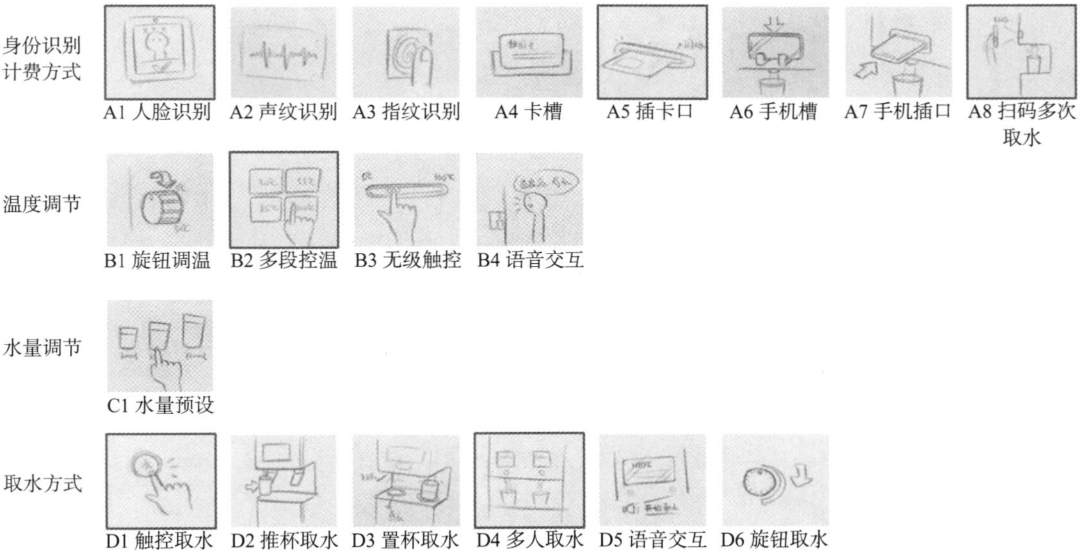

图 1-4-14　功能实现方案

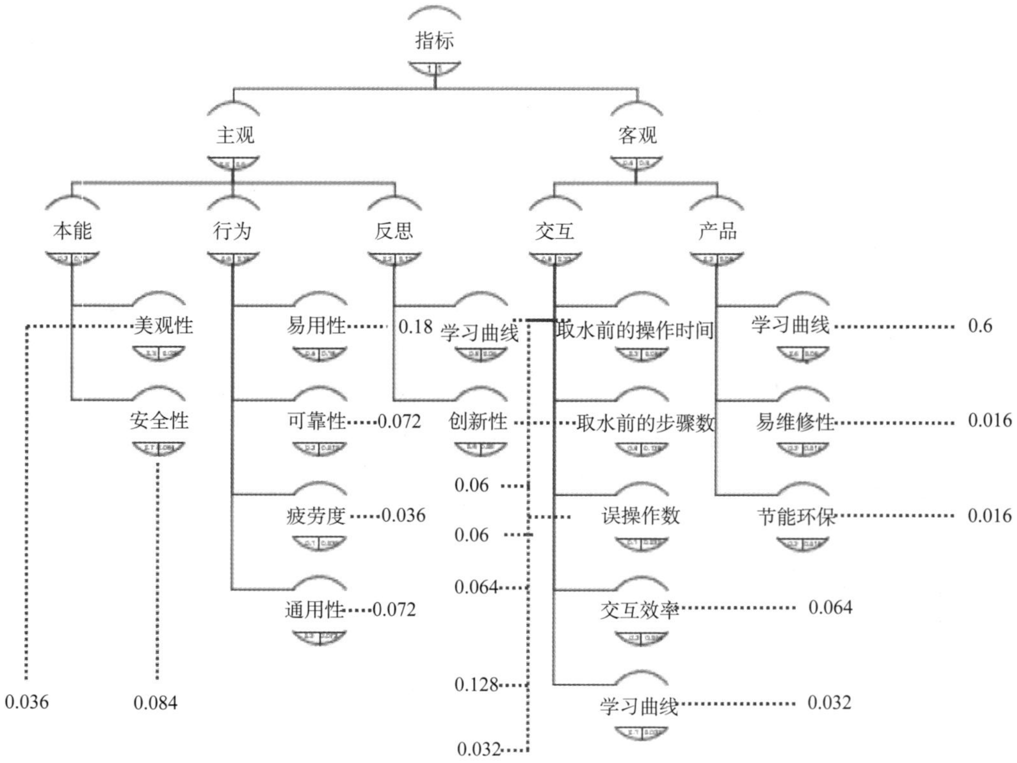

图 1-4-15　功能分支树

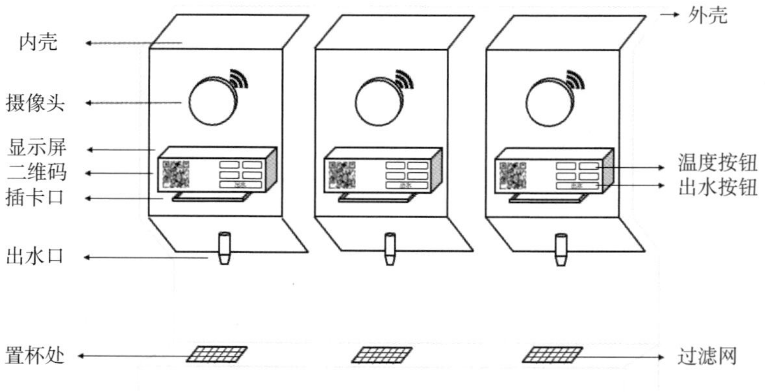

图 1-4-16　产品草图

表 1-4-3　方案遴选表

方案代号		身份识别和计数方式								温度调节				水量调节	取水方式					
指标	权重	A1	A2	A3	A4	A5	A6	A7	A8	B1	B2	B3	B4	C1	D1	D2	D3	D4	D5	D6
取水前的操作时间	0.064	0.256	0.240	0.160	0.256	0.240	0.240	0.180	0.256	0.126	0.256	0.126	0.256	0.256	0.256	0.126	0.054	0.256	0.256	0.240
取水前的步骤数	0.128	0.640	0.284	0.256	0.128	0.640	0.384	0.640	0.640	0.384	0.256	0.128	0.640	0.640	0.384	0.256	0.128	0.640	0.640	0.640
误操作数	0.032	0.128	0.128	0.128	0.128	0.160	0.064	0.128	0.128	0.096	0.128	0.032	0.064	0.128	0.128	0.096	0.128	0.032	0.064	0.128
交互效率	0.064	0.256	0.256	0.256	0.240	0.240	0.180	0.128	0.064	0.256	0.128	0.128	0.064	0.256	0.256	0.256	0.128	0.064	0.256	0.128
经济性	0.048	0.240	0.192	0.144	0.098	0.144	0.144	0.240	0.192	0.144	0.096	0.240	0.192	0.144	0.096	0.240	0.192	0.144	0.096	0.240
学习曲线	0.032	0.128	0.096	0.128	0.032	0.064	0.128	0.128	0.096	0.096	0.128	0.032	0.064	0.128	0.128	0.096	0.096	0.128	0.032	0.064
易维修性	0.016	0.064	0.064	0.128	0.096	0.064	0.128	0.096	0.128	0.032	0.064	0.128	0.128	0.096	0.096	0.128	0.032	0.064	0.128	0.096
节能环保	0.016	0.080	0.096	0.064	0.128	0.096	0.128	0.032	0.064	0.128	0.096	0.064	0.128	0.096	0.128	0.032	0.064	0.128	0.096	0.064
易用性	0.18	0.078	0.078	0.078	0.078	0.078	0.078	0.078	0.078	0.078	0.078	0.078	0.078	0.078	0.078	0.078	0.078	0.078	0.078	0.078
满意度	0.06	0.300	0.240	0.060	0.120	0.006	0.300	0.300	0.240	0.060	0.120	0.006	0.300	0.240	0.060	0.120	0.006	0.300	0.240	0.060
可靠性	0.072	0.256	0.240	0.240	0.180	0.256	0.128	0.640	0.640	0.640	0.640	0.256	0.240	0.240	0.180	0.256	0.128	0.640	0.640	0.640
安全性	0.064	0.016	0.016	0.016	0.016	0.016	0.016	0.016	0.016	0.016	0.016	0.016	0.016	0.016	0.016	0.016	0.016	0.016	0.016	0.016
疲劳度	0.036	0.160	0.144	0.108	0.072	0.128	0.036	0.128	0.128	0.128	0.180	0.144	0.106	0.072	0.126	0.036	0.128	0.180	0.144	0.128
美观性	0.038	0.064	0.064	0.256	0.240	0.190	0.144	0.108	0.072	0.128	0.036	0.128	0.180	0.144	0.106	0.072	0.064	0.180	0.144	0.064
创新性	0.06	0.012	0.300	0.240	0.060	0.120	0.008	0.300	0.240	0.060	0.120	0.006	0.300	0.240	0.060	0.120	0.006	0.300	0.240	0.060
通用性	0.072	0.216	0.268	0.180	0.144	0.108	0.072	0.128	0.072	0.288	0.130	0.144	0.216	0.286	0.180	0.144	0.288	0.072	0.128	0.072
总分		4.002	3.224	3.732	3.450	3.908	3.654	3.245	3.988	2.002	3.872	2.886	2.945	2.950	3.974	2.975	2.968	3.744	3.502	3.500
排名		1	13	7	11	4	8	12	2	19	5	18	17	16	3	15	14	6	9	10
是否继续		是				是			是		是				是			是		

第二篇　设计工具

第一章　工业 4.0 产品设计工具 CONTACT 概况

CONTACT 软件为工业界提供了产品工程管理和数字服务技术，采用开放的模块化结构，与计算机集成制造（computer integrated manufacturing，CIM）数据库一起为新一代的产品数据管理（product data management，PDM）、产品全生命周期管理（product lifecycle management，PLM）系统设定了标准。

平台分为产品、服务、工业、特色技术 4 大模块。其中，产品模块中包含产品全生命周期管理、物联网（internet of things，IoT）、项目管理、部门合作和整合平台；平台提供管理咨询、技术和方法咨询、软件评估、系统变更等服务，面向的企业包括自动化工厂、医疗工程企业、高技术企业等。平台具有特色技术，包括人工智能、数字孪生、研究路线等。

一、产品全生命周期管理（PLM）

1.在产品工程中实现更好的协作和更快的流程

CIM 数据库是一个开放和高度可扩展的系统，简化了跨学科、跨系统和跨组织交流流程，使得产品全生命周期管理具有更好的协作性和敏捷性。

2.构建虚拟产品模型

虚拟产品模型是全生命周期管理的基础。它使得产品从最初想法到生产发布的过程具有很高的效率，加速了决策过程，避免了增加研发成本。

3.鼓励协作并共享文档和知识

高效协作是开发高要求产品和协调复杂流程的关键。借助 Microsoft Office、电子邮件和 CAD 软件的高性能集成，基于“单一真实来源”原则，员工可以在企业中的确定位置访问信息并共享信息，以加快工作流程，最大限度地减少搜索和归档工作。同时，也可以通过对员工访问权限的设置，来确保专有技术的安全可靠。图 2-1-1 为 CIM 数据管理界面。

图 2-1-1　CIM 数据管理界面

二、项目管理

1.促进工程项目的成功

项目办公平台形成混合式项目管理标准，项目管理和项目执行团队依据相同的信息和规范，在全球范围内更好地协作，并随时提供最新的数据。

2.使用混合方法找到具有最佳敏捷性和可靠性的组合

通过制订规范明确的计划以及控制和监测工具，项目经理可以直接看到项目进展。

3.为规划和执行提供同等程度的支持

项目负责人可以使用模板、甘特图和计划来规范地创建规划框架，并直接看到项目的进展情况。在执行带来附加值的任务时，此系统以活动流和任务板等敏捷工具的形式为项目团队提供支持。

4.用更好的数据控制项目

通过发展趋势预测、失效形式和影响分析（failure mode and effect analysis，FMEA）等关键数学模型，项目管理者的注意力将集中在真正有问题的项目和风险上，并及时找出诱因，从而作出决策和风险评估。

5.实时控制

项目办公室模块（Project Office）提供了必要的数据和报告，并通过整合规划和实施，确保控制工作的实时性，项目办公室模块管理界面如图 2-1-2 所示。

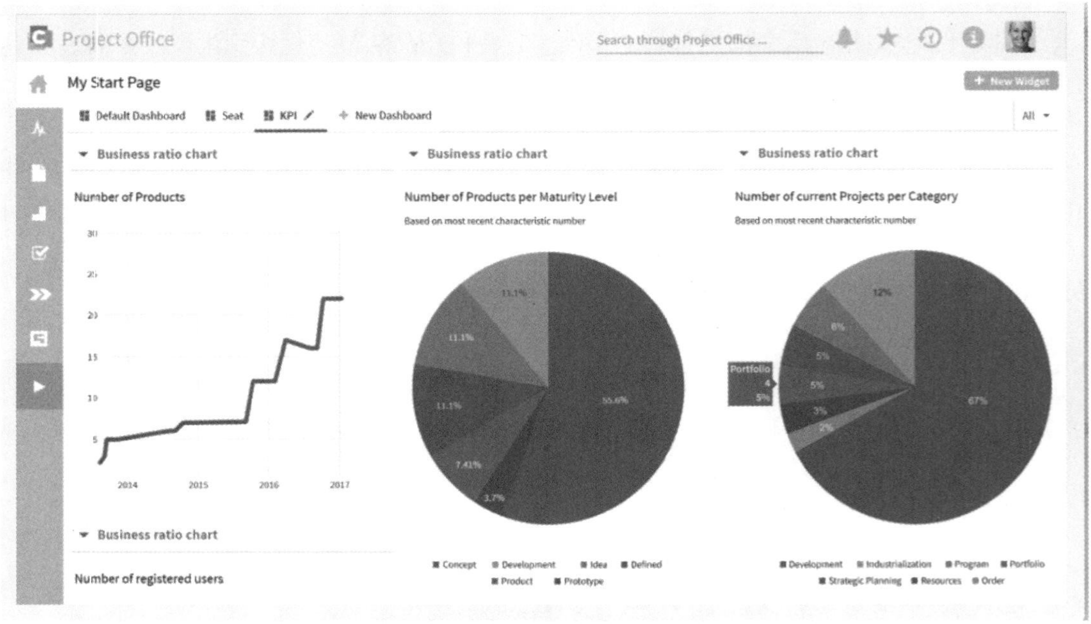

图 2-1-2　项目办公室模块管理界面

三、集成平台

企业通常会用到各种管理系统（如 ERP 系统或 PLM 系统）以及各种办公工具（如 CAx 应用程序）。这一方面构成了公司数字基础设施的主干，另一方面导致了碎片化、数据孤岛和单体系统现象的出现。因此，CONTACT Elements 作为集成平台，可以使数据处理流程在不同的系统中更加可靠和快捷，在系统之间共享数据并降低成本。

手工收集和编辑数据容易形成无法访问的数据孤岛。CONTACT Elements 确保了数据的自动可靠分发。无论其来源如何，设计者或管理者均可在数据处理中使用这些孤岛数据，享有便捷优势。例如，在采购时不再受限于记录输入形式，搜索全公司零件库存所用的时间将大大缩短。集成平台界面如图 2-1-3 所示。

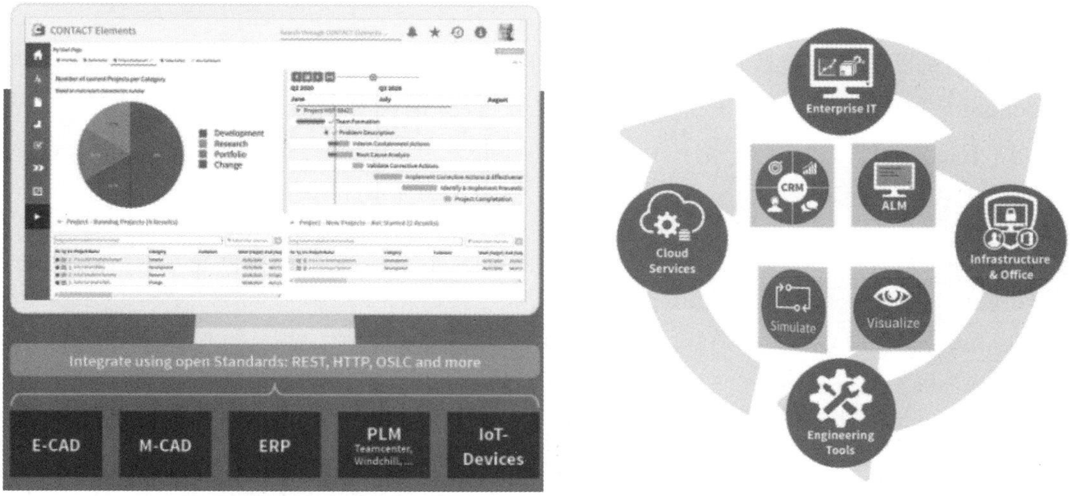

图 2-1-3　CONTACT Elements 集成平台界面（组图）

四、服务

CONTACT 软件结合上下游公司的具体情况和行业的要求，使数字化解决方案在现实的日常业务中发挥作用，并充分挖掘客户的具体优势，确保可靠的投资回报率和未来产品在市场中的成功。

1.了解客户，最大化开发潜力

认真了解客户的需求并挖掘潜力，提供广泛的建议，进行辅助决策，从而提升客户公司的运行效率。

2.广泛的服务，使解决方案运行起来

着眼公司全局，既为管理层提供有关战略、数字化和商业模式的建议，又为专业用户提供数据管理和流程设计的建议，并开展培训以确保解决方案在预算范围内按时启动和运行。

3.独特的专业知识涵盖虚拟产品的每个方面

涉及 PLM、工业 4.0、IIoT（工业物联网）和项目管理的端到端解决方案时，与客户一起结合单元技术和软件模块进行定制软件解决方案的创建。

五、人工智能

1.有效使用人工智能

通过专家的独特组合、深刻的行业知识以及正确的产品解决方案，CONTACT 软件将有效地使用人工智能技术。

2.新商业模式的智能工具

数字化转型导致了膨胀的数据流，使用人工智能技术对公司内部和外部数据进行科学的数据分析，促成以服务为导向的商业模式的成功。

3.充分利用数据

通过基于物联网要素（Elements for IoT）的监测和分析，产品制造者可以随时随地关注机器、物体和传感器的状态信息，减少停机时间和维护工作。

4.将大数据转化为智能数据

设备和机器提供海量数据，随后的自动化预处理步骤确保这些信息以正确的格式存储；Elements for IoT 还整合了专家工具进行后续分析，如清洗和整合。物联网管理界面如图 2-1-4 所示。

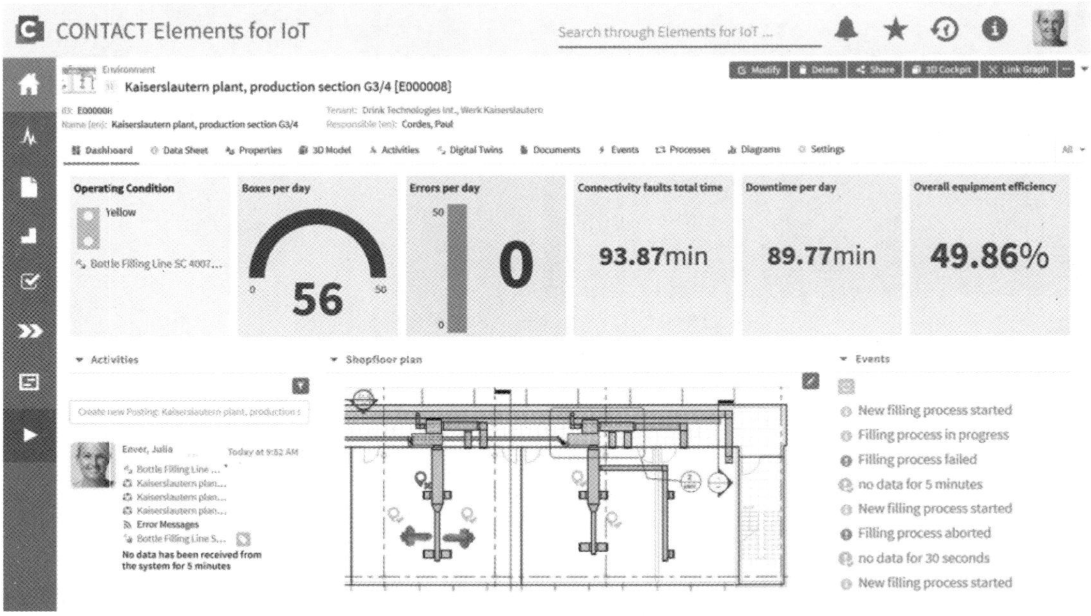

图 2-1-4　物联网管理界面

5.监控机器状态

该软件对现场数据进行清理和预压缩后，再寻找相关模式（如预测性维护），根据已知的数据和事件进行分析（如状态监测）。如果机器发生事故，软件会自动通知负责管理的部门。Elements for IoT 事件链可在用户社区分享这些流程。

六、数字孪生

复杂的工业产品是信息宝库，包括传感器数据、组件结构、物料清单（bill of material，BOM）、产品文档和审计跟踪。数字孪生模型结构使访问和评估这些数据变得更加容易。

1.数字孪生技术使产品更智能

数字孪生再现了真实的机器或工厂，使数字服务（如预测性维护）成为可能，产品及其服务变得更加智能。Elements for IoT 将专业知识与虚拟产品捆绑在一起，使实施创新的、可赢利的业务流程更加容易。

2.物理和数字世界之间的桥梁

数字孪生是物理产品或系统在现场的虚拟表现，无论对应物已经存在或即将存在。它将已交付产品的配置与现场产生的操作和环境数据联系起来，对产品进行实时远程监测和控制。

3.智能产品的开发和运作的核心要素

目前由 CONTACT 软件公司、弗劳恩霍夫生产系统和设计技术研究所(IPK)以及德国工程师协会(VDI)联合进行的物联网研究“智能工业产品”表明了智能产品在德国工业中的重要性，强调了数字孪生体对公司的重要性，并强调了其对开发、销售、生产和营销的价值。

4.数字孪生在工业中的应用

CONTACT Elements for IoT 具有很强的互动潜力，可以启动不同的维护操作，还可以基于实时数据调整从生产过程到业务流程的弹性映射。

5.状态监测——实时监测机器和设备

CONTACT 的数字孪生技术确保管理者对产品、机器和工厂的情况有整体的了解。数据可以实时提供相关属性、性能和行为参数，以实现自动工作流程，例如比较系统配置数据与备份库存数据，当其超过定义极限值时，立即触发维护操作。

6.预测性维护——预测性地降低成本

仪表板将机器和工厂的传感器数据在数字孪生模型中实现可视化呈现，异常情况立即可见。提前发现故障可以更有效地组织维护和修理，减少停机时间。客户将从现有工厂和机器的预测性维护的优势中获益。风险管理界面如图 2-1-5 所示。

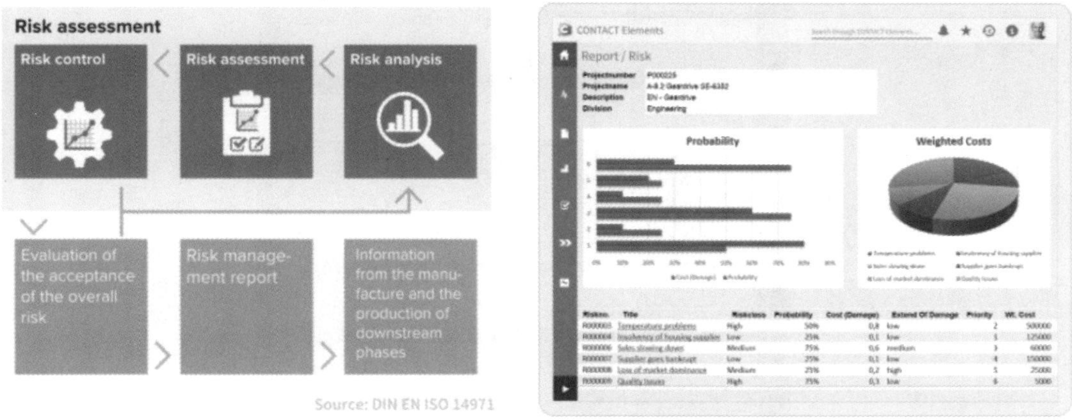

图 2-1-5 风险管理界面

七、其他说明

如果希望了解更多平台功能，可以登录网址 https://www.contact-software.com/en 进行学习。如果希望获得软件的免费试用版，可以在界面右上角点击蓝色的“Try for free”按钮，填写注册信息，获得试用版。CONTECT 软件界面如图 2-1-6 所示。

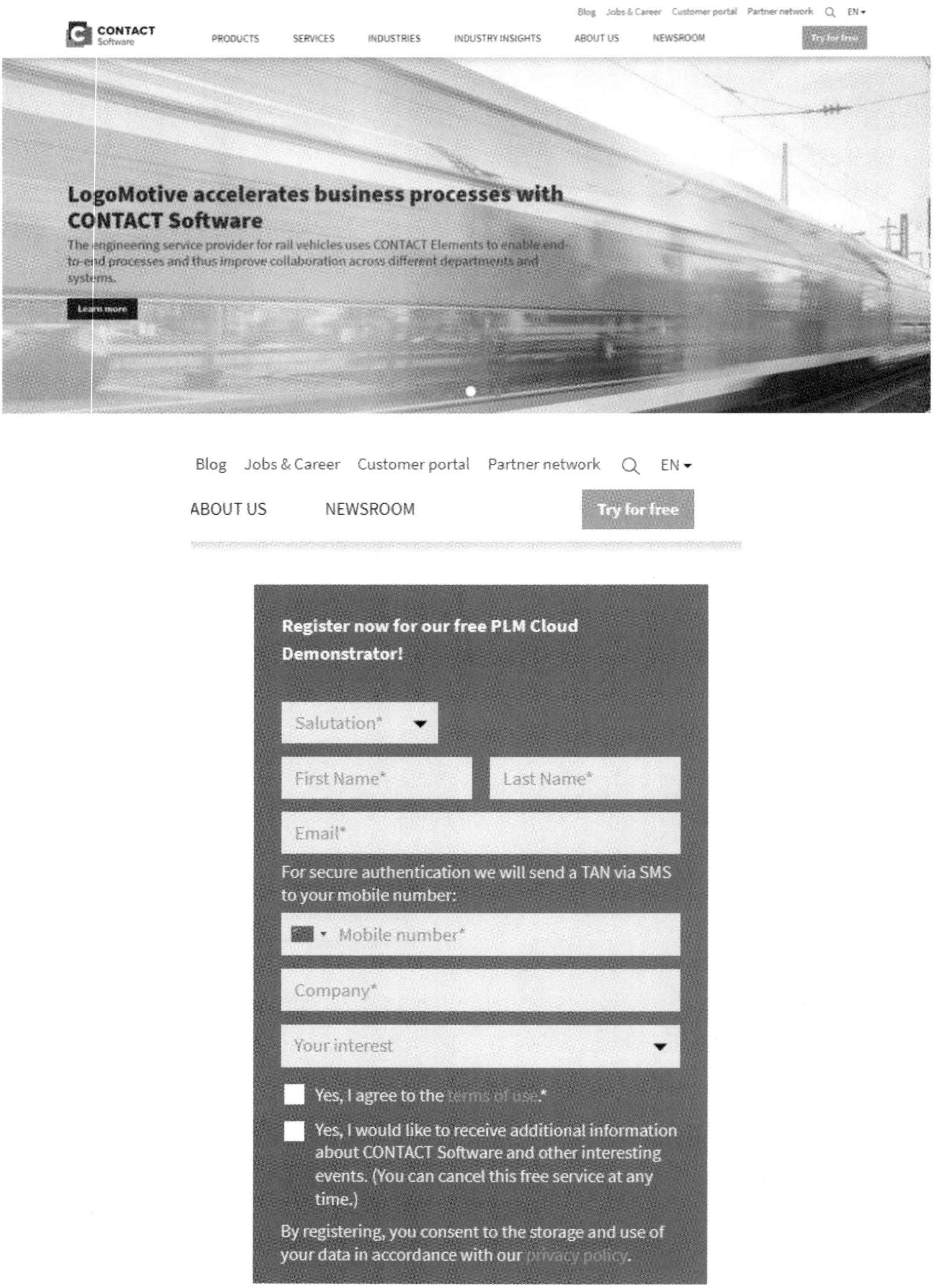

图 2-1-6　CONTACT 软件界面（组图）

第二章 文档管理

管理文件、使用文件并且确保文件的可用性是每个公司的关键任务。由于公司会产生大量的文档和接口，使用传统的网络驱动器或电子邮件系统储存档案会导致文档管理系统卡死。CONTACT 文档管理（CONTACT Document）提供了清晰框架，在处理复杂文档的同时，也可以支持团队性工作。

一、文档

1.简介

文档管理系统可以用于储存文档、文件以及保护文档中的数据。文档类型包括 Office 文档，如 Microsoft Word 和 Microsoft Excel 文件，还包括工程类文档，如 CAD 文件。这些 CAD 文件被分配给系统中的 CAD 文档管理区域，并且可以在用户手册中进行注释。

每个文档都作为独立对象被管理，它们在系统中有唯一的编号，并由某些数据进行描述（如标题类别、作者等）。一个文档可以像工程文件那样归属于另外一个文档。一些系统模块可以和其他对象（如检查表、活动问题等）一起被分配给一个文档使用。

用户的文档被存储于电子储存室，即系统里的 BlobStore 中。从逻辑上说，其可以看作一个安全中心和存储库，可以保护文件免受基于系统权限的未经授权的访问，而实际的编辑是在电子文库提供的本地副本上进行的。文件由 GUI 中的文件对象表示。

2.文档管理

通过菜单树便可以访问“文档管理”功能。可使用此菜单项弹出的菜单（图 2-2-1）创建文档或搜索现有文档，以收集信息或编辑单个文档。

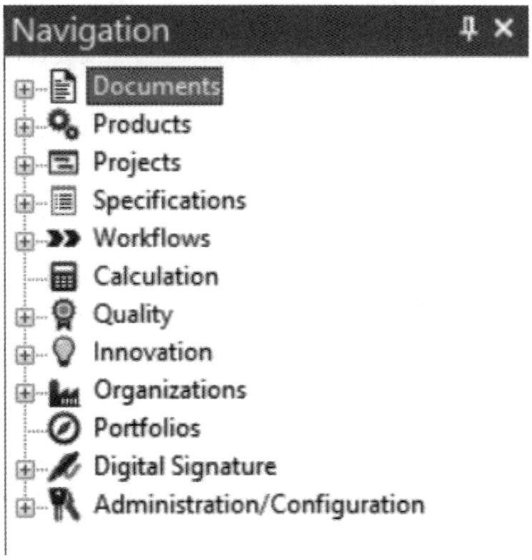

图 2-2-1 文档管理菜单

创建新文档有两种方式，即使用菜单树和使用模板。

1)使用菜单树

(1)在文档下面的菜单树中选择弹出菜单项“New ...”,如图 2-2-2 所示。

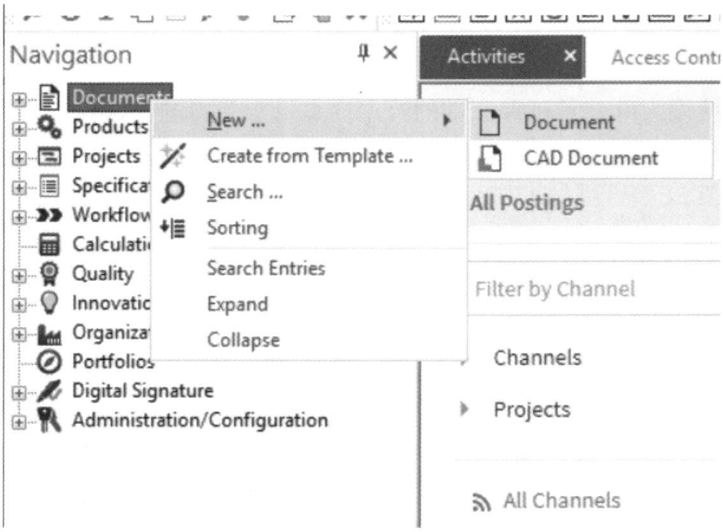

图 2-2-2 “新建”菜单项

(2)导入文件。打开这个对话框就可以输入一些文档数据。使用“导入文件”这个命令,记录所创建的文档数据,包括文件类型、作者、创建部门等,如图 2-2-3 所示。

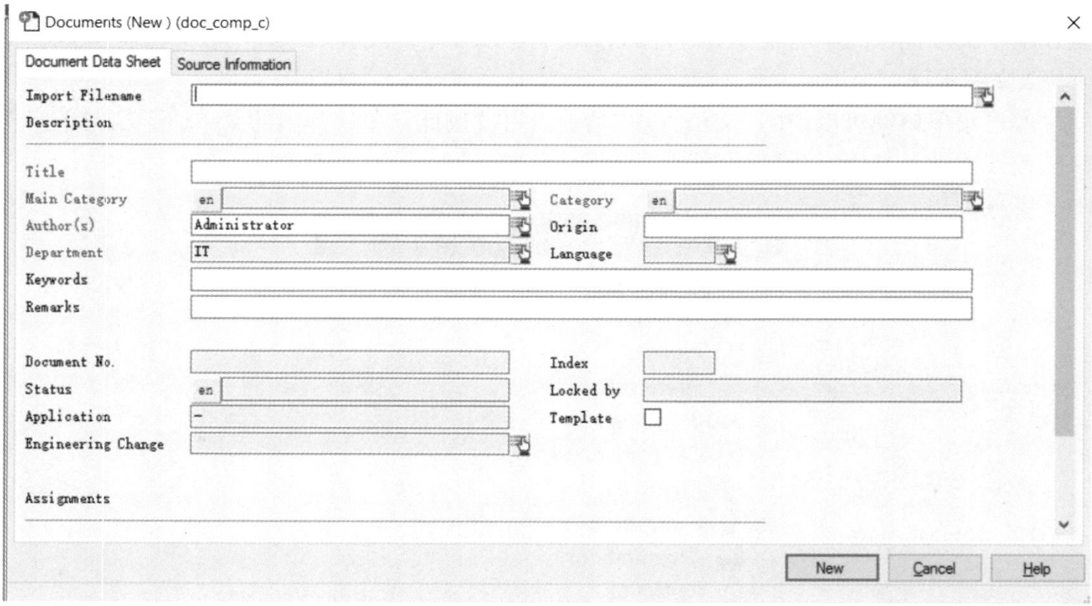

图 2-2-3 “导入文件”窗口

2)使用模板

这个功能是利用一个模板来创建一个文档。

(1)在文档下面的菜单树中选择弹出菜单项“基于模板创建”,如图 2-2-4 所示。

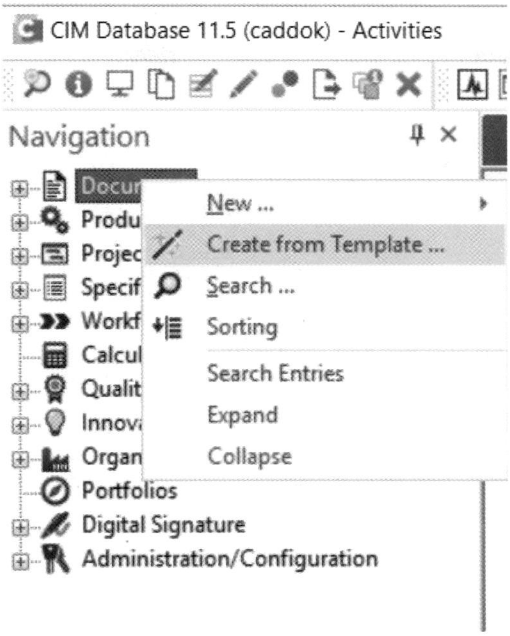

图 2-2-4　“基于模板创建”菜单

（2）打开对话框后，可选择模板，如图 2-2-5 所示。

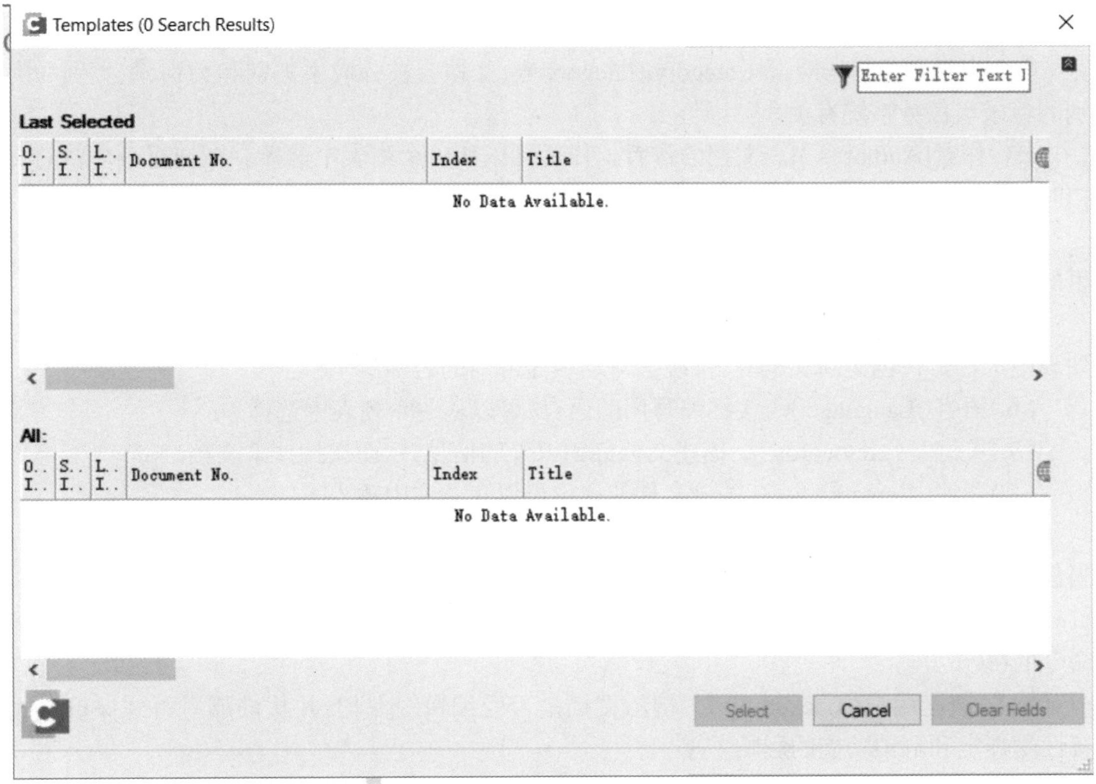

图 2-2-5　“基于模板创建”窗口

3.主数据

文档管理的默认配置有以下文档属性，如图 2-2-6 所示。

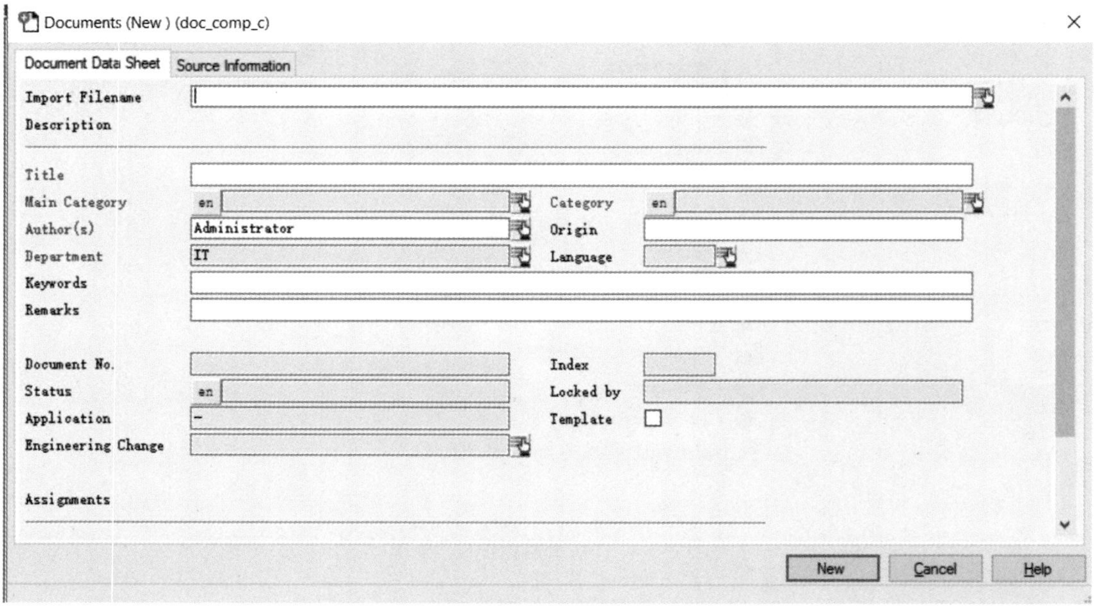

图 2-2-6　文档管理窗口

（1）标题（Title）。标题被用来描述这个文档，可以任意形式输入。

（2）主类别/类别（Main Category/Category）。文档会被分成主类别和类别，主类别和类别的目录与任务系统有关。

（3）作者[Author（s）]。文档的作者。作者可以从一个列表中选择。在创建一个新的文档时，系统会自动填充作者的名称。

（4）数据源（Origin）。数据源的作用是手动链接到用于创建此文档的另一个文档。这里的文本可以任意输入。

（5）部门（Department）。对这个文件负责的一个区域，比如说一个部门。它可从弹出列表中选择。在创建新文档时，系统会自动填充部门的名称。

（6）语言（Language）。文档编写用的语言，可以从一个列表中选择。

（7）关键字（Keywords）。描述文档标题以外的信息，从而支持搜索文档。

（8）备注（Remarks）。有关该文件的评论可以在备注中输入。

（9）文档编号/索引（Document No.）。文档的唯一标识是文档编号和其对应的索引。当创建一个新文档时，文档编号或索引被系统自动赋予。文档编号和索引是不能被更改的。

（10）状态（Status）。文件的状态（例如草稿、审阅、发布等）。状态属性受到改变状态命令的影响。

（11）锁定用户（Locked by）。指示文档是否受编辑锁保护，并从谁那里得到保护。此属性受锁定和解锁功能的影响。

（12）应用（Application）。用于显示和编辑文档的应用程序的标识。

（13）模板（Template）。指定文档是否作为模板运行。系统以这种方式标记模板并对模板进行管理。

（14）零件编号（索引）（Index）。部分编号和索引字段允许操作者引用文档被指定的部分。这个区域的选择也在一个列表里面。

（15）项目编号（Project No.）。操作者可以通过项目编号来确定文档被分配到哪个项目。这个区域的选择也在一个列表里面。

此外，还可以使用另一个"源信息（Source Information）"选项卡保存某些信息，这些文件现在已在系统中配置，但仅在外部可用。文档管理的默认配置提供了以下属性。

①信息源。有关文档来源（客户、供应商等）的信息。

②创建日期。文档的创建日期。

③接收日期。文档交付到操作者组织时的时间。

④原始文件名。文档最原始的名字。

⑤编号（索引）。原始文件编号和原始文件索引。

4.功能和相互关系

1）文档的弹出式菜单

如果从搜索中选中了一个列表，就可以通过弹出式菜单编辑选中列表中的文档。在选中的列表中选择一个有数据记录的文档并打开相应的文件，按鼠标右键弹出菜单。弹出的菜单包含一般功能和特殊的文档命令，用于调用文档与其他对象的关系，如图 2-2-7 所示。

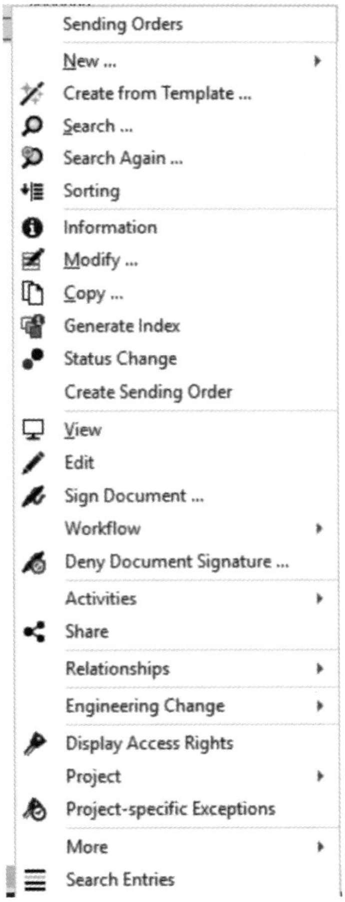

图 2-2-7　文档的弹出式菜单

部分弹出菜单项目如下。

(1)新建(New)。新建功能。

(2)基于模板创建(Create from Template)。从一个模板创建文档。

(3)搜索(Search)。搜索所需文档。

(4)再次搜索(Search again)。对已有结果进行再次搜索。

(5)排序(Sorting)。对文档进行排序。

(6)信息(Information)。查看文档信息。

(7)复制(Copy)。复制文档。

(8)生成索引(Generate Index)。为文档生成一个索引。

(9)状态更改(Status Change)。更改文档状态。

(10)查看(View)。显示文档。

(11)编辑(Edit)。编辑文档。

(12)签署文档(Sign Document)。签署该文档。

(13)拒绝签署文档(Deny Document Signature)。拒绝签署该文档。

2)基于模板创建文档(Create from Template)

(1)在文档下面的菜单树中,选择弹出菜单项目“基于模板创建”(Create from Template),如图 2-2-8 所示,还可以使用选中文档列表的弹出菜单来访问这个功能。

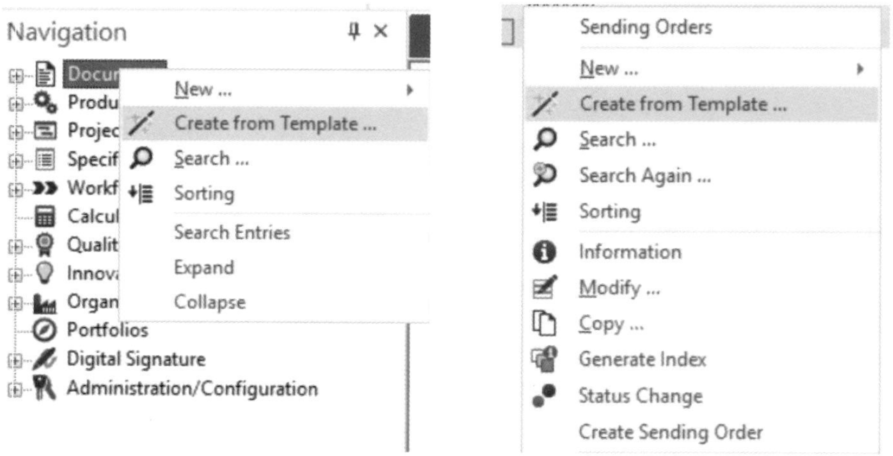

图 2-2-8 弹出菜单项目“基于模板创建”

(2)打开一个用于选择模板的目录,并选择模板。最初,使用文档类别从菜单树中创建模板,只显示具有该类定义的属性的模板,可以使用“重新搜索”功能去除该限制,并显示所有模板供选择,如图 2-2-9 所示。

(3)选择模板后创建一个新文档。模板中的文件自动添加到新文档中。如果要配置新文档,则需打开新文档进行编辑。

3)文档管理模板(Document Data Sheet)

模板管理将文档定义为模板,具体步骤如下。

(1)打开要作为模板定义的文件的文档数据表。

(2)激活文档数据表中的模板复选框并确认。现在文档可作为模板处理,如图 2-2-10 所示。

图 2-2-9 “重新搜索”界面

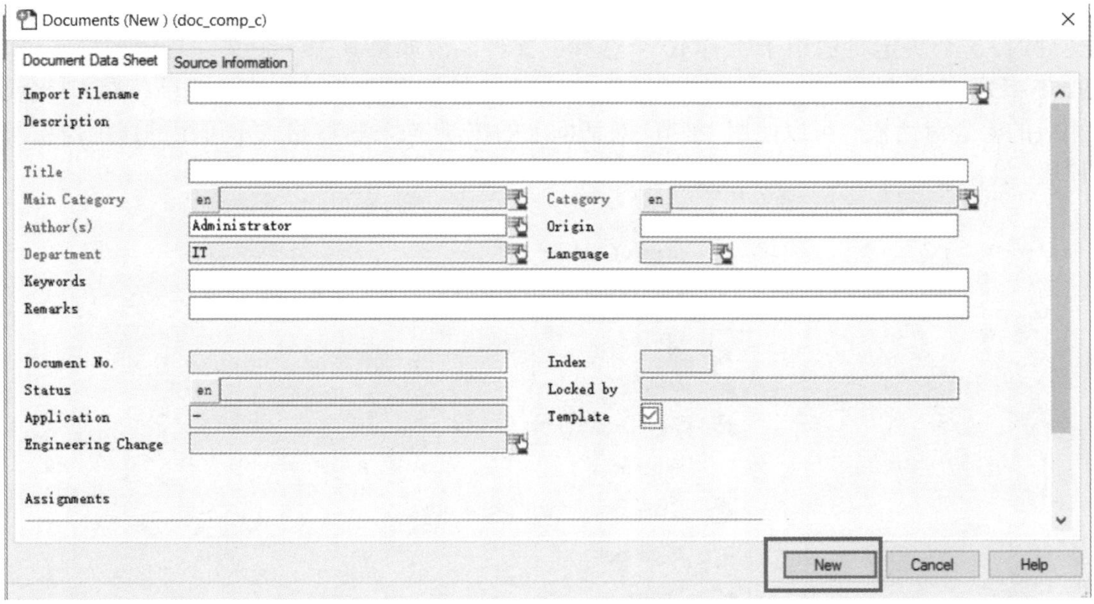

图 2-2-10 “模板管理”界面

（3）如果不再希望管理文件作为模板，可以取消勾选“模板”复选框。

用这种方法定义的模板可以用作使用“基于模板创建”创建新文档时的模板文件。

4）复制（Copy）

复制功能可用于从系统直接开始复制文档，可选择被复制的文档并打开弹出菜单，选择弹出菜单的“复制”按钮，如图 2-2-11 所示。这个功能还可以通过选择多个文件从而完成多个文件的复制。

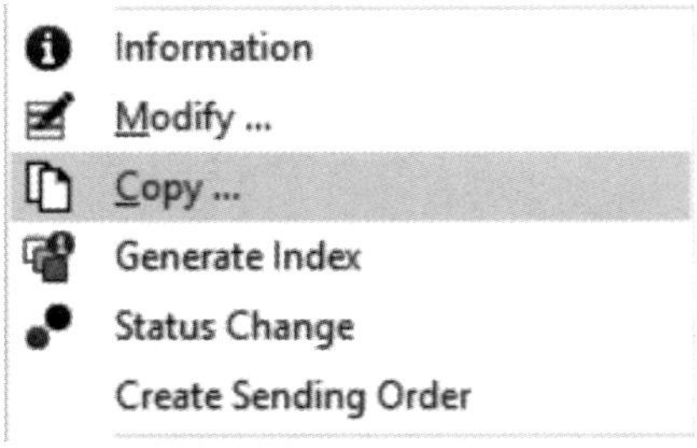

图 2-2-11　“复制”菜单

5）查看（View）

“查看”功能用于在外部查看器（如 Office 等）中显示所选文档的文件，如图 2-2-12 所示。可以在被选择的文档中打开所需显示的文档，点击列表并选择弹出菜单或单击工具栏上相应的按钮。这个功能还可以通过多个选择同时适用于多个文档。如果只有一个文件与一个注册查看器分配给一个文件，该查看器立即启动并打开该文件。如果可用的文件格式比所有其他格式的优先级高，也同样适用。如果文档中存在多个文件（例如 PDF、JPG 和 PPT 文件），则打开一个对话框，可以在其中选择要打开被选择文件中的哪一个文件，还可以同时选择几种格式。所做的查看器选择会应用到那些做了相同选择的所有文档。例如，同时选择了 10 个文档，每个文档都有一个 Word 文件和一个 PDF 文件，当决定仅显示 PDF 文件时，这个决定将适用于所有 10 个选择的文件。但如果其中一个文件有附加格式，如 TXT 格式，则会显示另一个选择提示符。如果系统检测到没有文件可以打开查看，则出现相应的警告对话框。可以使用“细节”对话框上的按钮，查看哪些格式不可用的详细信息和原因。

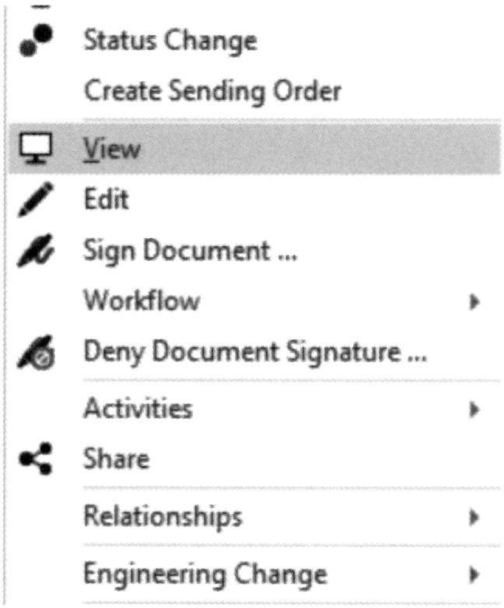

图 2-2-12　“查看”菜单

6）编辑（Edit）

“编辑”命令被用于编辑文档，具体步骤如下。

（1）在文档列表中突出显示想要编辑的文档。

（2）打开弹出菜单并选择“编辑”项或单击工具栏中相应的按钮，如图 2-2-13 所示。

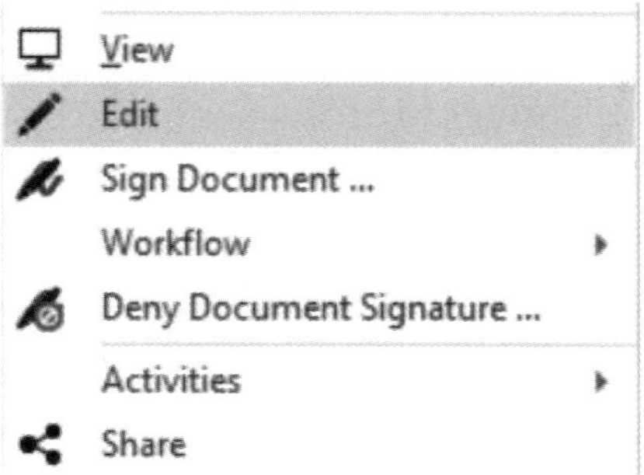

图 2-2-13　“编辑”菜单

（3）再启动“编辑”命令后，系统会自动开启与所选文件格式对应的软件，如 Word。

CONTACT 软件支持不同的编辑方法。在不同情况下应用哪种方法取决于配置。如果未指定编辑方法或用不适当的方法，则会收到消息“没有可用于编辑的附件”。当开始编辑时，该文件将自动锁定，以防止其他人同时编辑。当文件项从内部编辑窗口中被移除时，文件会自动解锁。

7）生成索引（Generate Index）

在文档发布后，文档索引和编号不能被修改。换句话说，只有新版本才能改变文档索引和编号。生成索引的具体步骤如下。

（1）突出显示在文档名中列表要生成索引的文档。

（2）打开弹出菜单并选择“生成索引”菜单项，或者单击相应的按钮工具栏。

小提示：如果文件已经在工作流中排定了状态，则只能创建一个新索引文件，此外，必须指派一个有权创建索引的角色。

（3）“生成索引”对话框如图 2-2-14 所示。

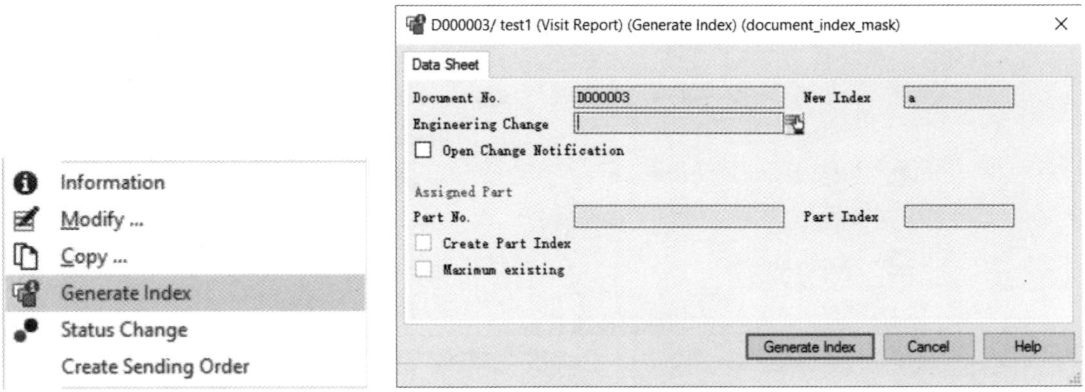

图 2-2-14　“生成索引”菜单及对话框（组图）

“生成索引”对话框中的属性如下。

a）文档编号（Document No.）。所选文档的文档号。

b)新建索引(New Index)。索引的新版本号。

c)打开更改注释(Open Change Notification)。如果要求修改说明在生成后自动打开,可以勾选。

d)零件编号(Part No.)。该文件的零件号。

e)零件索引(Part Index)。分配给该零件的索引。

f)创建零件索引(Create Part Index)/已有最大索引(Maximum existing)。这两个复选框用于决定新文档索引将以哪一种索引为主。对于没有零件关系的文档,不能设置这些复选框。如果设置"创建零件索引"复选框,则除了新的文档索引外,还将生成一个新的零件索引,并将新的文档索引分配给这个新的零件索引。如果选择"已有最大索引"复选框,新的文档索引会分配给已有的最大索引。如果不选择这两个复选框中的任何一个,则新文档索引将保留为与旧文档索引相同的部分索引。

(4)系统自动生成和叠加新的索引序号,单击"OK"确认。

(5)生成新索引完成后,以前的文档索引的属性仍是有用的。新索引的状态自动重置(例如从发布到草稿)。

8)锁定(Lock)

锁定所有不由其他文件生成的指定文件。若该文件字段包含另一个文件的标志,则无法锁定。

9)解锁(Unlock)

解除所有不由其他文件生成的指定文件。若该文件字段包含另一个文件的标志,则无法解锁。

"锁定"与"解锁"菜单如图 2-2-15 所示。

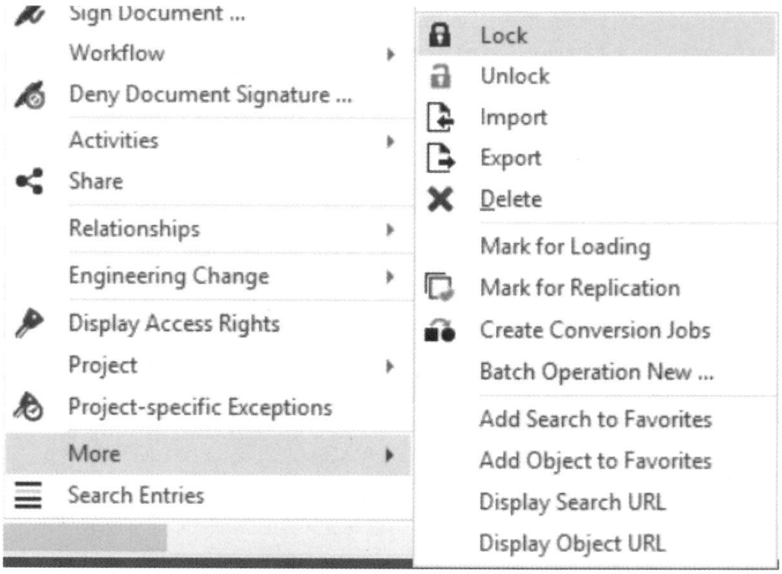

图 2-2-15 "锁定"与"解锁"菜单

10)导入(Import)

可以使用"导入"命令将文件分配给系统中的文档数据或修改内容,突出显示希望在选中列表、最近对象区域或收藏夹区域中分配文件的文档,具体步骤如下。

（1）打开弹出菜单并选择“导入”菜单项，如图 2-2-16 所示。

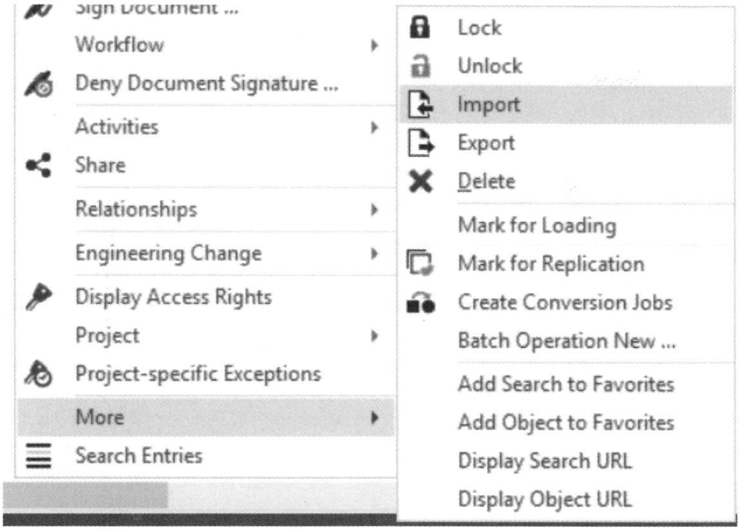

图 2-2-16　“导入”菜单

（2）打开“导入”对话框，如图 2-2-17 所示。

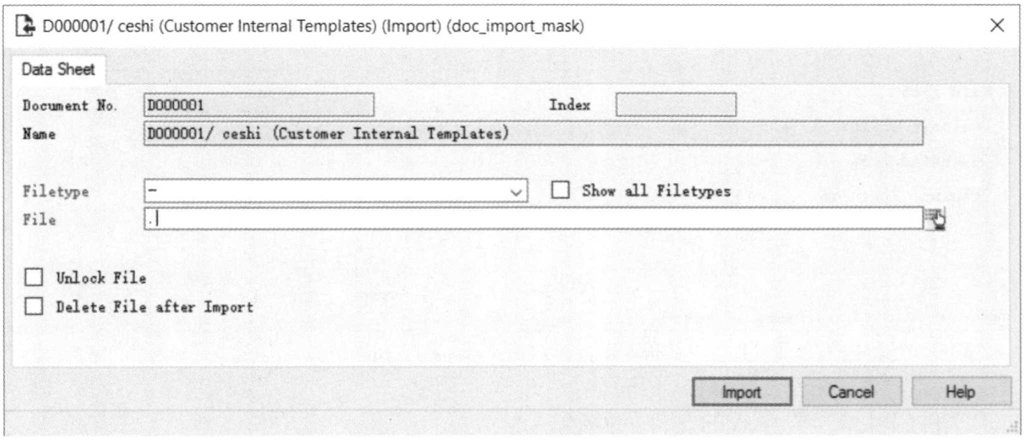

图 2-2-17　“导入”对话框

“导入”对话框各属性如下。

①文档编号（Document No.）/索引（Index）。文档编号和相应索引标识系统中的文档记录。

②名称（Name）。文件的名称。

③文件（File）。此字段允许使用文件浏览器指定要导入的文件。

④文件类型（Filetype）/显示所有文件类型（Show all Filetypes）。在文件类型字段中指定赋值给一个已配置的文件类型。目录通常只列出与文件扩展名相同的文件类型。“显示所有文件类型”复选框打开后会显示出所有文件类型，操作者可据此对文件类型进行设置。

⑤解锁文件（Unlock File）。勾选此复选框，在进程结束后其他用户可对导入的文件进行编辑。

⑥导入后删除文件(Delete File after Import)。勾选此复选框,将在文件导入后,在外部源中删除被导入的文件,这意味着该文件只能通过 CONTACT 系统获得。

(3)单击“导入”按钮开始导入过程。如果同一文件类型的文件已经被分配给文档,则会显示另一个选择对话框。选择覆盖,会使现有指定文件的内容覆盖已导入的文件。选择创建文件,则被导入的文件将作为一个新文件分配给文档,现有文件保持不变。选择取消会停止操作而不将更改应用于系统。

(4)创建文件之后,将会为完成导入后显示的新文件创建掩码。“新建文件”对话框如图 2-2-18 所示,各属性如下。

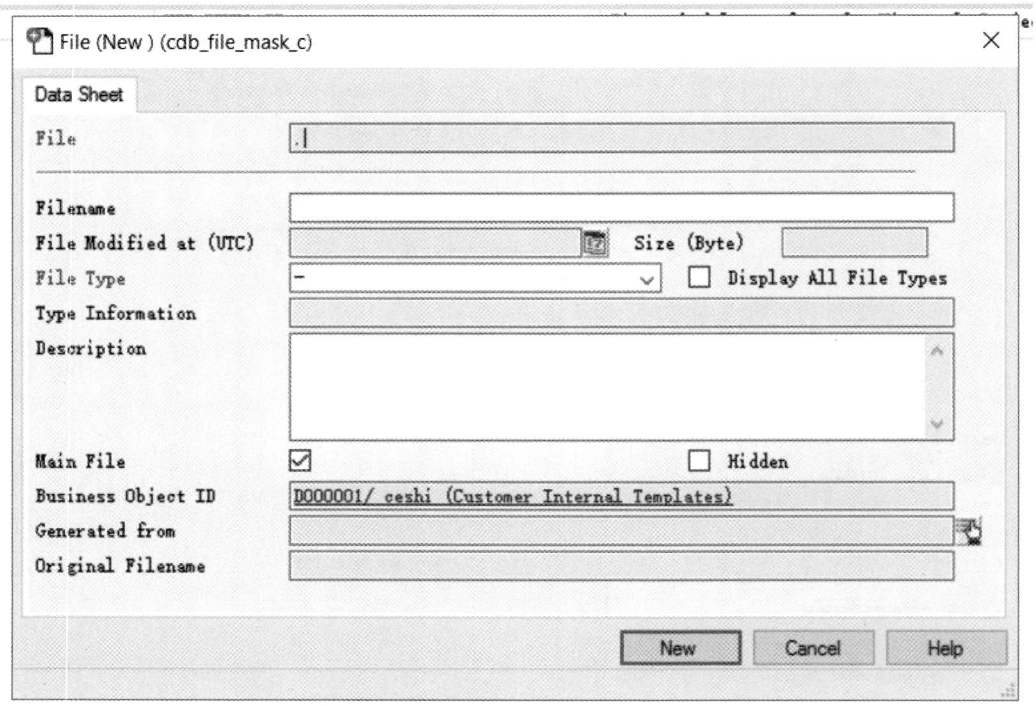

图 2-2-18 “新建文件”对话框

①文件(File)。要导入的文件的路径。

②文件名称(Filename)。在这里,操作者可以对导入的文件进行命名,该名称为文件在 CONTACT 系统中的文件名。在稍后导出时,该名称被用作文件名。如果这个字段是空的,系统会根据已配置的文件名规则分配文件名。

③文件修改时间[File Modified at (UTC)]/大小[Size(Byte)]。这些内容是根据本地系统上文件的最后更改日期和导入后文件的大小填充的。

④文件类型(File Type)/显示所有文件类型(Display All File Types)。在文件类型字段中指定赋值给一个已配置的文件类型。目录通常只列出与文件扩展名相同的文件类型。“显示所有文件类型”复选框打开后会显示出所有文件类型,操作者可据此对文件类型进行设置。

⑤类型信息(Type Information)。此字段允许存储有关该文件的附加信息。

⑥主文件(Main File)。标记为主文件的文件在不同上下文中有特殊的处理指令(例如,在编辑文档时使用接口打开)。

⑦主对象 ID(Business Object ID)。该 ID 表示文件在文档中的编号,在文档中搜索该编号可链接到该文件的数据。

⑧生成自(Generated from)。如果该文件是由另一个文件生成的,那么文件会增加一个字段来表示该文件生成自某原始文件。一般来说,该字段是由转换工具自动填充的。勾选该栏后的复制框可选择生成自哪一文件。

11)导出(Export)

(1)可以使用导出函数将一个文档或多个分配给文档的文件的副本导出到一个链接。原始文档文件仍然由系统管理。

(2)导出对话框如图 2-2-19 所示,各属性如下。

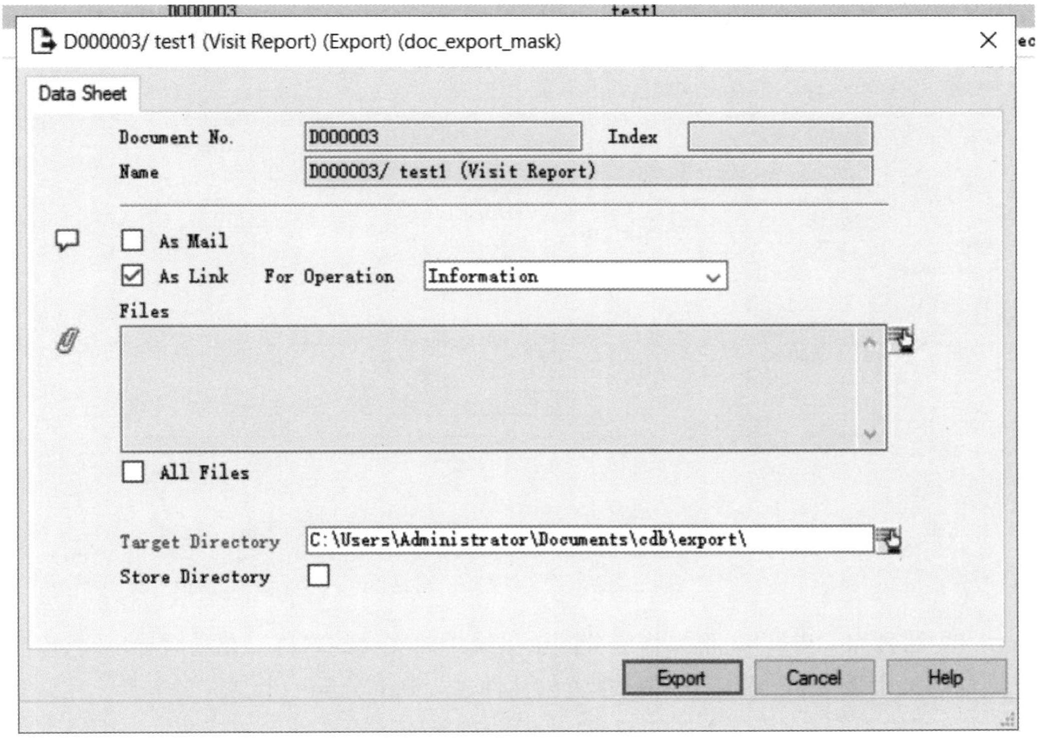

图 2-2-19 “导出”对话框

①文档编号(Document No.)/索引(Index)。文档编号和相应的索引标识要导出的文档。如果选择了几个导出的数据记录,这些字段将不被填充。

②文件(Files)。此字段允许使用目录选择要导出的文件。文件的副本存储在目标目录字段中指定的路径中。

③所有文件(All Files)。激活此复选框以导出文档中的所有文件。

二、文件

系统中存储的数据用系统接口中的文件对象表示。这些文件对象总是永久地分配给一个业务对象,通常是一个文档。系统会显示所有文件对象,比如由 CAD 生成的辅助格式文件或系统文件。管理员可以通过访问文件对象从而使用系统的权限管理来控制文件。而用户拥有的权限是通过业务对象的文件选项卡来访问文件对象的。如果将一个文件对象分配给对应的业务对象，则可以将这两个对象视为一个单元。因此，大多数特定用于文件的功能如视图和导出功能，也可用于业务对象对应的文档。

1.主数据

“文件对象”是由系统中的某些属性描述的。

“文件对象”对话框如图 2-2-20 所示，各属性如下。

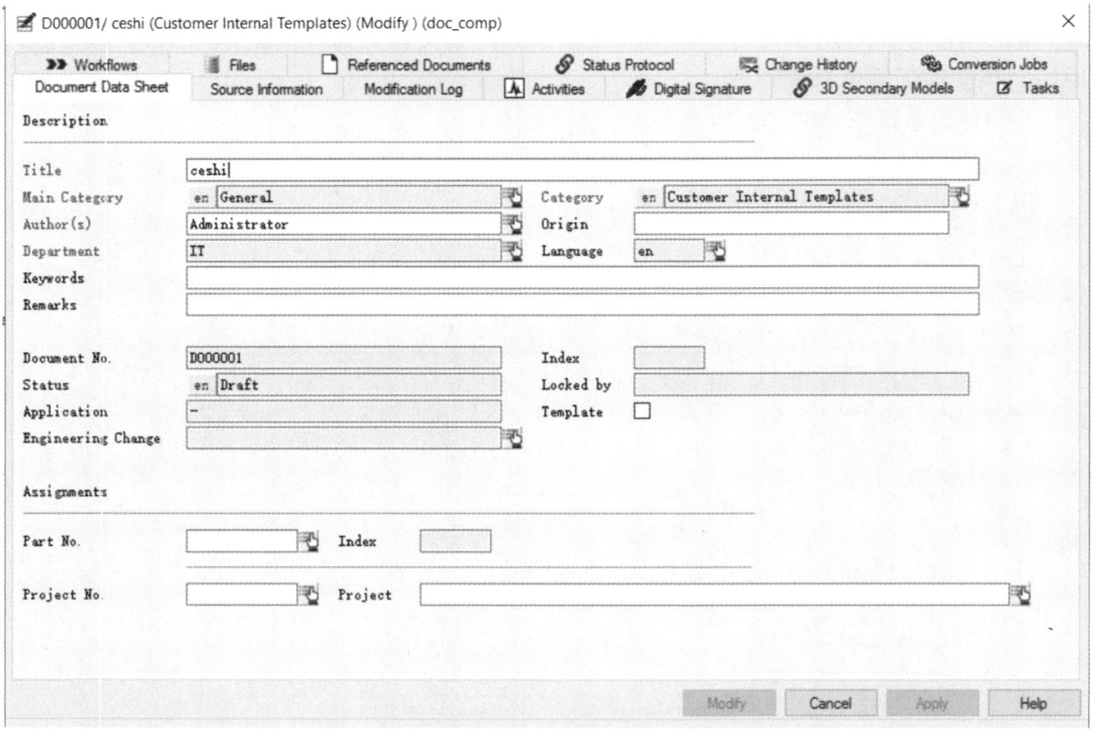

图 2-2-20 “文件对象”对话框

（1）文件名称。在这里，可以指定分配给系统中的文件的名称。在稍后导出时，该名称用作文件名。字段空会导致系统在已配置的文件名规则上分配一个文件名本身。在许多情况下，这个字段不能自由定制，例如 CAD 集成的功能依赖于文件名的持久性。编辑文件名的能力通常取决于文件类型。

（2）大小：文件的大小。系统自动填充此属性。

（3）文件类型。如果文件对象作为创建或修改文件的一部分打开，则可以从提供的文件类型的选项列表中选择文件类型，即确定文件名字段中的文件扩展名。也可以绕过这个扩展特定的限制，使用显示所有文件类型的复选框。

（4）描述。此字段允许存储有关该文件的附加信息。

（5）主文件。标记为主文件的文件在不同上下文中有特殊的处理指令（例如，在编辑文档时使用接口打开）。

（6）锁定。显示是否有人正在编辑这个文件以及什么时候编辑。

（7）文档/对象。链接到分配该文件的业务对象。

（8）生成自。如果文件是使用自动转换从另一个文件生成的，则该字段包含一个对原始文件的引用。一般来说，这个字段由转换工具填充。

（9）原始文件名称。原始文件的名称。

（10）更改历史。“更改日志”选项卡允许操作者查看谁创建了文件对象以及何时以及谁修改了它。信息由系统管理。

（11）内部数据。选项卡只对管理员可见，并包含文件对象的技术信息。

2.功能

文件对象弹出菜单包含一般功能和特殊功能。

1）新建（New）

软件可以以多种方式创建文件对象。创建经常作为另一操作的一部分隐式发生，例如为文档导入文件或作为创建新文档的一部分，通过在文件选项卡上为文档或其他业务对象文件来启动创建。在这个过程中输入的数据将在主数据下描述。如果使用新的启动创建，在“文件”选项卡的弹出菜单的操作中，文件浏览器可用于选择文件。如果正在使用CAD集成或工作区管理器，则新的文件对象大多是自动创建的，而无须用户交互。“新建”菜单如图2-2-21所示。

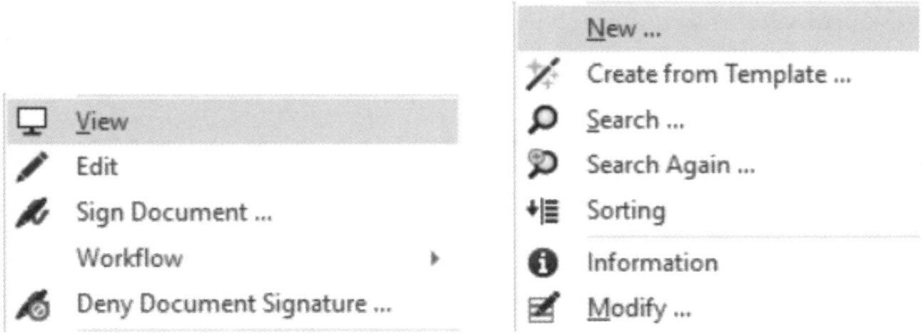

图2-2-21　“新建”菜单（组图）

2）查看文件（View）

弹出菜单中的“查看”命令允许用户查看分配给文件对象的文件。具体用哪种软件查看取决于文件类型和微软Windows系统的设置。多个业务对象可以对文件进行重复查看，多次查看的具体描述参见“查看”命令的内容。

3）编辑文件（Edit）

文件可以用不同的方式进行编辑。第1个选项是使用CAD集成或工作区管理器重新编辑文件。加载和保存过程通常是自动进行的，在这种情况下需要自动设置和删除锁定命令。第2个选项是使用文件编辑窗口。这需要在弹出菜单中为文件对象或业务对象调用编辑命令。第3个选项是使用导出和导入命令。“编辑”菜单如图2-2-22所示。

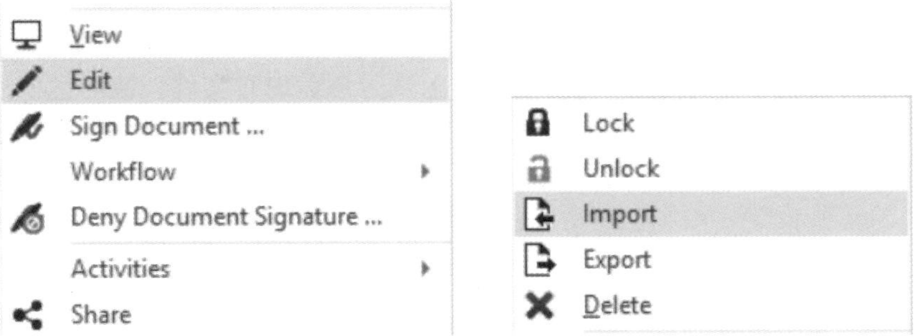

图2-2-22　“编辑”菜单

（1）导出文件（Export）。文件经常在文档中被导出。这种类型的导出过程是在导出菜单中描述的。如果直接在文件对象上调用导出命令，则可以使用所显示的对话框来指定要导出文件的位置，以及是否希望生成文件本身或文件对象的链接。将文件对象拖拽到相应的目录中，为将文件导出到本地文件系统提供了另一种选择。默认情况下，软件不设置编辑锁。如果是为了编辑文件而导出文件，则应手动调用锁定功能。“导出文件”菜单如图 2-2-23 所示。“导出文件”对话框如图 2-2-24 所示。

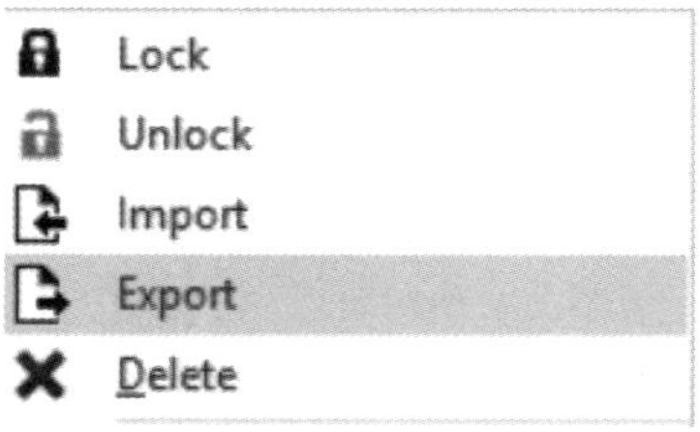

图 2-2-23 “导出文件”菜单

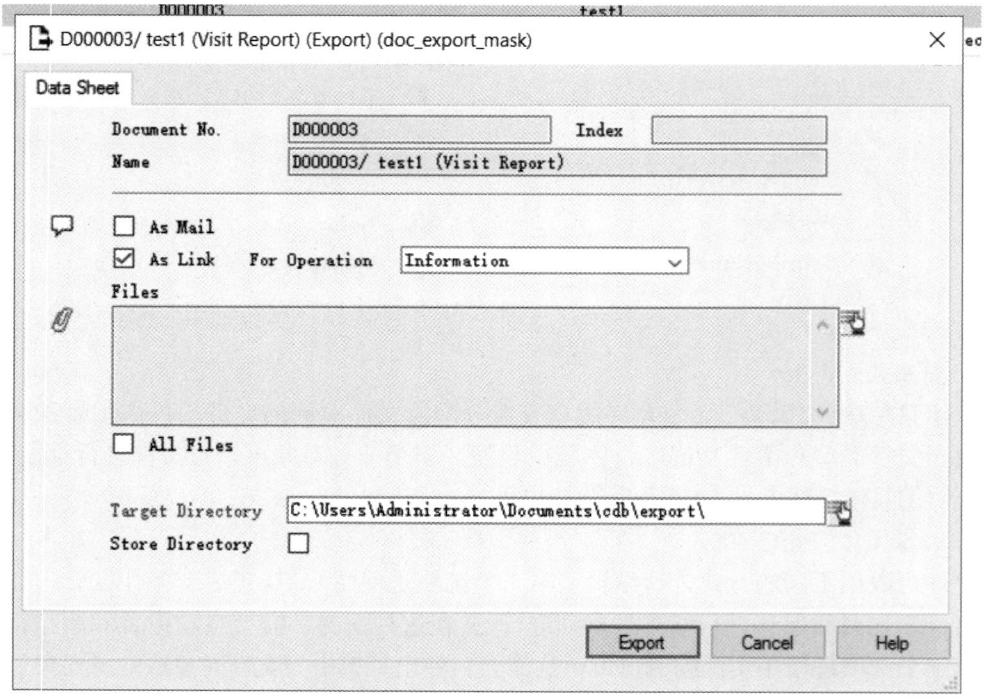

图 2-2-24 “导出文件”对话框

（2）导入文件（Import）。在文档中可以导入文件。这种类型的导入过程在导入中描述。在调用导入功能时，文件选择对话框会提示是否覆盖现有文件。该对话框还允许释放编辑锁，也可使用弹出菜单把文件从本地文件系统中删除。“导入文件”菜单如图 2-2-25 所示。“导入文件”对话框如图 2-2-26 所示。

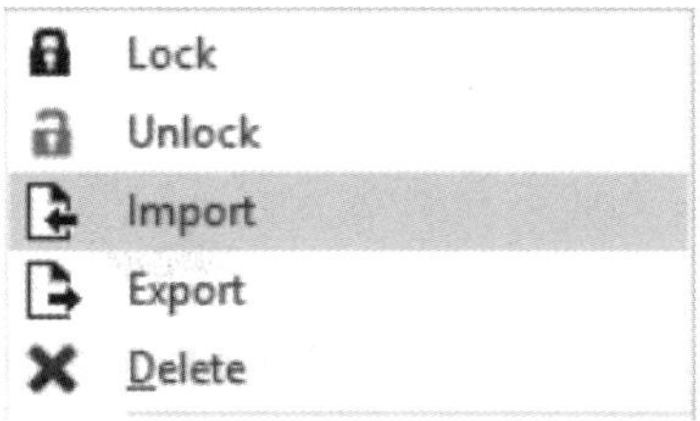

图 2-2-25　“导入文件”菜单

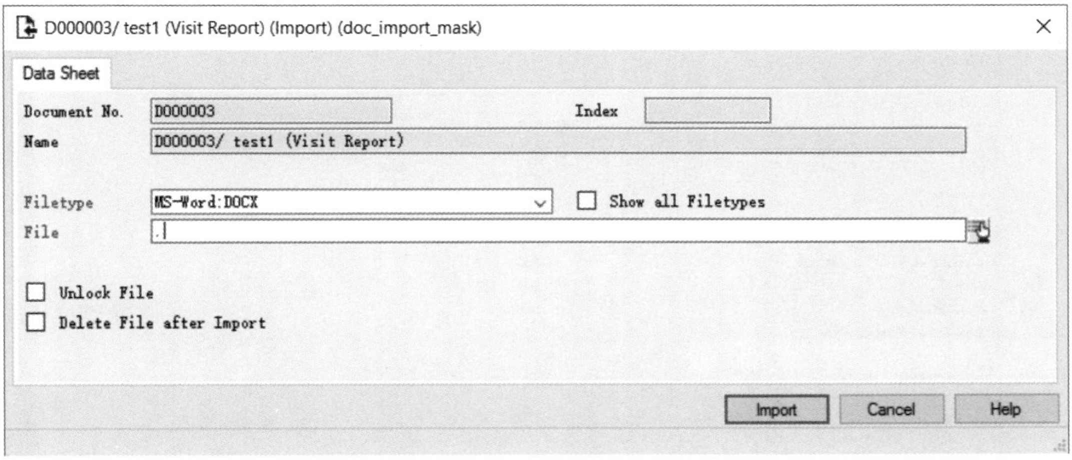

图 2-2-26　“导入文件”对话框

（3）编辑锁。软件可以锁定文件不进行同步编辑。如果在文件对象的主数据中填充了锁定的属性，那么就可以实现这种保护。编辑锁经常自动设置。锁定和解锁功能可以手动更改。

a）锁定（Lock）。锁定功能用于锁定其他用户使用的文件。在此期间，其他用户不能编辑这些文件，直到再次解锁。特别提出的是，可以使用锁函数锁定命令为自己保留一个文件，以便在特定的时间里进行编辑。锁定命令在很多情况下会自动设置，比如在文件编辑窗口中打开文件，如果文档被锁定，则所有不包含来自另一个文档的标识符的指定文件都将被锁定。

b）解锁（Unlock）。解锁功能用于再次打开文件，即其他用户可以对文件进行编辑。解锁命令在很多情况下会自动释放，比如从文件编辑窗口中删除文件。如果为文档实现解锁，则所有不包含来自另一个文档的标识符的文件都将被解锁。“锁定与解锁”菜单如图 2-2-27 所示。

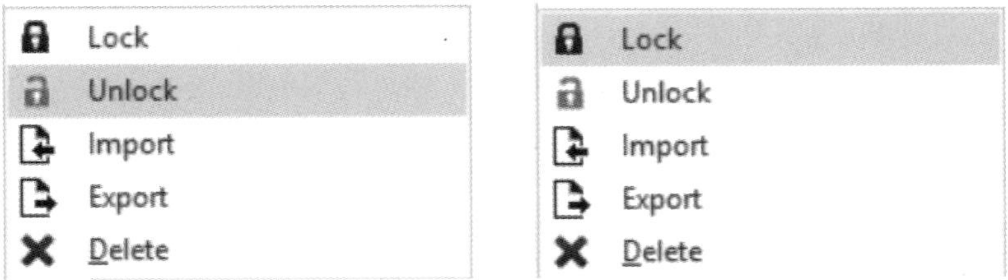

图 2-2-27　“锁定与解锁”菜单

小提示：系统控制用户是否有锁定或解锁的权利？锁定该文件的用户总有权打开锁定的文件，而不管权限配置文件中的定义是什么。

4)恢复文件

在系统中,系统保存的最接近当前文件的 10 个文件版本都显示在“文件历史(Change History)”选项卡上,可以使用查看命令查看这些旧文件版本。要还原一个版本,可在“文件历史(Change History)”选项卡上突出显示该版本,并在弹出菜单中选择“恢复”选项卡。编辑命令不仅会更改文档内容,还会更改文档的主数据,以前使用的版本则存储在文件历史中。“恢复文件”对话框如图 2-2-28 所示,“文件历史”如图 2-2-29 所示。

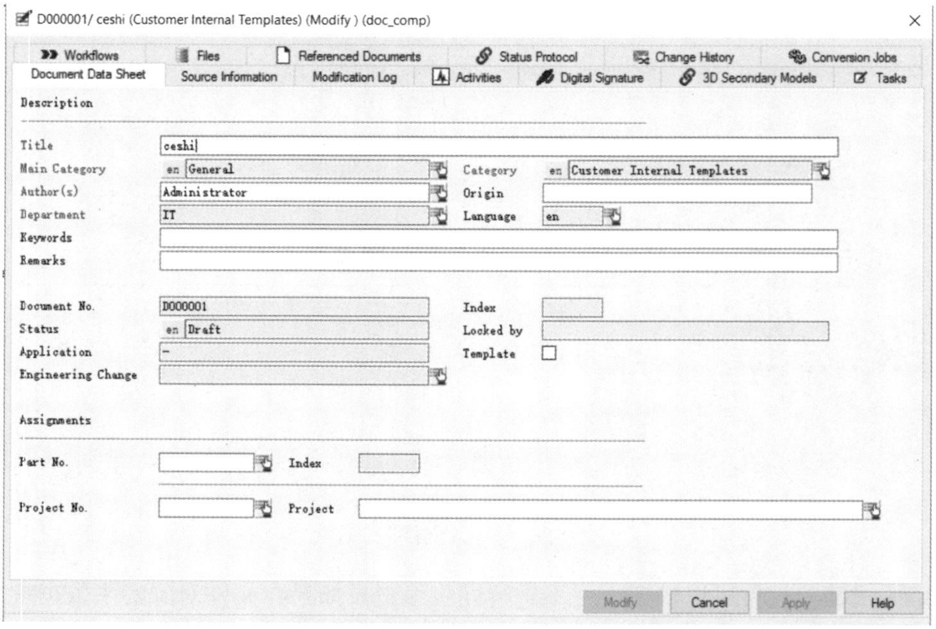

图 2-2-28　“恢复文件”对话框

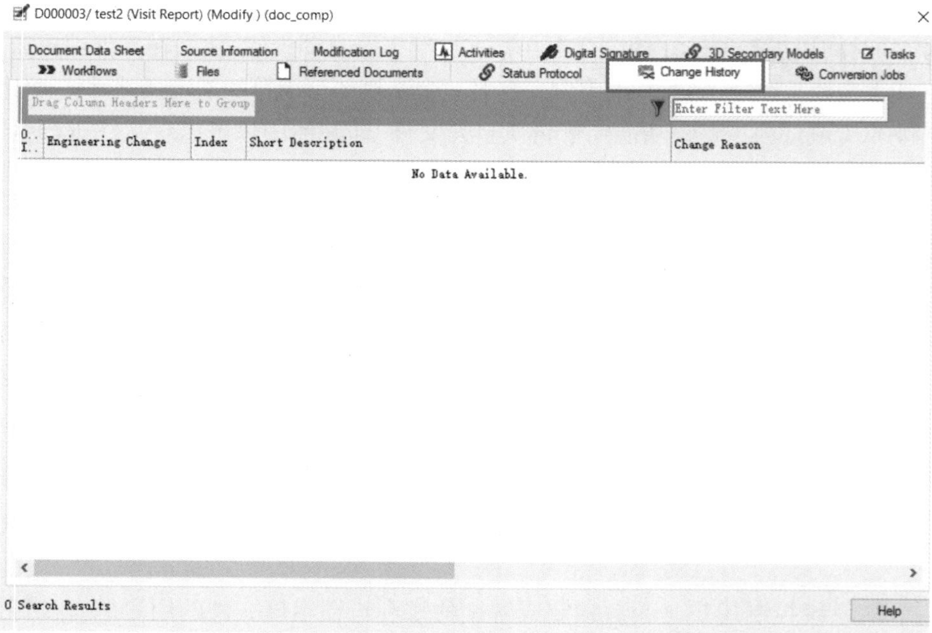

图 2-2-29　“文件历史”对话框

系统会检查用户在恢复文件时是否有权覆盖当前文件。如果不是这样,就会显示错误消息。如果删除了一个文件对象,则该文件的最后一个版本存储在系统中。只有操作者的系统管理员才有能力恢复文件。

第三章　基本功能

本章介绍 CONTACT 的标准功能,这些功能中的大多数可用于不同的对象类型,如文档、部件、项目等。

一、搜索

系统管理着大量数据。“搜索”功能可用于筛选一定量的系统数据。企业搜索功能则可以搜索所有类型。另一方面,“搜索”的弹出菜单中含有可以搜索特定类型数据记录的功能。用于搜索数据的标准被称为搜索条件。

搜索功能通常在导航树或结果列表中的弹出菜单启动。搜索也可以从收藏夹启动。搜索列表中的选项功能的操作方式与此处所述的搜索功能基本相同。

1. 搜索操作步骤

(1)在菜单列表中选择“搜索”弹出菜单项。

(2)打开“搜索”对话框。对话框中启用的系统硬性搜索条件取决于正在搜索的数据记录的类型(组件、文档等)。如果数据记录类型允许进行自由文本搜索,则搜索文本字段在上部提供,此外也可用于跨多个字段的搜索。

(3)在搜索对话框中指定搜索条件,或按按钮从选项列表中选择。

(4)若开始搜索,单击“OK”按钮。

当搜索完成后,搜索到的数据记录显示在结果列表中。每行代表一个数据记录。如果系统找不到符合搜索条件的任何数据,则显示的新列表窗口为空。可以使用再次搜索功能和搜索栏来优化搜索,以便更好地查找想要的数据记录。

2.搜索条件

搜索数据时,在搜索对话框的各个文本框中输入搜索条件。只有满足搜索对话框中定义的所有搜索条件的数据记录才会被显示在结果列表中。

搜索后,数据记录的数量可能非常庞大。如果超过管理员定义的上限(例如 1 000),搜索被中止,并显示到该搜索上限的信息条目。在这种情况下,结果列表不包含满足搜索条件的所有数据记录,此时可使搜索条件更具限制性,直到搜索结果不再超过最大结果数。

3.字符

制定搜索条件时需要输入一串字符。操作者可以使用的字符范围通常涵盖所有可打印字符。

注意,特殊字符“_”“%”“?”“=”“(”“)”“\”“ *”“ >”“<”在系统中有特殊含义。这意味着它们不能像普通的字符(如字母)那样在对话框中使用。在相应的搜索查询过程中使用这些字符时必须使用反斜杠“\”进行掩码操作。

如果搜索框中的某个文本框没有设定搜索条件,则该文本框在搜索过程中将被忽略。如果要在相关框中搜索数据表中未归属于条目下的数据记录,请输入=“”或=‘’作为搜索条件(引号内为搜索条件,后同)。如果要搜索此框不为空的所有数据记录,请输入!=“\”或!”作为搜索条件。

如果要搜索的数据含有值=“”的数据记录,则必须使用\=“”来对搜索条件进行掩码操作。这同样适用于！="\"或！="的情况。

所有特殊字符都能用于特殊功能，例如用于制定搜索条件。

示例：在输入字段中避免使用特殊字符

假如现在希望提供部分信息，例如，附加指定 1%*Compression*。那么在此操作中使用特殊字符"%"是有问题的。CIM DATEBASE 在输入搜索条件时使用"%"作为通配符。最好使用一个不包含特殊字符的名称，例如 1 *prozentCompression*。

系统区分大写和小写文本输入。在搜索时是否区分大写和小写取决于系统设置，例如 Atlas、atlas、ATLAS。可知上述 3 个单词被认为是 3 种含有不同信息的块。

此外，空白空间也被视为独立的字符（在下文中采用下划线表示）：Cross、_Cross、Cross_。所以这也是 3 个不同的信息单元。

同样区分的例子如下：up and down、upanddown。

应特别小心，不要在文本开头和结尾使用空格，因为在制定搜索条件时可能会导致出现问题。

1）数据类型

字符的类型应当与相应搜索框的内容匹配，同时字符串的输入方式也应当符合搜索框的格式。搜索框的类型也被称为数据类型，每种搜索框中的数据类型会是如下数据类型之一。

2）字母数字框

其可以包含任何字母、数字和标点符号。

3）整数框

其只能包含整数，带或不带前缀符号。

4）浮点框

其可能只包含统一形成浮点数的数字，带或不带前缀符号和小数点（例如 3.81）。

5）日期框

其通常使用以下格式之一：dd.mm.yyyy（例如 16.11.2001）或 dd.mm.yy（例如 16.11.01）。在这里，dd 代表月份，年份为 yyyy 或 yy。如果年份以 yy 格式输入，系统会根据某些规则自动将其转换为 yyyy 格式。也可以通过对 hh：mm：ss 的格式添加小时（hh）、分钟（mm）和秒（ss）来将搜索定义到确定的时间。根据期望的精度，可以省略某些时间元素。有效的搜索条件示例如下。

（1）"20.07.05 09"：从 9 点开始的以小时进行的所有输入。

（2）"20.07.05 09：30"：对应分钟内的所有条目。

（3）"20.07.05 09：00：30"：对于相应秒的所有条目。

6）值

搜索特定数据记录时，请在相应的框中输入搜索条件作为值。值是一个一一对应的精确字符串，作为在数据记录中搜索的条件。

示例：输入搜索条件

如果正在搜索号码为"FT-03 201-1000-05"的项目，则必须在项目编号框中的搜索对话框中输入确切的字符串"FT-03 201-1000-05"作为搜索条件。如果项目存在，相应的数据记录将显示在结果列表中。如果没有指定号码的项目存在，结果列表将保持为空。

7)通配符

要搜索一组类似的数据记录,就确定搜索条件,使其包含所有正在搜索的所有数据记录中相同的字符,并在搜索条件中指出数据记录条目可能有所不同,这些不确定字符数量的位置由通配符表示。以下通配符通常可用。

(1)百分号“%”或星号“*”。它们可以替代使用,代表任何数量的任何字符(包括根本没有字符的情况)。

(2)下划线“_”或问号“?”。它们可以替代使用,只能代表一个字符。

注意:根据所使用的数据库系统,也可以使用其他通配符。

通配符可以放置在搜索条件的任意位置(在字符串的开头或结尾处或其间的任意位置)。使用通配符有一个限制:它们只能用于在字母数字数据框中制定搜索条件。可以在字符串中使用几个通配符。通配符和其他字符之间不能有空格,除非空格实际上是要作为搜索条件的一部分。

示例:使用通配符输入搜索条件

假设操作者正在搜索以 FT 开头的项目,后是数字、字母和标点符号的任意组合(但没有任何空格,字符串的末尾也没有)。项目号码框中相应的搜索条件为“FT *”。

8)掩码

通配符不能用作数据库条目中的普通标点符号:如果通配符出现在搜索条件中(例如“1%*Compression*”),系统会将其解释为通配符,而不是作为字段组件的字符。在这种类型的搜索查询中,结果并不是根据确切的字符串“1%*Compression*”得出相对应的值,而是得到从“1”开始、以字符串“*Compression*”结束的所有字符串。所以结果会多出来不需要的数据,如 10%*Compression*、1/8%*Compression*、1%*Expansion or Compression*,即得到一些额外的结果,尽管它们可能与输入的搜索条件不符合。

Masking 提供了一种避免将搜索值解释为通配符的方法。如果希望在搜索条件中使用通配符作为值,则必须在其前面加上反斜杠“\”,这样通配符就会被屏蔽。例如,如果搜索条件需将下划线作为字符串的一部分,则在下划线“_”之前放置反斜杠。如果希望将反斜杠本身用作值,则必须再次使用反斜杠,即“\\”。

示例:在搜索条件中输入经过遮罩处理的特殊字符

假设搜索附加名称以“A_5”开头的项目,然后再另外添加一个字符,搜索条件为“A_5_”。在这里,“_”表示下划线被找到,“5”后面的“_”作为一个通配符表示一个字符。

9)关系运算符

如果正在搜索一系列相关数据记录,可使用关系运算符来制定搜索条件。以下关系运算符可用:等于(=)、不等式(!=)、小于(<)、大于(>)、小于或等于(<=)、大于或等于(>=)。

所有关系运算符都可以在数字、字母和数字框中使用。字母数字框从左到右按字典顺序进行比较(取决于所使用的数据库系统)。例如,以下 3 个表达式按升序排序:B、Bend、Break。或者换一种方式:B — Bend — Break。

示例:以日期范围作为搜索条件

假设正在搜索 2001 年初到现在创建的所有文档。打开文档搜索对话框后,在创建的框中输入搜索条件“> = 01.01.2001”并开始搜索。系统显示结果列表中所有相关文档的数据。

10)逻辑链接

如果正在搜索可以或应该符合一系列不同条件的一组数据记录,可以使用逻辑操作来制定搜索条件。系统可识别两个逻辑链接:AND/and 和 OR/or。

and 和 or 这两个词被称为保留字符,即它们必须完全按照它们在这里描述的格式写入,并且不能用作框中的条目。为了使系统将这些单词与实际的搜索字符串区分开,必须用空格将它们与周围的表达式分隔开。

示例:链接搜索条件

如果正在寻找由 Gutholz 女士或 Kerbklee 先生创建的所有文件,在“创建者”框中输入“Gutholz or Kerbklee”作为搜索条件,而不是“GutholzorKerbklee”或“Gutholz OR Kerbklee”。

注意:如果数字和日期框被链接,则在输入搜索条件时必须使用关系运算符。

示例:日期范围和链接搜索条件

例如,如果搜索在 2003 年 1 月 13 日或 2003 年 1 月 15 日创建的数据记录,则必须在“正创建”框中输入搜索条件,如“=13.01.2003 or =15.01.2003”,而不是“13.01.2003 or 15.01.2003”。

11)组合

可以组合制定搜索条件的不同方式。

示例:组合搜索条件

要搜索 2004 年创建的所有文档,需在“创建的”框中输入“>=01.01.2004”和“<=31.12.2004”。如果只想显示 2004 年创建的文档,创建者的姓氏以 A、B 或 C 开头,需在“创建者”框中输入“>=A”和“<D”作为搜索条件。作为替代方案,还可以编写 A*、B*或 C*。

这些类型的组合可以发生在一个搜索框内,也可以发生在不同的搜索框之间。

系统仅查找符合输入搜索条件的所有框中指定条件的数据记录。

12)顺序

如果希望在一个框中连续使用多个逻辑操作,或将它们嵌套在一起,则可以使用圆括号。这种方式可明确地表示表达式被解释的方式和搜索条件被处理的顺序(表达式的处理优先级)。

示例:将多个日期范围作为搜索条件

假设正在搜索在 2004 年第一季度或第三季度创建的文档,创建于框中的搜索条件可以是“(>=01.01.2004 and <01.04.2004)or(>=01.07.2004 and <01.10.2004)”。

12)优化

系统无法以相同的方式回答所有搜索请求。当数据存储在数据库中时,系统将根据一个或多个框中的条目进行排序。用作排序基础的框称为关键框。搜索这些框中的条目可使搜索任务特别快速有效。因此,应该尝试在这些关键框中制定搜索条件。除这些关键框之外,管理员还可以在数据库级别为非关键框处创建索引,这样也可加快对这些框的搜索。

个人搜索条件的制定也会影响搜索查询的处理速度。在搜索查询期间,系统会在指定的搜索条件和数据库中的条目之间进行大量比较。在搜索的开始阶段,设置和定义的条件越多,就能越快排除不符合条件的数据记录。以下内容始终适用。

abc *形式的搜索查询可以比* xyz 表单更快地回答。

尝试使用尽可能接近表达式末尾的*通配符,这也适用于具有逻辑运算符的公式。

在 abc *或 def * 表单中的搜索查询可以比'' * uvw 或者\ * xyz 格式更快地回答

当然,重置搜索条件通常并不容易,但如果进行特定搜索,操作者还要在其他方框中输入进一步的条件。

4.企业搜索系统

企业搜索系统使得用户可以通过可配置的异构对象集执行全文搜索。搜索通常包括元数据以及长文本字段和附件文件中的内容。这与传统的搜索系统不同,尝试同时在对象及其文件的所有字段中查找搜索词。但是如果使用此功能,必须将这些字段配置为使用 Enterprise Search 进行搜索。

该系统是为了最大的易用性而设计的。制定搜索查询字段只有少数规则,同时查询字段不能包含任何错误。虽然企业搜索系统在对象的所有字段中搜索操作者的目标项目,但在搜索结果中,搜索字段在对象中的所有字段占比权重不同。以这种方式,相关的项目将尽可能地显示在结果列表的顶部,同时还配置了字段的“权重”。

注意:修改对象的异步索引,以避免不必要地减缓保存过程。这意味着在保存对象后无法立即使用 Enterprise Search 找到更改后的对象。根据索引系统的工作负载,可能需要几分钟的时间才能在全文索引中更新对象。

Enterprise Search 的结果列表首先显示其所属的对象。如果文件中也出现这些情况,则这些文件会在对象下排序。这里必须注意的是,只有在搜索查询特别适用于此文件时才会显示文件结果。例如,如果单词“Bremen”在文件 1 中,而“München”在对象的文件中,是文件 2,查询“Bremen München”就会找到对象,而不是单个文件。但是,如果两个搜索项都在文件 1 中,则该文件将被列在对象下。

单击对象或文件的标题可以打开文件。这通常仅用于查看目的。

1)如何使用企业搜索进行搜索

搜索的字段格式无关紧要,在搜索字词和布尔运算符中使用大写或小写字母均可。因此输入“Bremen or basel”,系统可能会发现“BREMENORBASEL”。

(1)组合术语:短语。搜索词可以使用引号组合。系统将引号内的单词标识为“短语”,并只找到包含这些短语的文档。这意味着,搜索“Bremen Unternehmen”,将只找到“Bremen”后直接跟随“Unternehmen”的对象。然而,短语搜索是模糊搜索。企业搜索允许短语元素之间最多有两个术语。因此,“Bremer Unternehmen”也将找到一个包含短语“Bremer medizinische Unternehmen”的对象。

（2）运算符。企业搜索提供了布尔运算符 AND、OR 和 NOT 用于链接搜索项，同时，可以使用-（减号）。但是，减号必须直接位于搜索项之前，短语或开头括号前面无空格才能被识别为 NOT。布尔运算符在短语中不被识别。

① AND 运算符。使用 AND 运算符，结果列表中的对象应同时包含两个操作数。如果输入“Bremen AND München”，同时包含两个单词在内的操作数才会被搜索到。

② OR 运算符。OR 运算符包括结果列表中至少包含一个操作数的任何对象。如果输入“Bremen OR München”，就会找到包含这两个城市中至少一个操作数在内的所有对象。

③ NOT 运算符。NOT 运算符可从结果列表中排除包含运算符后面的单词的对象。如果输入“Bremen AND NOT München”，所有包含 Bremen 但不包含 München 的项目会被找到。

④自动 AND 搜索。如果输入多个搜索项而不将其与布尔运算符相链接，则将自动使用 AND 运算符。因此，搜索会将“Bremen München Basel”条目视为 Bremen AND München AND Basel。

这也适用于括号、短语和 NOT 运算符。因此（Bremen OR Hamberg）（Bremen OR Passau）相当于（Bremen OR Hamberg）AND（Bremen OR Passau），“汉斯·梅尔”“乌特·穆勒”相当于“汉斯·梅尔”AND“乌特·穆勒”。条目“Bremen NOT Hamberg or Bremen-Hamberg”对应于 Bremen AND NOT Hamberg。

2）通配符

企业搜索支持使用通配符“?”“_”“*”“%”。“?”和“_”代表任何一个字符，“*”“%”代表任何长度的字符串。

因此，对“Meiier”的查询会找到包含名称 Meier 或 Maier 的对象。对“B*men”的查询不仅会发现 Bremen，还会发现 Benehmen。查询“B*me?”，还会发现 Bremer。

可以在搜索词中使用任意数量的通配符，并且可以通过多种方式组合两种通配符。

通配符在短语中不被识别。

注意：通配符搜索需要比常规搜索有更多的处理能力，尤其是在需要使用多个通配符（B*me?）或者同时搜索带通配符的多个术语（B*me? OR Ham*ge?）时。因此，应小心谨慎使用通配符。使用通配符最简单的方法是在单词的末尾插入一个“*”（Stadt *）。

3）使用括号

企业搜索使用括号对搜索词进行分组。这种方法可以组合不同的布尔运算符，也可以使用 NOT 来同时排除多个搜索项。

假设想找到包含 Bremen 和 Münich or Basel 中的任意一个操作数，仅仅输入“Bremen AND München OR Basel”是不能发现所需要的结果的，因为相比于 OR 通配符，系统给予 AND 通配符更大的权重，那么搜索结果将会包含所有同时包括 Bremen 和 Münich 的项目，或者是包含 Basel 的项目。为了得到想要的结果，需要使用括号，输入 Bremen AND（München OR Basel），后半部分的结果会被单独处理，从而能够得到想要的结果。

注意：一般来说建议使用括号，在布尔运算符 AND 和 OR 同时存在于同一个搜索项时应使用括号。

4）高级功能

企业搜索系统具有大量增强可用性的各种功能，包括自动完成搜索词。

当输入搜索字词时，系统会自动提供已输入的单词开头部分的单词。建议的搜索字词直接出自搜索索引,为输入的每个搜索字词显示建议。

在结果列表中显示对象时,如果对象具有长文本字段,并且这些对象包含事件,则可以显示出事件的摘录。如果文件中有过点击操作,还会显示出系统之前离开过当前界面一次。如果有更多的事件发生,可以通过点击“... more”链接显示出来。通过这种方式,可以非常有效地获得单独条目相关的概述。

5)过滤和排序

在实际结果列表旁边的左侧,Enterprise Search 提供了过滤和排序选项。

(1)一些排序选项按类别过滤。类别对应于类。默认情况下,系统会搜索所有类/类别的索引数据,并在已知结果列表中显示搜索到的类别。该列表始终显示已搜索结果中的类别及对应类别搜索到的结果条目。当切换到搜索结果页面时,结果只显示类别的名称。通过单击类别的名称,可以查询在此类别中的对象和文件。文件不会作为单独的项目显示在类别列表中。相对的,类别也被分配给它们所属的对象。

(2)根据变化时间过滤。通过单击范围中的相应项目实现,操作者也可以根据上次更改的时间进行过滤。

(3)显示或隐藏过时的对象。对于文档和归档目的来说,对象通常不会被删除,而只被标记为“已过时”。企业搜索系统在搜索时考虑到此标签,通常只显示没有标记为“已过时”的匹配结果。这可以通过单击范围中的相应项目来更改,以便找到标记为“已过时”的对象。

(4)影响排序。企业搜索的排名系统通常能很好地确定一个定义好的相关性。因此,结果列表根据系统确定的命中的相关性,默认排序。但是,通过单击范围中的相应项目,操作者还可以根据上次更改对象的日期对结果列表进行排序。

6)搜索建议

本节提供有关如何成功使用企业搜索执行的建议。搜索并不总是成功的,特别是当搜索大量的对象时。

(1)省略 AND 通配符。如果不在两个搜索字词之间放置 AND 或 OR,则企业搜索始终插入 AND。因此,搜索 Bremen München Basel 和搜索 Bremen AND München AND Basel 是一样的,搜索 Bremen NOT München 与搜索 Bremen AND NOT München 是一样的,搜索(Bremen OR Hamburg)(München OR Basel)返回的结果和(Bremen OR Hamburg) AND (München OR Basel)返回的结果是一样的。因此布尔运算符 AND 通常是不必要的,可以省略。

(2)使用多个搜索词段。操作者提供更多的词,企业搜索系统会表现得更好。因此,通过使用多个搜索词而不是一个搜索词,操作者将获得更好的结果。例如,搜索一份 2009 年的报告,使用 Bericht 2009 作为搜索请求比仅使用 Bericht 更好。如果想要搜索的报告是由 Maier 女士撰写的(并且作者也被编入索引),则应该将搜索请求扩展为 Bericht 2009 Maier。

(3)使用不常见的搜索字词。停止词是出现在(几乎所有)索引的文档中的单词,可能出现多次。停止词包括“the”“and”和“but”等。如果搜索这些单词,搜索结果可能包含索引中几乎所有的对象。

为了确保索引没有被无用的数据过度膨胀,企业搜索被配置为忽略停止词。无论是在索引对象还是在搜索时,可以删除停止词,如搜索 Das istaberschon 相当于搜索 schon。

与停止词相反的是出现频率非常少的对象单词,应尽可能搜索这样的单词。此外,如果知道某个词在整个索引中很少出现,但在正在搜索的对象中经常出现,则该词是搜索的最佳选择。

企业搜索将在搜索结果列表前边的部分更多地给出名称特殊的条目。系统还可以计算指定单词在对象中被使用的频率，并将列表中使用指定单词次数最多的项目排在结果列表前边。

例如搜索关于最新配件测试的报告(某公司制造giz? mos)，并且这些报告是由Schulze撰写的，因为系统中同样有很多由Bericht撰写的报告，所以Bericht就不是一个合适的搜索词。Fliewatut和Schulze也是如此，因为如果该小型配件是核心业务的话，Schulze也会是数千个文档的作者，其也是不合适的搜索词。

但是，如果检索者正在搜索关于新涡轮首次测试的报告，并且这些测试是通过特别设备进行的，那么最好的搜索词自然就是特别设备的名称。

(4)逐渐缩小搜索范围。逐渐缩小搜索范围找到要查找的内容是很有效的方法。寻找包含“Bericht 2009”字样的对象进行搜索并统计结果，起初可能会找到包含Schulze的对象，但Schulze不应该出现在被寻找的对象中，所以应该搜索“Bericht 2009 NOT Schulze”。

值得注意的是，NOT运算符通常很有用，尤其是当逐渐缩小搜索范围时。如果不确定哪些搜索词最合适，可以先从一个非常笼统的词开始搜索从而获得大量的相关条目。但是，当查看结果时，可能会出现不符合要求的单词。检索者可使用“NOT”添加不想在结果中显示的词以屏蔽不符合要求的搜索结果。这样通过排除不符合要求的对象中的字词，即使操作者可能不知道目标对象中会显示哪些字词，也可以将结果列表缩小到更易于搜索的范围。

(5)正确使用引号。企业搜索始终通过空格来分隔输入项以搜索单个单词(象征词)。这适用于搜索和索引，结果基本上是可以预期的。然而，有时通过上述方法分隔单词的结果并不尽如人意。例如，正在搜索已附加文档的对象，并希望搜索文档的名称为“BerichtMai2009.pdf”。只要文件名不包含任何空格就没问题。但如果文档的名称略有不同，那么检索过程以及得到的结果就会变得不同。搜索Bericht Mai 2009.pdf，得到的结果是在项目中的任意位置含有单独乱序Bericht、Mai、2009的结果，这自然不是检索者所希望的。如果操作者在搜索请求中的多个单词之间放置引号，企业搜索会将其解释为短语，并精确搜索此单词序列。因此，搜索“Bericht Mai 2009.pdf”将很有可能返回所需的结果，因为现在搜索系统只会搜索这3个搜索词处于已规定序列的对象。

(6)正确使用括号。布尔运算符并不总像期望的那样工作。这是因为运算符并没有被采用相同的权重执行搜索操作。因此，当在一个搜索请求中组合不同的运算符时，检索者可能会对所得到的结果感到惊讶。

AND运算符的权重强于OR。所以如果输入Bremen AND München OR Basel(没有括号)，那么AND就被优先考虑，OR则在之后被考虑。因此，搜索请求相当于(Bremen AND München) OR Basel。但是，如果搜索必须包含Bremen以及Munich Basel其中一个关键词的对象时，检索者必须使用括号并输入Bremen AND(Munchen OR Basel)。

NOT运算符的运算顺序是最优先的。假设检索者输入Bremen AND NOT Munchen OR Basel，NOT最优先被考虑，然后是AND，最后是OR。因此查询相当于(Bremen AND(NOT Munchen)) OR Basel，尽管这并不是操作者想要的结果。

如果搜索绝对包含Bremen的对象，但绝对不包含Munchen或Basel其中的任意一个关键词，检索者必须使用括号，即输入Bremen AND NOT(Munchen OR Basel)，或者也可以输入Bremen AND NOT Munchen AND NOT Basel。

（7）自由文本搜索。集成到企业搜索系统中的每个类自动具有自由文本搜索功能。自由文本搜索使用与全文搜索相同的搜索索引。自由文本搜索还支持上述所有搜索选项。

结果显示在结果列表或 eLink HTML 页面中。管理员可以启用后一种显示选项。“自由文本搜索”搜索界面如图 2-3-1 所示。

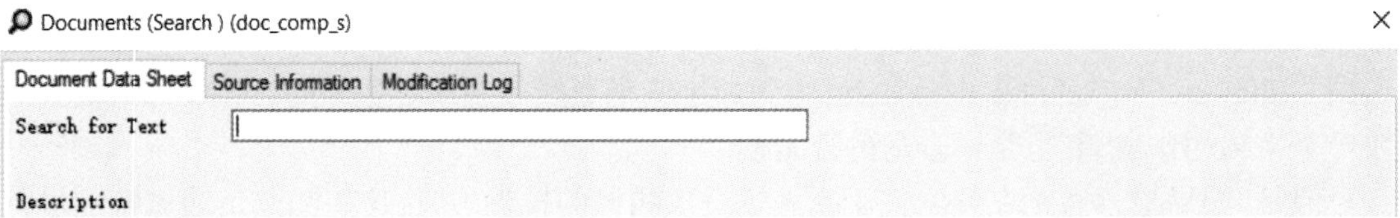

图 2-3-1　“自由文本搜索”搜索界面

5.保存搜索结果

频繁需要的搜索内容可以被保存以供后续使用，这样操作者不必每次都从头开始填写搜索对话框。通常的使用方法是在收藏夹中创建一个项目，检索者也可以将搜索结果存储在文件中，通过电子邮件传送。这些类型的文件保存在文件扩展名.cdbquery 下。

保存搜索查询结果按如下方法操作。

（1）定义搜索查询。

（2）在文件的主菜单中选择“guilabel”，从文件菜单中使用“保存或另存为......”操作。

（3）在以下对话框中输入查询的名称和路径。

（4）单击“确定”按钮确认。

这样搜索结果就以文件的方式被保存下来，并可以在将来的某一时刻通过文件菜单下的“打开......”按钮再次打开。

注意：这意味保存实际搜索内容本身，而不只是保存结果列表，每次打开保存的搜索结果时都可以生成不同的列表序列，这取决于操作者对数据内容的干预性修改。

6.重新搜索

如果搜索没有提供所需的结果，还可以按以下方式修改查询条件，然后重新开始搜索。

（1）通过结果列表的弹出菜单或通过工具栏中的相应按钮，调用用于上次搜索的搜索对话框。

（2）根据需要修改搜索条件。

（3）开始搜索，单击“确定”按钮。

重新搜索功能也可用于通过设定关系限制的对象 1∶N 结果列表开启。如果应用了这样的限制，则使用附加记录（过滤）的方式显示结果数目。可以使用“显示全部功能”清除此限制。

7.全部显示

如果通过设定限制的方法过滤在重新搜索中得到的结果，可以使用此功能显示未被过滤前的所有结果。

如果结果列表未受设定的影响，则该功能将刷新结果列表。

8.排序

可以根据不同的条目对结果列表中的项进行排序，可根据一个或多个项进行排序。

1)单列排序

单击列标题,基于数据类型对基础列进行排序。再次单击列标题可以反转排序顺序。在个别情况下,数据库中的一个框可能具有与推荐值不同的数据类型。例如,文件版本在系统中采用的是字符串的格式,而公司可能采用数字格式。在这种情况下,检索者可以通过点击列标题的弹出菜单选择正确的类型,可以使用字母数字排序、数字排序和按日期排序的项目。

请注意,使用单列排序时,只有已经选择排序的结果才会被排序。例如,如果根据最近更改的日期选择降序排序,则最新的更改如果未包含在未排序的结果列表中,则可能无法显示。

此外,Windows 客户端在排序时区分大小写。

2)多列排序

与单列排序不同,多列排序允许使用底层数据库对数据记录进行排序,即在排序时进行新的搜索。多列排序的方法如下。

(1)在文件结果列表弹出菜单中选择排序功能,也可以通过菜单找此功能,也可以选择项目文件夹中的排序弹出菜单。

(2)打开一个在可排序列表中的对话框。在这里,可以配置哪些列将会被排序。在要先排序的列框中输入 1,在下一列要排序的列框中输入 2,依此类推。要更改列的排序顺序从升序到降序,在数字前插入 -(连字符)。

(3)单击“确认”按钮完成排序。

二、创建

使用创建(New)功能可以创建新的数据记录,通常通过导航菜单或者结果列表中对应功能弹出菜单执行此操作。创建功能定义了类型层次结构,可创建具有这些类型的名称的子菜单。例如,创建文档可以通过“新建→文档”的操作方式进行。

选择该功能后,通常会出现一个新的输入对话框,操作者可以在此输入数据。此对话框中必填内容通常为红色,单击“新建”按钮完成创建条目并将数据记录输入数据库。如果没有提供足够的信息,则会显示一条错误消息,并需要重新打开该对话框。通过单击“取消”按钮,检索者可以在不创建数据记录的情况下结束条目。如果对相应对象的类型有疑惑,单击“帮助”按钮可以帮助操作者获得提示。

一个关系中的一个新条目也可以通过拖放来创建,上下文也经常需要创建新条目。例如,如果在关系结果列表中创建新条目,某些字段将被预设,有利于新对象成为关系列表的一部分。对于 N∶M 关系,在创建数据记录之后,会自动为引用对象创建链接数据记录。

注意:对于某些字段,创建数据记录时(例如,连续的文档编号)会自动给出新的数字。这些字段可以通过输入字段中的散列标记(#)或符号“...”来识别。根据配置,操作者可以覆盖此标准条目并创建自己的条目,而不是使用自动生成的数字。如果该字段无法再编辑,系统将始终生成一个数字。

注意:如果输入的关键字段与现有数据记录完全匹配,则无法输入新的数据记录。如果尝试使用相同字段条目输入新的数据记录,则系统会使用相应的数据确认功能,并返回到输入对话框,结果和之前输入的结果是一样的。

三、复制

此功能可以复制项目数据记录或文档数据记录，步骤如下。

（1）在结果列表、结构树或最近使用的列表中选择要修改的数据记录，或启用相应的信息窗口。

（2）打开弹出菜单，选择“复制”弹出菜单项，或者点击工具栏上的相应按钮。

（3）系统打开一个新的数据记录对话框，其中复制的值或默认值已经填写。

（4）在这里，检索者可以修改属性，例如根据需要更改标题。

（5）单击“确定”按钮，保存数据记录。如果没有提供足够的信息，则会显示一条错误消息，并重新打开该对话框。通过单击“取消”按钮，检索者可以在不创建数据记录的情况下结束条目。如果需为相应对象类型提供帮助，单击“帮助”按钮，可以帮助检索者获得此帮助或更具体的帮助。

（6）允许定义要复制的关联对象的另一个对话框，并在适当时显示。

四、修改

可通过对话框编辑或修改数据记录。这些对话框根据所选视图（项目主、文档主、通用组等）和安装特定因素的不同而有所不同。

1.修改数据记录

（1）在结果列表、结构树或最近使用的列表中选择要修改的数据记录，或启用相应的信息窗口。

（2）从要修改的项目的弹出菜单中选择“修改”弹出菜单项，也可以使用工具栏中的按钮完成此操作。

（3）打开修改对话框，可以修改字段的内容，会看到比以前在结果列表相应行中显示的更多的信息。

注意：管理员可以为数据记录分配不同的访问权限。因此，部分用户只能读取而不能编辑某些特定数据记录。

完成修改后，用“修改”确认对话框，也可以使用“应用”按钮，在这种情况下，更改将被保存，对话框窗口保持打开状态。

“修改”和“应用”按钮只有在数据选项卡中可见。根据操作者的配置，对话窗口还可能包含已分配给对象的数据记录以结果列表的形式显示的选项卡。“修改”和“应用”按钮在这些选项卡中不起作用。要保存更改，检索者必须返回到数据选项卡或单击“取消”按钮。数据更改后，系统会询问检索者是否要保存这些数据。在第一次更改之前，按钮不能选择。

注意：在某些情况下，对话窗口可以细分为多个选项卡，也就是说，为了提高对话框的清晰度或将最重要的数据字段带到前台，只在前面的部分放置一些选项卡。只需在对话框顶部的其中一个选项卡上单击鼠标，就可以将该对话框的相应部分置于前景。

2.修改结果列表

数据记录也可以直接在结果列表中被编辑或修改。在结果列表中选择所需的项目，可以通过单击鼠标或使用键盘上的箭头键来执行此操作。

高亮显示的边框表示已被选择的项目，如图 2-3-2 所示。

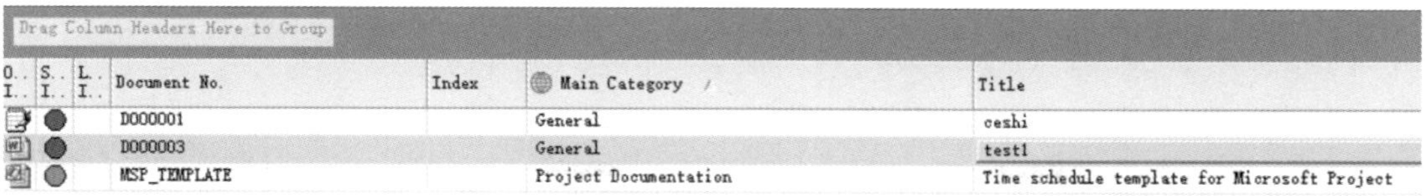

图 2-3-2　选择某一项

再次单击或按 F2 键可将条目切换到编辑模式。如果一个项目无法编辑,将提示信号。

3.栏目修改

(1)文本域。可以通过输入文本直接修改文本字段。

(2)选项列表。单击选项图标,列表将为具有选项列表的条目打开单独的选项对话框列表。修改选定条目内容如图 2-3-3 和图 2-3-4 所示。

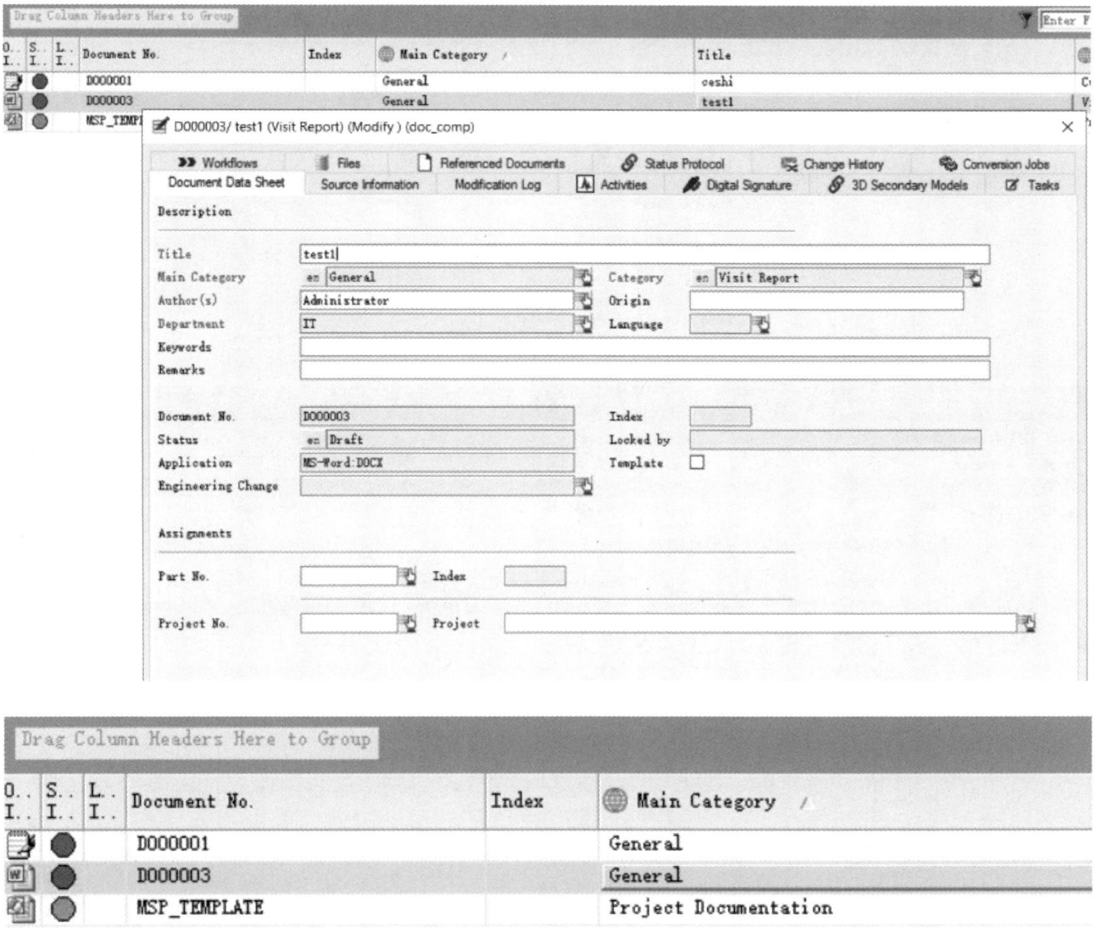

图 2-3-3　修改选定条目内容 1(组图)

(3)单击日历图标,将为日期字段的日历条目打开单独的日历对话框。

(4)组合框选择。具有组合框的条目可通过单击箭头打开数据列表。选定组合框如图 2-3-5 所示。

(5)复选框选择。具有复选框的条目可以直接单击字段进行选择。

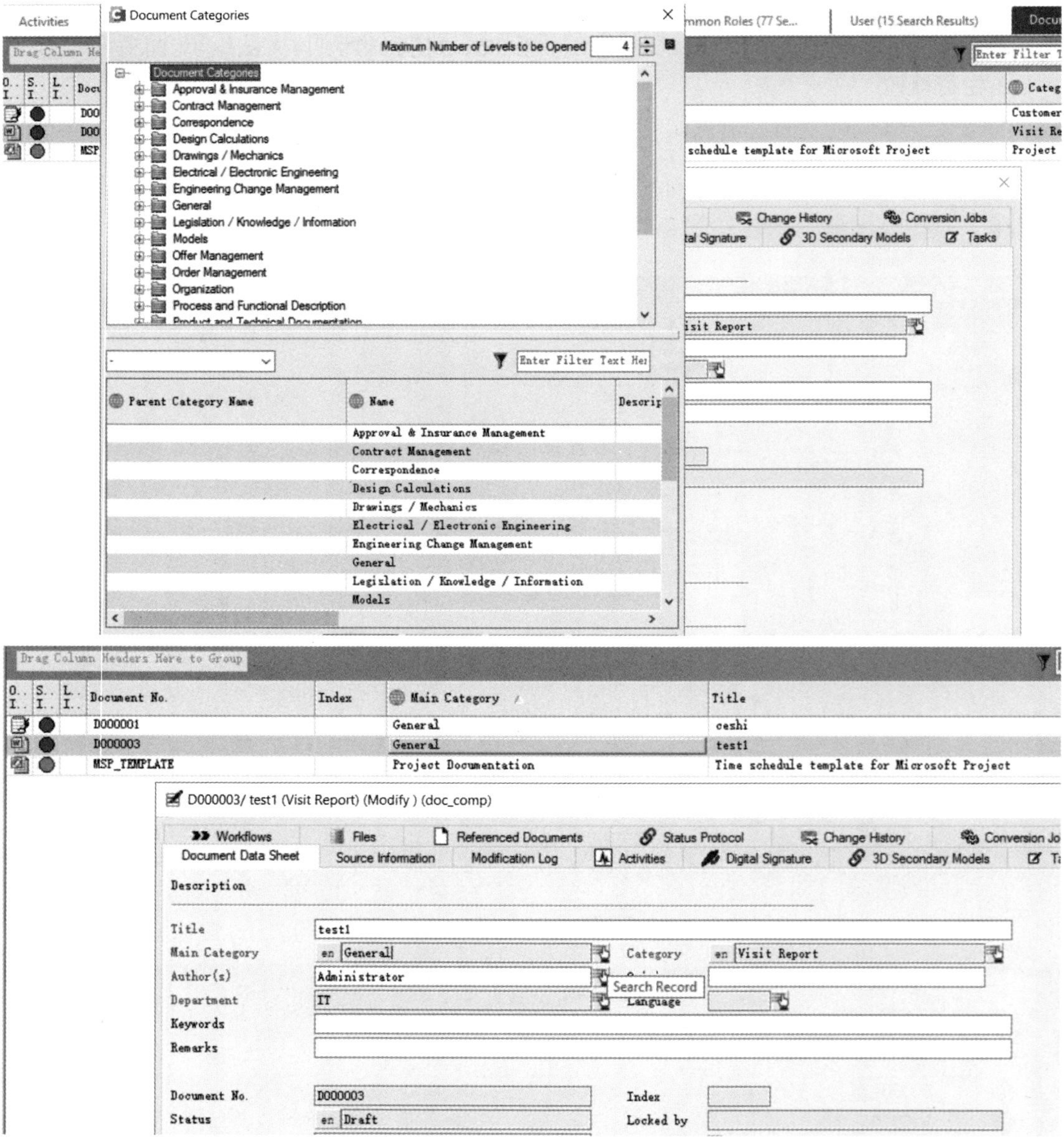

图 2-3-4　修改选定条目内容 2(组图)

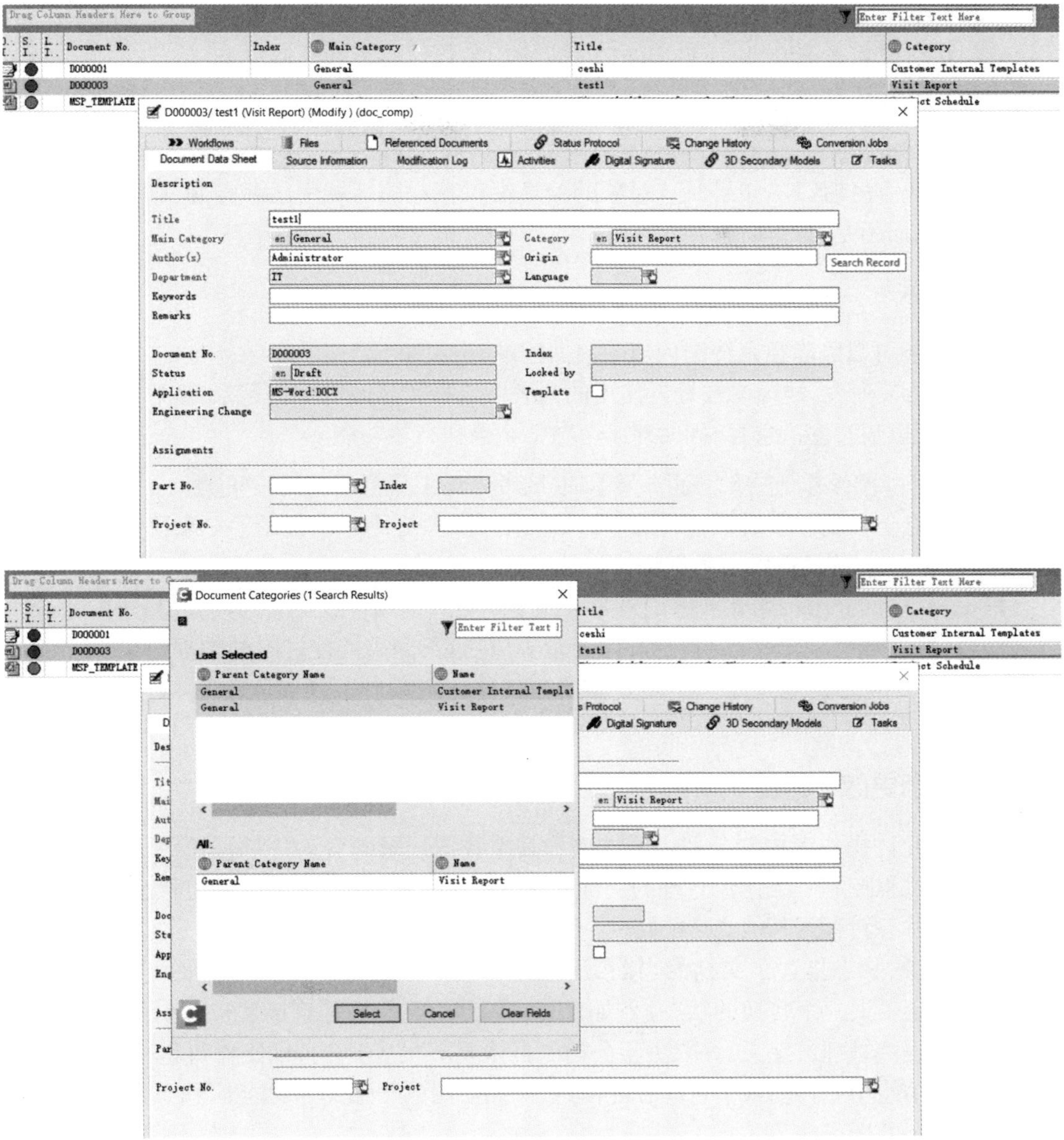

图 2-3-5 选定组合框(组图)

4.应用条目

(1)按“返回”按钮应用输入的更改。

(2)按【ESC】键取消输入的更改。

如果操作者点击结果列表中的其他区域,并且数据已更改,则会被询问是否要保存这些数据。

五、信息

信息窗口显示在视图区域。操作者可以使用信息功能显示这样的窗口。通常,点击 eLink 中的链接也会导致信息窗口被打开。

打开数据表信息窗口的步骤如下。

(1)在结果列表、结构树或最近使用的列表中选择要修改的数据记录。

(2)打开弹出菜单，选择信息菜单项。操作者也可以使用工具栏中的按钮完成此操作。

(3)打开信息窗口。如果所选对象的信息窗口在视图区域中已经打开，则此窗口将变为活动状态，而不是打开新窗口。

六、删除

删除功能可以删除在系统中创建的数据记录，步骤如下。

(1)在结果列表、结构树或最近使用的列表中选择要修改的数据记录，或启用相应的信息窗口；也可以通过多次选择，同时对多个数据记录执行该功能。

(2)打开弹出菜单，选择“删除”菜单项，或者点击工具栏相应的按钮。

(3)系统会生成一个对话框，询问操作者是否真地要删除该记录。如果确定要删除数据记录，点击“是”确认删除。数据记录将被删除。

根据操作者的配置，删除数据记录时可能会删除其他聚合或关联的数据记录。

注意：删除数据记录是可执行的，但通常不应执行，因为即使过时的数据记录也应留在系统中用于文档的其他方面。文件只应该在某些特定条件下被删除，如它们是被错误创建的。

七、状态更改

该系统允许操作者控制公司内的文档和其他数据记录的变动，特别是给予其发布的管理权。这个过程控制是工作流管理的一部分。为此，可以将对象分配给特定状态，并且可以控制从一个状态转移到其他状态的转变。

一般来说，状态描述了文档的当前编辑阶段(例如在进行中、修订版、批准版等)，而定义的转换决定了下一个转换的状态(例如，正在进行修改，但不是直接发布)。

工作流程由管理员定义，并取决于公司的具体要求。基于合理的工作流程机制，系统提供了灵活的功能用于自动或半自动分配信息，例如使用电子邮件等功能。

改变状态的操作如下。

(1)在结果列表，结构树或最近使用的列表中选择要修改的数据记录，或启用相应的信息窗口进行修改。

(2)打开弹出菜单，选择“状态更改”菜单项，或单击工具栏中相应的按钮

(3)点击相应按钮后将打开一个对话框，操作者可以在其中进行状态更改。此对话框包含“新建状态”字段，也可能包含其他字段。

(4)其他文本框和选项在状态变更对话框中也同样可用。

为确保操作者知道要修改哪个对象，状态更改对话框通常包含多个标识。

(1)状态/新状态。对象的当前状态将自动输入状态框中。新状态框中的条目可通过组合框进行组合。单列选项列表列出了对于所选对象所有可以从当前状态直接更改的允许状态。此处选择的新状态在按“状态更改”按钮后将作为对象的新状态进行应用。改变文档状态见图 2-3-6。

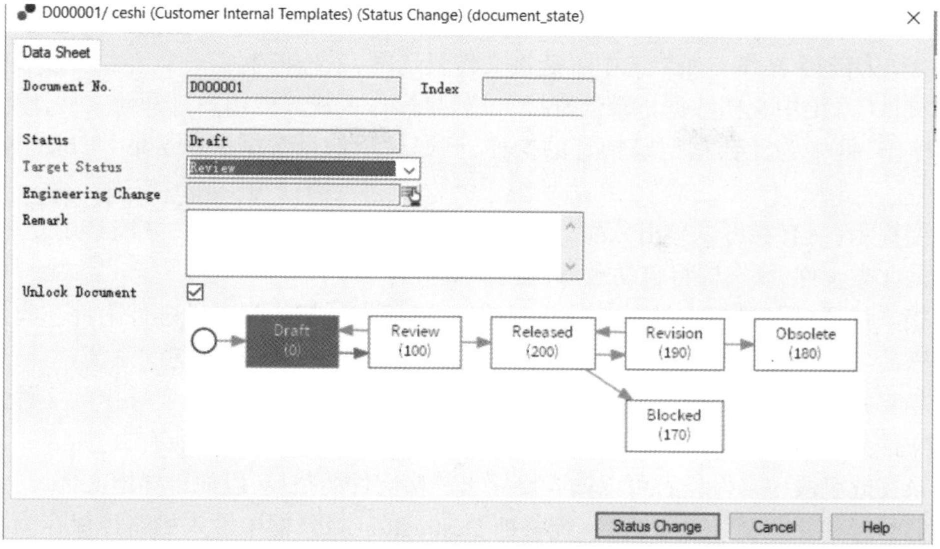

图 2-3-6 改变文档状态

(2)备注字段。此处允许操作者输入有关状态更改的其他信息。该条目通常转移到状态日志中,也可将状态更改信息通知给其他员工。

(3)分发。对于在目录中输入的或从目录中选择的接收人员或者以前已经配置好的人员,可通知这些员工状态发生更改。"分发"按钮用于调用"分发"对话框,该对话框也可以通过"分发"弹出菜单项打开。

按"状态更改"按钮执行状态更改操作,可能涉及以下问题。

(1)新状态在相关对象的状态框中输入。

(2)对象的访问权限可能会更改。

(3)信息可能会分发给其他员工,以通知他们状态变更。此对话框中指定的分配器用于此目的。

(4)可以在后台结合状态更改某些操作,例如使 CAD 文件自动生成归档格式。

如果没有此类问题,会自动完成分发功能。

注意:根据系统配置,状态更改区域中可能会提供不同的更改命令。可以询问配置系统的管理员这些命令的意义和使用方法。

八、导出

可以使用导出功能将链接文件导出到数据记录中。

(1)在结果列表、结构树中选择要修改的数据记录,或使用相应的信息窗口选择要修改的数据记录。

(2)打开弹出菜单,选择"导出"菜单项,或者直接单击工具栏上的导出按钮。

这些操作可以打开一个包含以下字段的对话框。

(1)标签。此为要导出的数据记录的名称。如果选择了多个数据记录进行导出,则显示第一个数据记录的名称,后跟"......","......"表示有多个数据记录。

(2)作为邮件。如果激活此复选框,计算机默认电子邮件程序将启动一个用于发送邮件的对话框,并且选择导出的文件作为电子邮件的附件。默认的电子邮件程序是在 Microsoft Internet Explorer 中的“程序”选项卡上的“工具”的“Internet 选项”下配置的。

(3)作为链接/操作。如果选中了链接文件复选框，系统将生成一个包含所选数据记录信息的文件(系统中文档数据记录的链接)。如果操作者或其他用户打开此文件，则会自动触发“操作”框中为此数据记录指定的操作，例如显示信息数据表或 Show Object 操作被激活。

重要提示：只有在可以导出分配给数据记录的文件(例如文档)时，才能禁用此复选框。如果不是此类文件，复选框将自动激活，无法更改。

链接文件通常与导出文件和邮件一起使用，链接文件被作为电子邮件附件。收件人可以通过激活电子邮件中的链接文件来访问该文档，前提是收件人可以访问系统。

如果将指定文件分配给专门对象，则可以在文件选项列表中选择要导出的文件。如果将所有文件分配给专门对象，单击此复选框将导出分配给指定对象的所有文件。

目录在此字段中。操作者可以输入要导出链接文件的路径，以便于导出文件。

存储目录如果激活该复选框，系统将把 Destination 目录框中输入的路径保存为操作者的个人默认导出目录，直到操作者更改该路径为止。

注意：如果 Windows 客户端启动时标准导出目录不可用，则使用“查看文件(视图)”的目录用作标准导出目录。

最后按“导出”按钮开始导出过程。

九、分发

“分发”功能允许操作者通过分发过程将数据记录的链接转发给其他人，通知他们有关文件状态的更改。默认情况下，分发功能通过电子邮件通知分发给列表中指定的人员。分发功能有以下两种不同的使用方式。

(1)通过管理员设置的工作流自动进行。这些分发列表由定义的工作流程触发，不会设置特定的分发对象。

(2)通过数据记录的分布式弹出菜单项操作，例如更改功能可以选择分发列表的状态。这些明确选择的分发列表可以选择特定的分发对象。

除了已经自动设置的其他分发列表之外，系统始终使用明确选择的分发列表。每次系统通过分发列表发送信息时，将创建分发日志，其中包含接收方的详细信息和分发所使用的设置。在发布信息之前，操作者应确定接收信息的人员，可以定义单个接收者或多个接收者。单个接收者在分发列表中确定分类设置。这些分类通常由管理员定义。

1.分发信息

(1)在结果列表、结构树或最近使用的列表中选择要修改的数据记录，或使用相应的信息窗口，也可以通过多次选择同时对多个数据记录使用该功能。

(2)打开弹出菜单，选择“分发”菜单项。

(3)打开用于选择接收对象或通信组列表的对话窗口。

2.“分发”对话框

可以在此对话框中输入附加信息，也可以直接发送信息，通常使用电子邮件进行发送。分发者、接收者列表可从选项列表中选择。可以通过配置功能预设通信组列表。发送邮件时此复选框已激活，指定的信息将通过电子邮件发送。

通过选择“分发者/所有分发者”功能指定其他分发者。如果操作者想指定其他通信组列表，可以在“所有分发者”列表中选择一个或多个选项，然后单击显示指向左侧的箭头的按钮。分发列表将被复制到“选择分发者”列表中，并在分发过程中使用。

如果操作者想从“选择分发者”列表中删除通信组列表，可以一次选择一个或多个选项，然后单击显示指向右侧的箭头的按钮。选择的分发列表将被删除。

选择的接收者列表提供了所选分发列表（包含电子邮件地址）的概述。

选择所需的通信组列表，然后单击“确定”按钮确认操作者的选择。分发过程将被记录在分发日志中。信息将发送给所选择的分发列表中列出的所有人员。有关数据记录更改状态的显示信息也可以通过分发列表发送给其他人员。

在“状态更改”对话框中，通过“分发服务器”框中的选项列表选择接收者或接收者列表。当确认状态更改时，该信息将被发送给分发列表中的接收者。“状态更改”对话框中的分发按钮用于调用分发对话框，以便选择通信组列表，并有接收方添加注释等功能的应用。

十、搜索和分配

在配置中定义的位置，关系结果列表有搜索和分配的功能。

数据记录的操作用图标标识。选择此功能后，将打开一个选项列表，其中可以选择要分配的对象。选择对象后，将它们分配给结果列表，就像使用拖放功能将它们放在结果列表中一样。因为分配的位置不同，可能会出现不同配置分配的对话框。

十一、将查询添加到收藏夹

“将查询添加到收藏夹”功能允许操作者在 Windows 客户端菜单树中的收藏夹窗口中存储文档或进行项目搜索。将搜索添加到收藏夹窗口的操作如下。

（1）进行搜索。显示符合搜索要求的结果列表。

（2）从结果列表的弹出菜单中选择“添加查询到收藏夹”菜单项，则会出现如图 2-3-7 所示的“添加查询到收藏夹”对话框。

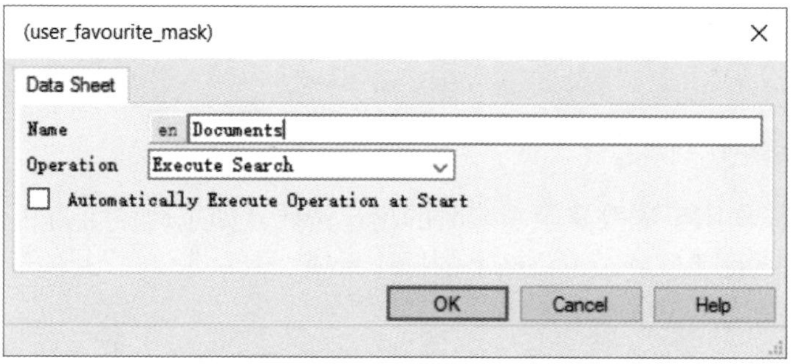

图 2-3-7　添加查询到收藏夹

（3）在“标签”框中，输入要在“收藏夹”窗口中显示的查询的名称。在“动作”框中，可以在下拉菜单中选择“搜索”，直接进行搜索。也可以打开“搜索”对话窗口，然后在可用于输入搜索内容的框中输入相应的内容。

如果要在 Windows 客户端启动时立即执行搜索，可以在开始启动时就执行操作。

（4）确认对话框。搜索查询记录将展示在“我的收藏夹”下的收藏夹窗口中。

提示：作为弹出菜单中功能的替代方法，操作者还可以通过鼠标拖放操作将搜索查询结果直接移动到"我的收藏夹"文件夹中。执行此操作后，将打开一个对话框，询问操作者是否希望将对象本身保存在"我的收藏夹"中，另一个选择是将搜索的节点从导航区域拉到收藏区域，也能完成保存功能。

十二、将对象添加到收藏夹

"将对象添加到收藏夹"功能允许操作者在 Windows 客户端的收藏夹窗口中存储特定对象（或数据记录），如文档或项目。将对象添加到"收藏夹"窗口的操作如下。

（1）进行搜索。显示含有所有对象的列表，在此列表中搜索。

（2）选择所需对象，打开弹出菜单，选择将对象添加到收藏夹菜单项，"添加对象到收藏夹"对话框出现，如图 2-3-8 所示。

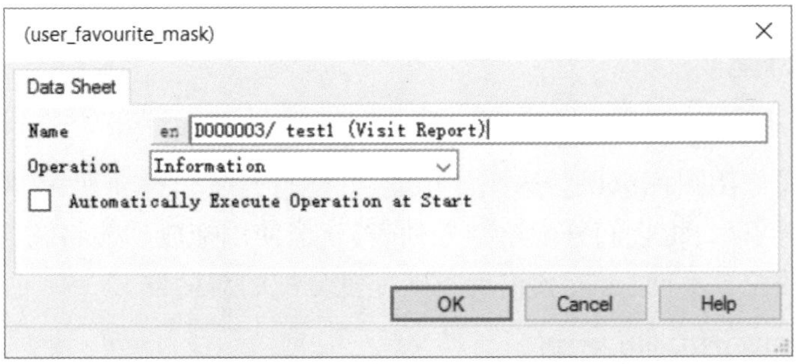

图 2-3-8　添加对象到收藏夹

（3）在"标签"框中，输入要在"收藏夹"窗口中显示的对象的名称。在"动作"下拉菜单中，选择收藏夹将显示的对话框（查看、编辑、信息等）。如果在 Windows 客户端启动时正确启动该操作，请选择在 CIM DATABASE 开始时执行该操作。

（4）确认对话框。此功能可在"收藏夹"窗口中使用。

提示：作为弹出菜单中收藏功能的替代按钮，结果列表中的对象可以通过拖动方式直接移动到"我的收藏夹"文件夹。拖放后将打开一个对话框，询问操作者是否希望将对象本身保存到收藏夹中。

十三、更改密码

"更改密码"操作用于更改登录系统时的用户密码。如果此命令为灰色，则系统已由管理员进行配置，以便管理员登录工作站上的操作系统。

（1）选择更多功能→更改密码操作。

（2）在带有相应标签的字段中输入新密码。操作者必须确认新密码。如果操作者的管理员定义了要使用的密码规则，通常会显示在界面的上部区域。

（3）使用更改后的密码重新输入。

操作者更改后的新密码对于下一次登录或另一次密码更改时有效。

第四章 项目管理

各项目是根据项目内容使用工作分解结构来管理的。在结构上，项目管理的主要对象是不同的任务。

在项目中，一个任务可以被分解成任意数量的平行子任务（工作分解结构）。开发一个项目的不同阶段流程就是例子。每个任务都必须分配一个责任人（作为个人或项目成员）。此责任人可以作为自动通知的收件人。

根据种类和领域分类，可以使项目任务以特定的方式得到管理。项目管理者可以直接获得关于所有工作任务的所有重要信息，比如关于调度、工作量记录、资源管理和其他项目相关投入的信息，以便为项目工作提供最佳的支持。项目管理默认的任务类型是单任务（某一单一任务的直接输入）和任务组（值从较低级别的任务聚合过来）。因此，某一单一任务的直接输入值可单独作为管理对象或被系统聚合为任务组。

任务也可以标记为里程碑。里程碑可以被认为是特别重要的事件。在项目管理中，这些事件通常是项目的子目标或中间目标。标记为里程碑的任务没有计划工作量（时间），无须进行成本管理，在资源管理中也无须考虑。

一、任务状态

系统使用彩色标记（彩色圆圈）表示任务的状态。这些标记方便操作者在结构视图或结果列表中快速识别哪些任务具有何种状态。任务是否可以被访问以及任务的可编辑性都是由任务的状态控制的。此外，当某项目处于允许编辑的状态时，该项目的子项目才能更改状态。对某任务的相关检查点进行评估后，才能将该任务更改为“已完成”状态。更改任务状态需要具有相应权限的人员来进行。

二、待完成任务通知

系统提供不同的方式通知项目团队成员完成修订、更改状态或执行其他任务。一种常用方式是通过电子邮件。另一种方式是将需要编辑的任务显示为项目团队成员待编辑的任务，从而直接让他们进行编辑。

一个任务是否对一个人可见，取决于任务状态和这个人的责任范围。一旦状态任务更改为“准备”或“执行”，任务负责人就可对该任务进行操作，在“任务”面板中可以直接访问数据表，进行任务概述和状态更改。任务负责人都可以借助该面板在复杂的工作环境中对任务进行准确管理。

创建和保存任务的常用方法如下。

（1）使用具有工作分解结构功能的项目的弹出式菜单。

（2）使用项目概述功能下的弹出式菜单。

（3）在项目数据记录中使用“任务”或“子任务”选项卡。

（4）使用任务管理器电子链接面板。

（5）使用“项目”菜单中的“任务”菜单项。

三、菜单访问

可以在导航区域“项目”→“任务”下的菜单项里搜索和编辑任务。可通过“搜索”功能找到目标任务，还可通过工作分解结构的弹出菜单调用任务。

当使用工作分解结构或项目概述“上下文命令”搜索、选择要编辑的项目并要对目标项目进行访问时，菜单中会出现在项目上下文对任务和任务结构进行编辑的过程中。工作分解结构弹出的窗口区域允许任务显示、修改和创建。

四、主要数据

可以使用主要数据页来创建、显示或编辑任务。主要数据页通常使用任务或者任务结构的弹出菜单中的“信息”或“修改…”功能打开。主要数据的显示分布在两个选项卡上，用于区分主要数据表上的核心数据（项目组成员主要访问）和“详细信息”选项卡中的附加细节（更改较少）。

1.主要数据页

（1）项目名称/编号。描述任务分配到的项目信息。在项目中创建新的清单时，将自动填充此字段。项目编号可用于选择项目。

（2）父任务关系。如果没有父任务，该字段保持为空。在创建新项目或任务时，父任务将自动预分配。

（3）任务名称。该任务的名称。

（4）位置编号。指定项目环境或上级任务中任务的排序。在创建任务时，使用任务编号对位置进行预分配。编号可以稍后更改。

（5）PSP 代码。PSP 项目结构计划代码是项目结构计划中任务的独特标签。

（6）责任人。负责任的人或角色。

（7）状态。当前任务的状态。该字段只能使用任务的状态更改弹出菜单项进行更改。项目可取以下状态之一：初始、准备、执行、废弃、完成、已完成。

（8）类别。从选项列表中选择的任务类别。可用的类别取决于相应的配置。

（9）里程碑。将任务定义为一个里程碑，使其成为特别重要的事件。里程碑不是任务组，它的计划工作量时间为 0（开始时间=完成时间）。它们不消耗任何资源，且不会影响系统的资源管理。

（10）与后续任务一致启动时间。该数据的设置会影响里程碑任务关系的计算。默认情况下，里程碑放在一天的结尾，但这可能导致下一个项目的里程碑与上一个任务完成在同一天的情况。可以在“与后续任务一致启动时间”设置栏中设置启动里程碑，以便在同一天设置里程碑的同时开始该里程碑后面的任务。

（11）部门。确定该项目归属于哪一个部门。在创建新任务时按照默认设置。

（12）成本计算。成本计算服务于任务。在创建新任务时，默认情况下将任务的成本计算设置为项目的成本计算。 然而，任务的成本计算也可能与项目的成本计算不同。

（13）完成百分比（%）。完成任务的百分比通过任务状态以及任务的子任务完成进度来计算，同时完成百分比通过子任务的计划工作量对不同子任务进行加权。也就是说，根据各个任务的计划工作量和状态，通过项目、任务组和单一任务的完成度计算完成百分比。

该值的初始值在任务“执行”状态之前为 0。只要单个任务进入“执行”状态，任务完成百分比即可进行手动输入（该值在 0 到 100 之间）。当任务状态更改为“完成”时，完成百分比自动设置为 100。

如果整体项目中某一任务的状态发生变化，系统将计算整个项目的完成百分比。

（14）总体评估。项目组成员可以在此栏中对任务状态进行主观评估，可以在选择列表中进行该项操作。

（15）评估原因。项目组成员可在此给出评估的理由，以文字文本的形式输入。

（16）以下几个模块。包含任务开始和结束日期、任务的时间支出以及相关信号灯的变化历史。

（17）描述。添加文字作为附加说明。

2.详细信息

（1）截止时间（开始/完成）。该部分包含任务的计划开始日期和计划结束日期。项目责任人可以设置自上而下的任务调度框架、指定的任务计划、实际计划和实际情况。某些字段无法由项目团队成员直接填写或编辑，而是由系统根据下属任务自动计算。

（2）自上而下。该字段表述上级任务的责任人指定的任务调度框架。

（3）计划值。这里的计划指的是负责人对总任务做出的任务分配计划。该值计划自上而下应用于子任务。

（4）实际值。这些字段显示子任务或项目任务的实际开始时间和项目任务的最后完成时间，任务状态更改后，该值由系统自动更新。

①在第一次状态更改后，实际开始设置为执行，并且不会被重写。状态更改也不会恢复为“准备”。实际结束设置为在状态更改期间完成。在状态更改回“执行”期间，该字段被重置。

②在状态更改为“初始”期间，实际开始和实际结束两个字段都将被重置。

（5）自下而上。这些字段包含从下属任务的相关目标字段聚合的值，因此可以与此处找到的目标值进行比较来作为检查操作。

（6）使用自下而上的汇总值作为计划值。在某些情况下，较低级别的更改可以自动应用到更高一级。例如，如果同一个人对两个编辑级别负责，当选中此复选框时，自下而上的数值将自动应用在目标字段中，以使较低级别的更改自动向上移动。

（7）结束固定。该复选框标记了一个不能改变的、计划的任务的完成日期，阻止它被延迟的前导任务移动，并防止所有子任务被延后安排。

（8）自动计算。如果设置此复选框，则将根据约束类型和约束时间以及关联的前导任务自动计算任务的目标值。计算基于网络计划技术进行。

（9）约束类型。通过设置约束类型，可以设置边界条件，然后通过自动计算算法计算边界条件。大多数约束类型还需要同时使用约束日期与约束类型。

3.现场范围：工作量（小时）

以下模块包含任务工作量的计划数据。责任人可以区分上级（自上而下）的框架值，指定任务值（计划）、实际计划值（自下而上）和实际值（实际）。某些字段无法由项目团队成员直接填写或编辑，而由系统根据下属任务自动计算。

（1）自上而下。以小时为单位的可用工作量是此任务的框架规范。

（2）计划。责任方定义的计划工作量。

（3）需求。应用于当前任务的所有资源需求的汇总值，包括所有子任务。

(4)分配。对当前任务(包括所有子任务)进行的所有资源分配的汇总值。

(5)实际。按照记录的单独任务工作量汇总总体工作量。

(6)自下而上。这些字段包含从下属任务的相关目标字段聚合的值,因此可以与此处找到的目标值进行比较来作为检查。

(7)使用自下而上的汇总值作为计划值。在某些情况下,较低级别的更改可以自动应用到更高一级。例如,如果同一个人对两个编辑级别负责,如果选中此复选框,自下而上的数值将自动应用在目标字段中,以使较低级别的更改自动向上移动。

4.信号灯

所谓的信号灯表示任务和工作的计划日期,这反映了项目的规划状态,因此可以快速概述项目完成情况。仅当任务设置了计划值时,指示灯才会被使用。

(1)红灯表示指定的计划值违反上述自上而下的规则。

(2)黄灯表示自下而上的值违反了设置的计划值。

(3)绿灯表示自下而上的值符合计划值。

五、功能与关系

1.通过模板创建对象

弹出菜单中的模板操作页面中的新建功能允许操作者创建任务,也可以基于系统中的任务模板创建新任务。创建任务的步骤如下。

(1)选中某一项目打开弹出菜单,选择模板操作,从模板操作页面中调用新建命令。

(2)选择所需任务所在的项目。

(3)在显示的项目结构树中选择该任务包含的子任务。

(4)如有必要,将任务开始日期移至所需的开始日期。 基于模板创建时,将创建模板内容的副本。其与复制的差异在于,复制不会出现创建页面,因此大多数数据只能通过后续操作进行调整。但是,开始和结束日期例外,因为调整日期值的操作页面也会在模板创建任务产生新的日期值之后自动运行。此步骤仅在创建任务后进行,取消日期移动的话不会取消创建任务。

2.任务弹出菜单

如果任务在结果列表中显示为可编辑,则可以使用弹出菜单对这些任务进行编辑。这需要操作者选中任务,然后单击右键以打开相关的弹出菜单。它包含通用功能(在“标准功能”一章中说明)以及用于调用任务与其他技术对象的关系的特殊功能和命令。弹出菜单(PCS)的图标及其含义如下。

显示弹出菜单中包含的通用功能。

显示与其他数据存在哪些关系。

以数据表的形式显示与其他数据的详细关系。

(1)报告。基于任务选项卡,创建在项目进行中产生的日志报告(形式为 Excel 表格或与任务选项卡中的配置选项相对应)。

(2)时间计划。显示项目的时间计划安排。

(3)移动任务的开始日期。将任务(包括该任务下的所有子任务)的开始日期移动到新的指定开始日期。

（4）重新计算位置编号。取消所选中任务的位置编号并重新手动输入。

（5）任务概览。将任务内容显示为结构化任务概述。任务概述是任务编辑的特殊显示，允许更方便地访问内容。

（6）责任人。显示所选任务的责任人。

（7）创建子任务。为选中任务创建子任务。

（8）从模板创建清单。利用模板建立一系列任务，创建任务清单。

（9）任务组。提供编辑任务组的一系列标准功能。多个任务可集成在一个任务组中，与子任务功能相反。作为任务组，可以从子任务了解到其所属的任务组，例如任务组可以在子任务弹出菜单中的任务概述中显示。

（10）项目。任务分配到的项目的功能选项。如果任务分配给项目，则可以在项目中运行提供的弹出菜单功能选择该任务。

（11）将任务添加到时间表。该功能可以将任务添加到时间表中。调用该功能后，会出现一个对话框，操作者可以选择一个时间表来添加任务。

3.任务数据表上的选项卡

除了任务数据表中的任务描述信息之外，还可以使用窗口中的选项卡直接访问与任务相关的技术对象。

（1）修改信息。显示任务的创建信息和历史信息修改记录。换一种说法，任务创建者创建任务，最后修改者更新任务信息，这些信息由系统进行管理。

（2）活动状态。显示任务是否处于可编辑状态。

（3）子任务。显示所选任务包含的子任务。使用新建命令中创建子任务的选项可以查看该任务的子任务列表。

（4）检查清单。查看该任务的数据清单。

（5）状态日志。显示状态日志中的数据。状态更改记录均在状态日志中，状态日志用作编辑过程的文档。

（6）文件和文件模板。查看任务包含的文件及其模板。

（7）资源需求和资源分配。查看所选任务所设置的资源需求量以及已分配给任务的资源量。

（8）计划工作量。任务保留的额外工作时间由计划工作量表示。操作者可以选择使用上下文命令“新建”或“保存”，保留额外的工作时间。

（9）行动。查看为此任务创建的行动。

（10）前置任务和后置任务。显示该任务的前置任务和后置任务。

（11）活动问题。访问为此任务创建的活动问题。

4.编辑工作分解结构

可以使用项目的弹出菜单中的选项访问工作分解结构。可在上部窗口区域选择指定项目，在概览窗口的下部区域选择该项目的子任务。此设置将使该项目中的所有子任务都显示在下部区域列表中。通过选择“新建”→“弹出菜单”选项可以在下部结果列表中创建新任务。由于在上部窗口区域中选择了项目，所以使用此设置创建的任务为不包含父任务的顶级任务。这意味着新任务创建掩码的“父任务”属性保持为空。为了创建子任务，必须首先在上部窗口区域中选择要创建子任务的任务。在概览窗口的下部区域选择子任务选项，然后显示所选任务的子任务。 选择“新建”→“弹出菜单”选项将显示创建新任务对话框，包括项目编号和任务编号或项目名称和父任务字段,然后开始输入相应的值。填写所有以红色标记的必填字段后,可以通过按“新建”按钮创建任务。任务及其子任务可以稍后在工作分解结构中调整附属关系。这是通过更改数据表中的父任务或位置字段或任务的详细信息选项卡来实现的。

第五章　项目团队和项目角色

在数据库中，加入某个项目的成员都会被链接到该项目的项目团队中。在每个项目里，每位成员都有自己特定的角色（比如项目经理等），因此都会有相应的资料访问权限。项目团队组建和角色分配的相关操作，只能由相关项目的经理或拥有管理权限的管理员进行。

对于每个项目来说，项目的成员树展示了这个项目的团队成员与其对应的角色。角色分配是针对成员个人进行的。

一、项目的访问权限管理

访问权限的管理基于访问控制域。在这个域名里，特定的对象（如项目文件）被赋予特定的权限。比如，访问控制域中的命令（“projects：all”）给予项目负责人所有的访问权限，而其他项目成员则只有部分权限，如“只读”权限等。由于每个项目团队都由各种角色组成，并且访问权限被动态地分配到每个角色身上，所以这样的项目管理系统具有很高的灵活性。项目文件的访问等也可以通过访问控制域来实现。一个拥有访问控制域专项权限结构的项目可以防止内部资料泄露，只有项目成员才可以访问项目相关文件。

二、项目团队组建

一个项目团队的组建可以通过多种方式实现。

（1）在项目概览界面中，右键单击“团队”→“新建”命令，如图 2-5-1 所示。

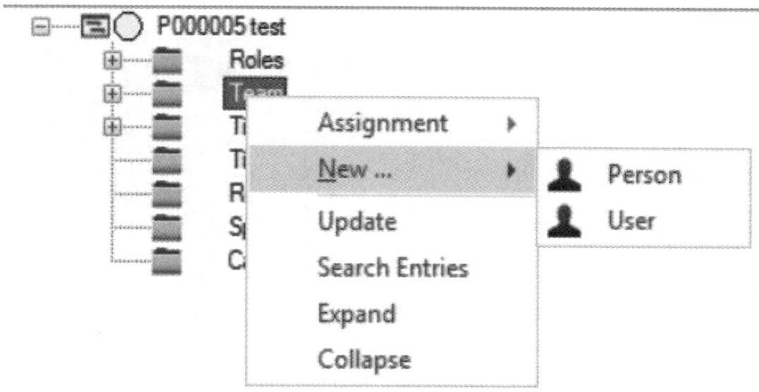

图 2-5-1　项目团队的组建方式一

（2）在项目概览界面下方的下拉菜单栏中选择“团队”，在空白处单击右键，选择“新建”，如图 2-5-2 所示。

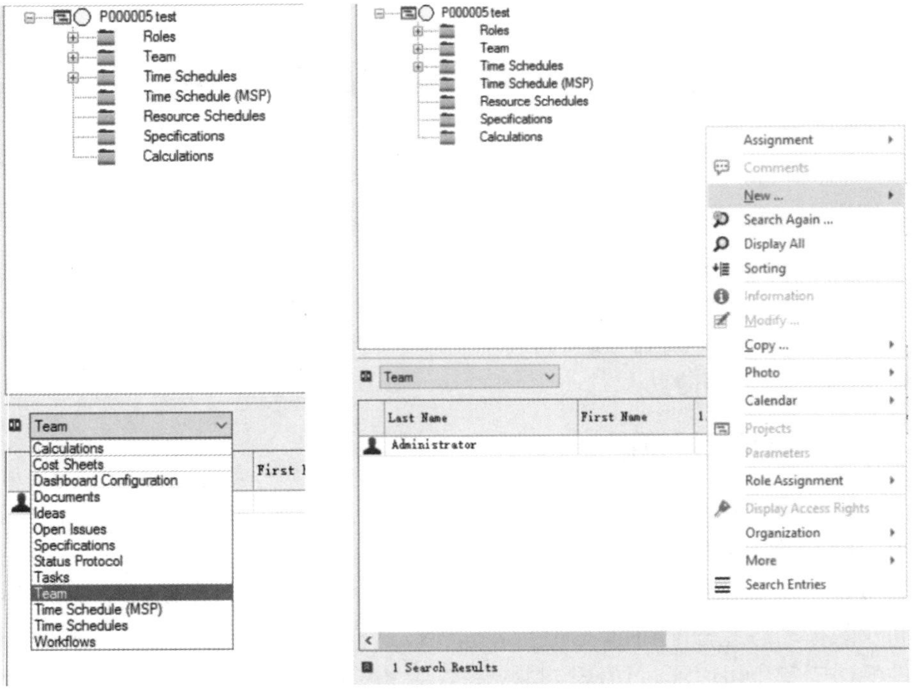

图 2-5-2　项目团队的组建方式二

(3)在人员的搜索结果列表中,将指定人员用鼠标直接拖入项目概览界面中的团队目录里,如图 2-5-3 所示。

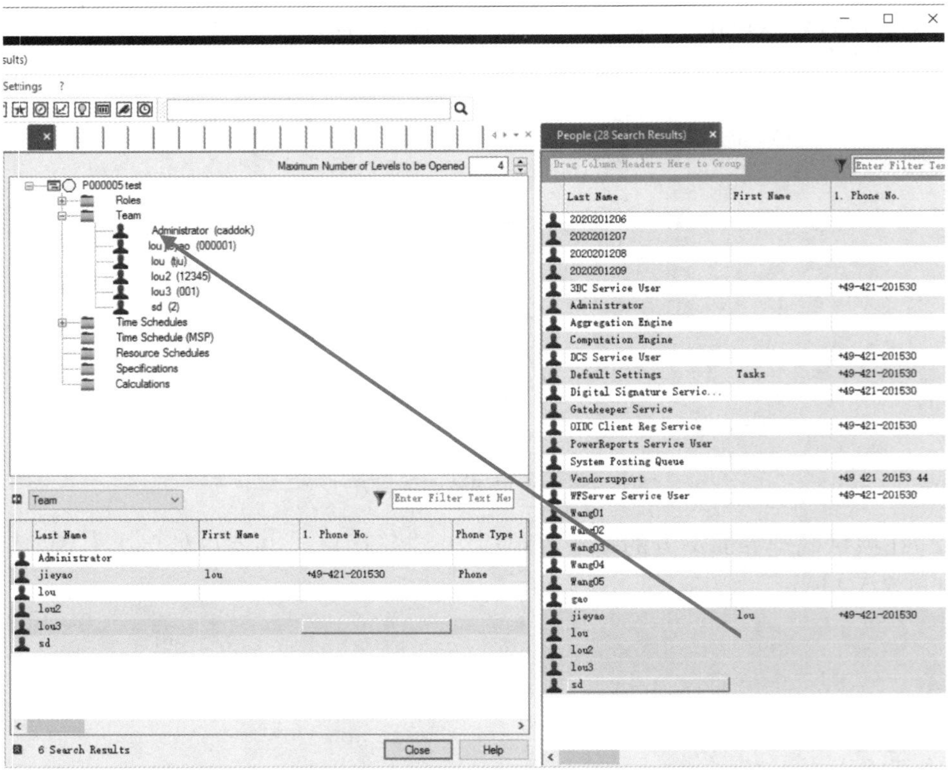

图 2-5-3　项目团队的组建方式三

通过弹出的菜单选项可以将员工添加到项目团队或移出项目团队。如果项目信息栏是通过“信息”选项打开的，那么团队成员可以通过“新建项目成员”的弹出窗口或直接拉拽的方式将成员加入名单中，如图 2-5-4 所示。直接拉拽的方法在同时选择并指派多个员工时非常有效率。

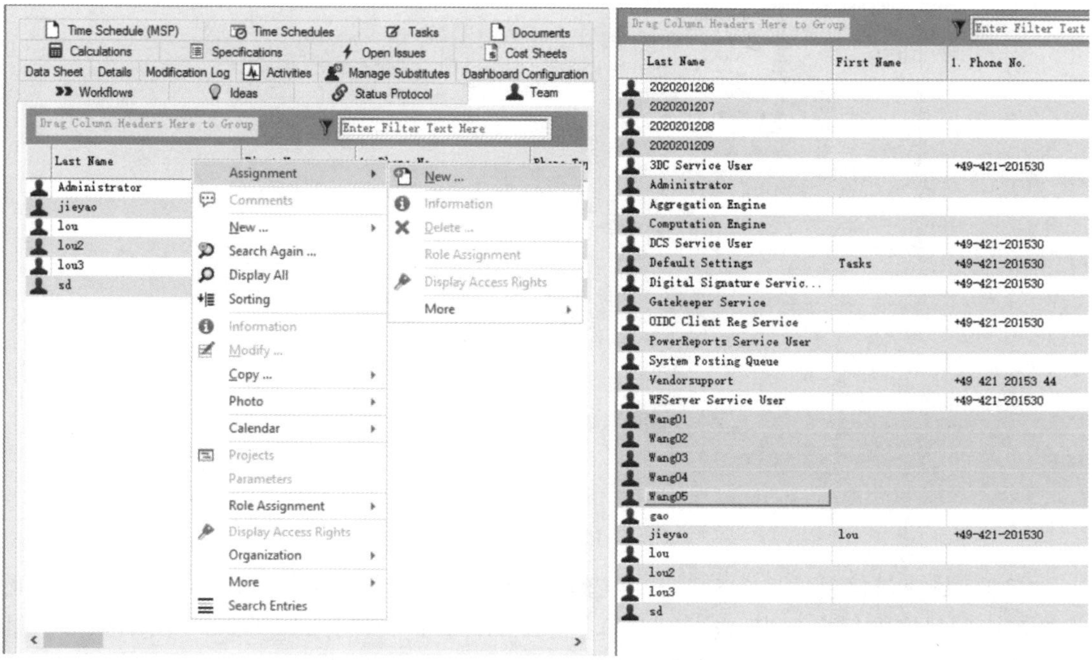

图 2-5-4　从项目信息窗口组建项目团队

每位项目团队中的成员会自动得到一个项目角色，同时也会获得该项目的最低访问权限。相反地，每个分配到项目角色的人也会自动加入项目团队中。那些在项目后期计划中分配到任务以及涉及资源和要求配置的人，同样也会被自动添加进项目团队中。

三、项目概览中与管理项目团队相关的条目

项目概览中与管理项目团队相关的条目有“角色”和“团队”，接下来进行详细介绍。

（1）新建项目成员。指派一个员工进入项目团队。通过“分配”→“新建”命令进行操作，如图 2-5-5 所示。“团队成员”栏必须通过目录选择人员来填写。每位员工只能被指派到同一项目中一次。

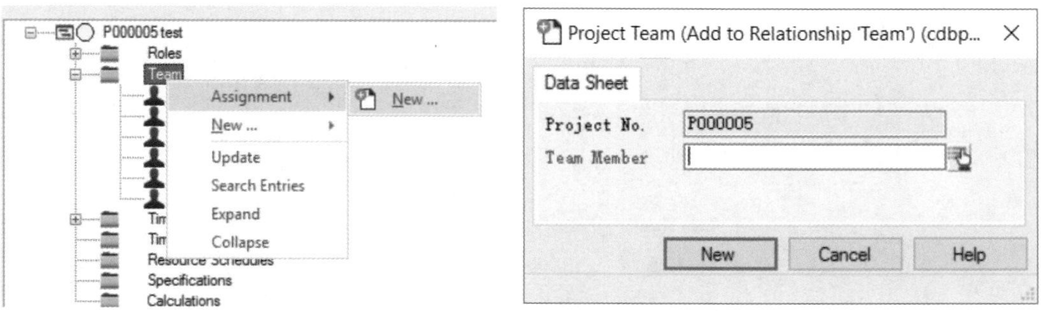

图 2-5-5　新建项目成员

（2）删除项目成员。选中项目成员后单击鼠标右键，进行“分配”→“删除”操作，如图 2-5-6 所示，所有被选中的人都会被移出项目团队。如果没有人被选中，这个指令就会失效。

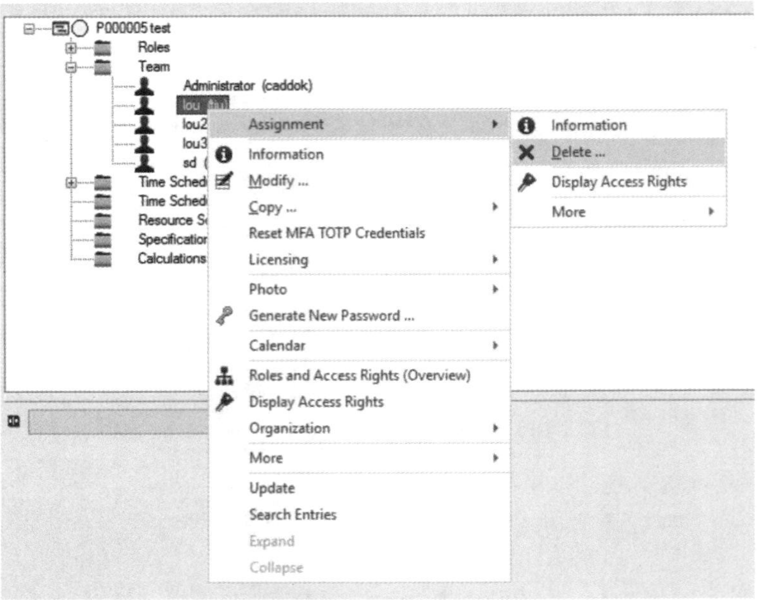

图 2-5-6　删除项目成员

（3）项目成员信息。单击鼠标右键选中成员，进行“分配”→“信息”操作，则会弹出该成员在该项目中的信息列表，也可以对角色分配的标签进行操作，如图 2-5-7 所示。每个团队成员的条目都通过超链接的形式直接与个人信息记录链接起来。双击想要了解的成员，则会弹出成员的个人详细信息。如果没有人被选中，这个指令就会失效。

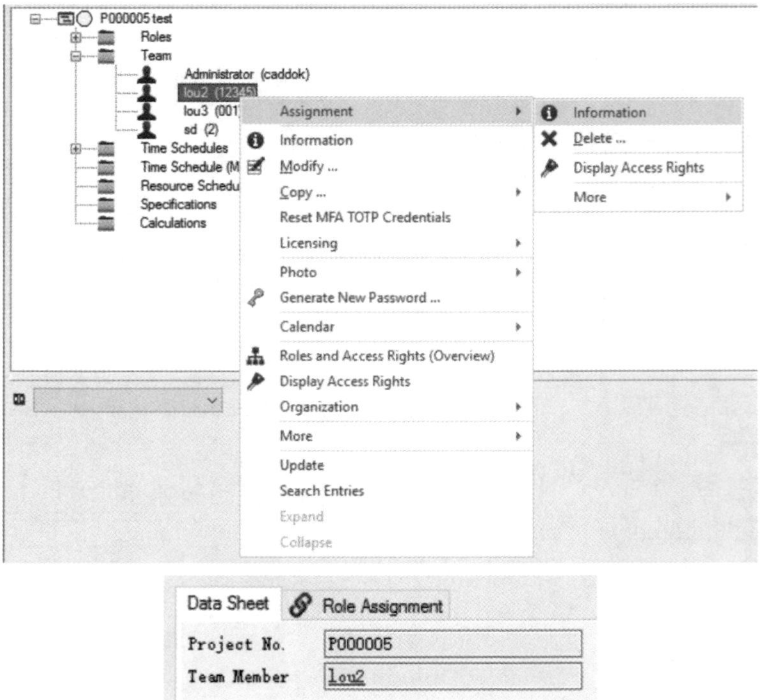

图 2-5-7　打开项目成员信息窗口（组图）

通过项目概览目录中的“角色”命令可以为员工分配特定的项目角色。其他的弹出菜单选项主要提供与人员信息管理相关的操作。

四、通过拉拽组建一个项目团队

用拉拽的方式组建项目团队是最简单的，如图 2-5-8 所示。为了实现这个操作，必须先搜索要添加人员的项目，通过“信息”选项打开项目信息栏，然后选中“团队”标签，同时分页打开人员搜索列表。这样，就可以通过拉拽从人员列表中添加成员进入项目中。选中多个成员拉拽可以一次性添加多位成员。同样，也可以通过将人员从人员列表中拖入项目概览界面的“团队”目录中来达到相同的效果。

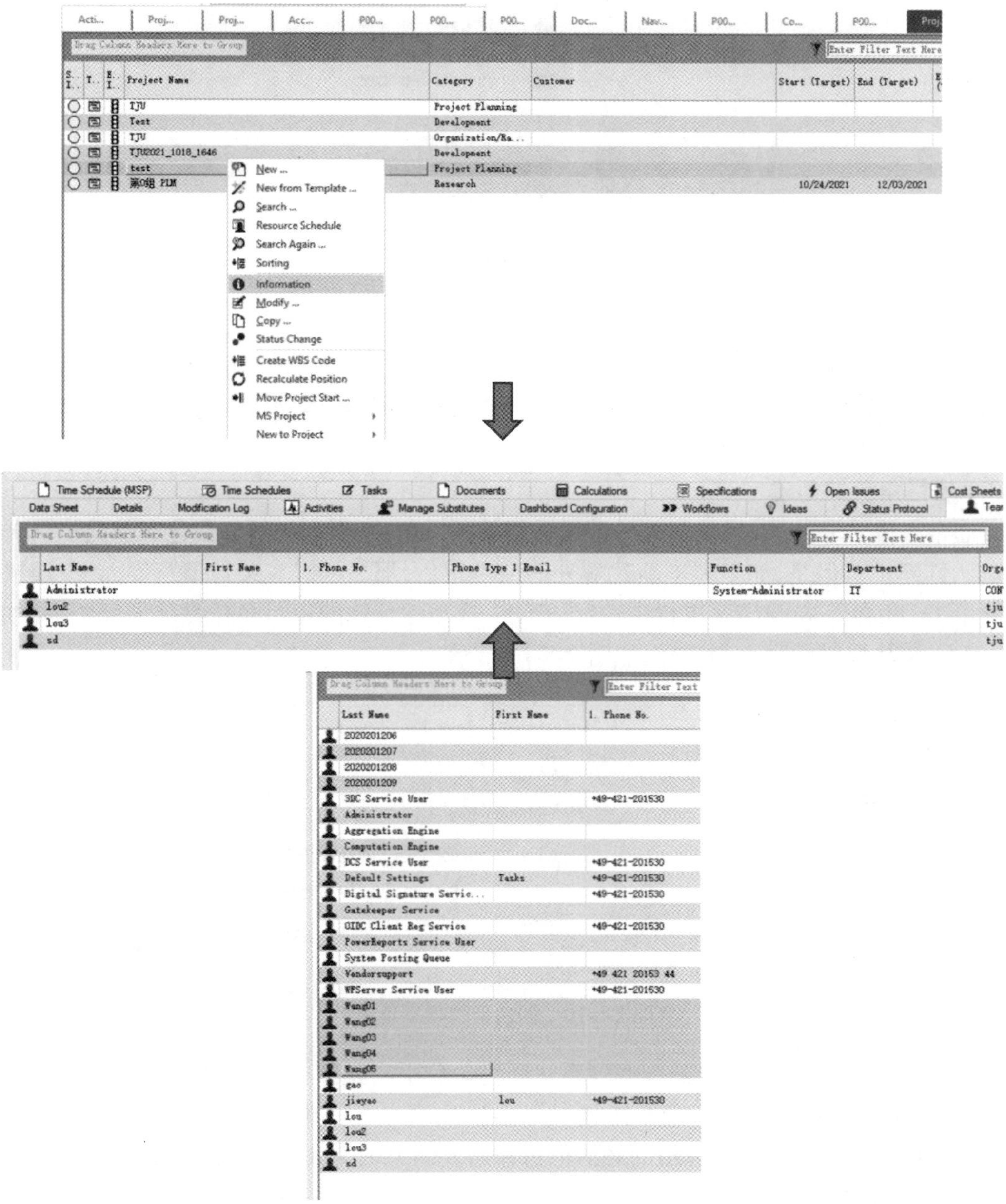

图 2-5-8　通过拉拽组建一个项目团队

五、项目角色

参与项目的人员通常在项目中承担某个角色，比如项目经理或项目经理助手。项目经理和项目成员的角色在项目新建时就存在了，如图 2-5-9 所示。根据每个人承担的不同角色，每位成员都会得到与自己相关的不同项目数据或技术对象的访问权限，比如可以访问特定的技术对象，如相关文献和零件。每个加入项目团队的人会被自动分配项目成员角色并获得基本的访问权限。分配到执行资源或资金分配任务的成员会作为项目成员自动归入项目团队中。

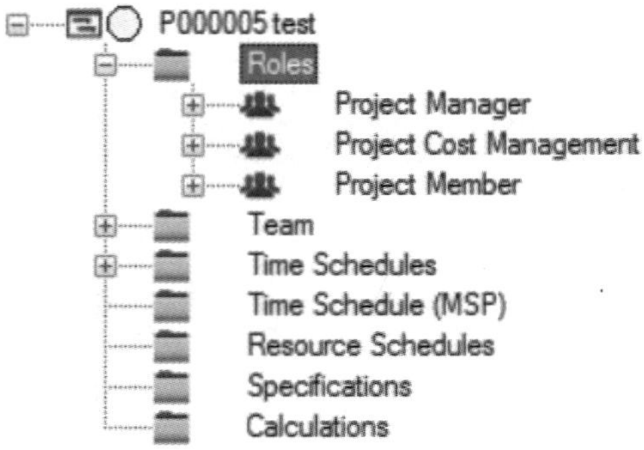

图 2-5-9　项目下默认的角色目录

注释：使用项目特定的访问许可取决于系统相应的配置。项目角色也可以单独用于提供信息，而不影响项目团队成员的访问权限。如果有需要，可咨询负责通过分配角色来分配访问权限的系统管理员。

1.项目角色的创建

通常来说，不要求项目负责人另外设置新的项目角色，因为大部分角色在新建项目时已经默认创建了。但是，如果要求新建额外的项目角色，那么可以在项目概览界面下，用鼠标右键单击"角色"，在弹出菜单栏中选择"新建"选项。新建的项目角色是软件库中提供的，这一栏必须从提供的列表中选择，如图 2-5-10 所示。

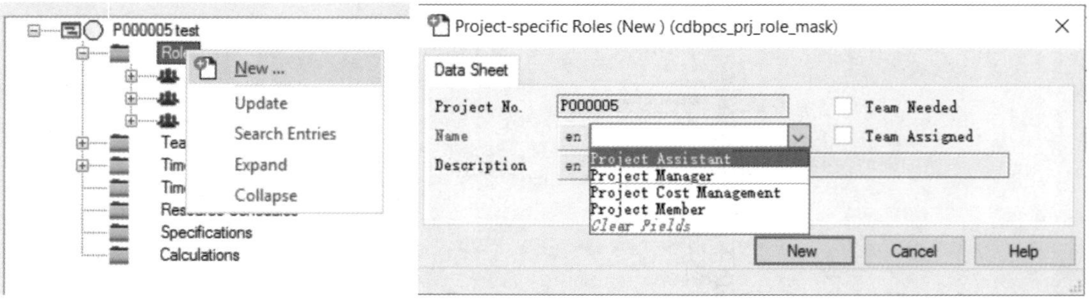

图 2-5-10　创建新的项目角色

如前所述，项目成员可以被指派到新建项目角色中。具体过程是：用鼠标右键单击分配的角色，弹出菜单栏，选择"角色分配概览"，在弹出窗口下方单击鼠标右键，在弹出菜单中选择"分配"→"新建"，再从弹出的对话框选择需要的人员，如图 2-5-11 所示。

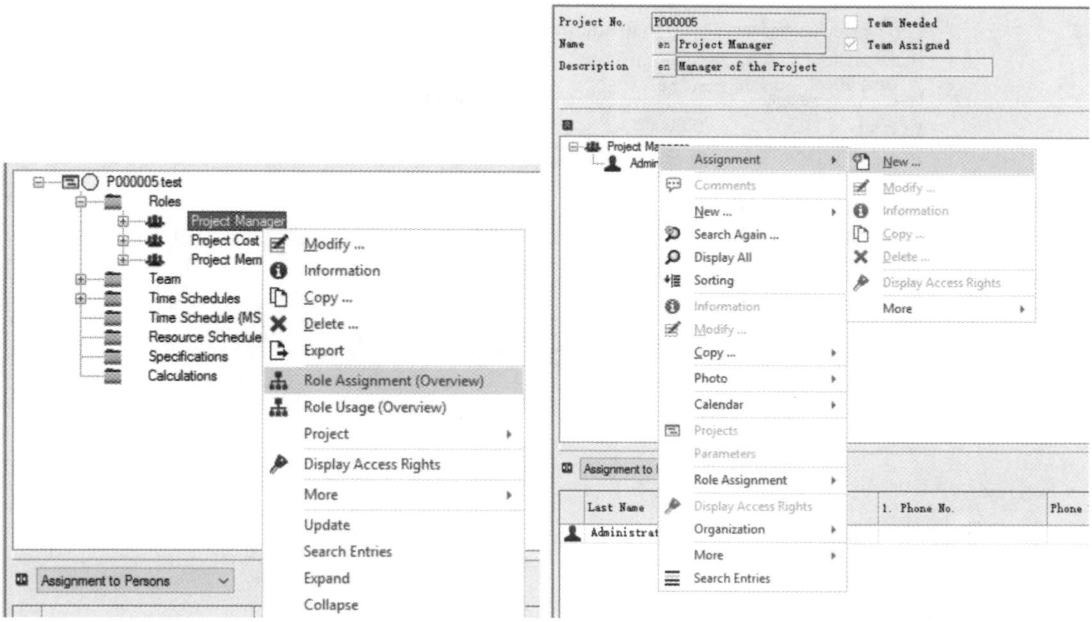

图 2-5-11　分配项目角色给人员(组图)

2.项目角色分配

项目角色的分配有多种可选方式,具体可打开下拉菜单查看,如图 2-5-12 所示。

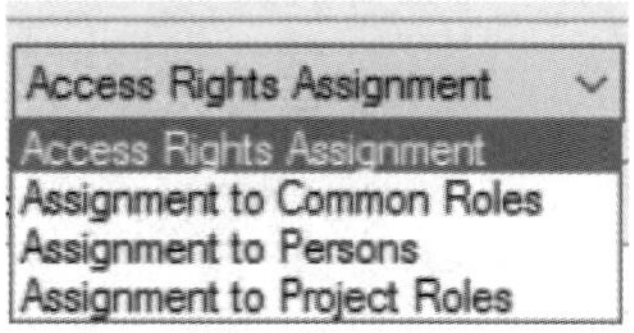

图 2-5-12　角色分配的方式

按照之前说明的角色分配的新建方式,在菜单中选择不同的方式可以得到不同的对话框,下列角色分配方式需要注意区分。

1)分配给人员

这是最常见的人员被分配到某个角色的情况。此处介绍了怎样给项目团队成员分配项目角色,假设一个项目团队和项目角色已经建好了。

"项目编号"和"角色"。表示特定项目的特定角色被分配,这两栏有预设值。

"人员"。如果没有预分配,会出现一个目录用于选择成员。目录提供了属于项目团队的所有成员。非项目成员不能在该项目中承担角色。这一栏有预设值,如图 2-5-13 所示。

如果在"项目概览"窗口中间选中了项目,那么下方窗口的"团队"标签就可以被选中。在下方的窗口中,显示的是所有属于项目团队的人员。现在,项目团队人员可以通过拉拽放至待分配的角色上。也可同时选择多名成员,将其一起指派至同一角色。

每次角色被分配后,分配给人员的板块就会显示。当使用拉拽动作分配角色时,就不需要填写任何成员信息,因为该人员的个人信息已经导入项目中了。项目角色分配给人员的过程见图 2-5-14 所示。

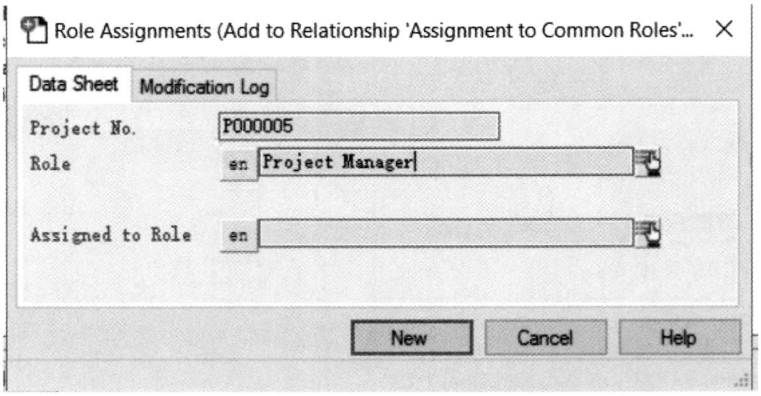

图 2-5-13 “分配给人员”新建对话框

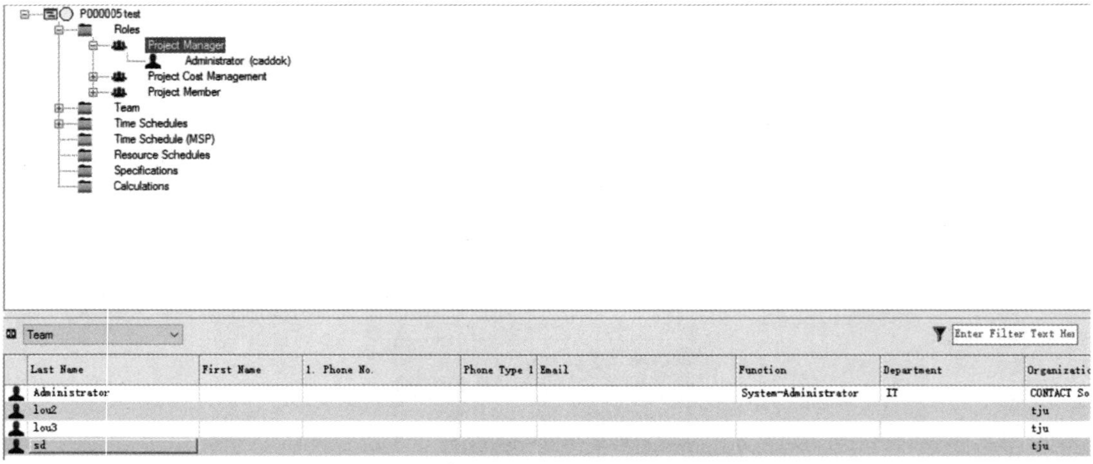

图 2-5-14 项目角色分配给人员的过程

2)分配给通用角色

项目中的角色也可以被分配给通用角色,而不是分配给普通个人。通用角色不仅仅适用于某个项目背景,更适用于一般的情况。通用角色(如总经理)是由系统管理员设置的。举例来说,如果操作者想让所有常务董事在某个项目中担任项目经理,那么项目中的项目经理角色就可以被分配到常务董事这个通用角色上,如图 2-5-15 所示。

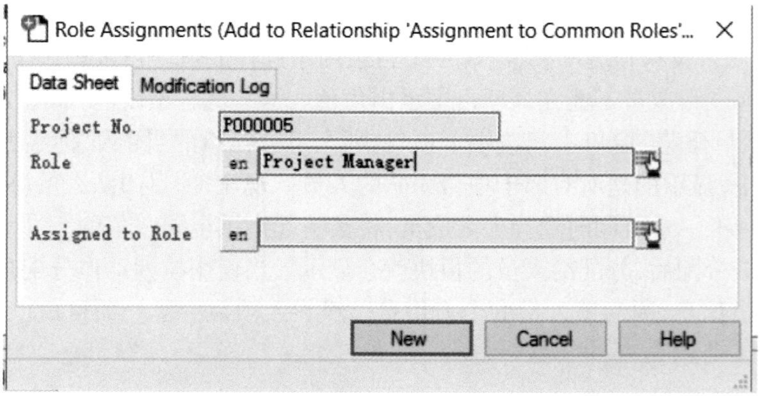

图 2-5-15 “分配给通用角色”的新建对话框

“项目编号”和“角色”。这两栏有预设值。

“角色分配给”栏。选择上述提及的通用角色填入本栏。该栏提供了可选择的通用角色目录。

使用“角色分配概览”窗口下方的“分配角色给通用角色”选项可以将项目中的角色分配给通用角色。将被指派的角色会显示在上方的窗口中,并且需要选中下方窗口中“分配给通用角色”的标签。通过下方的窗口右键弹出菜单选项的“分配角色新建”选项卡,可以打开分配通用角色的窗口。另外,在下方的窗口中,选择已有的通用角色右键弹出的菜单选项,可以编辑已有的角色分配。此过程如图 2-5-16 所示。

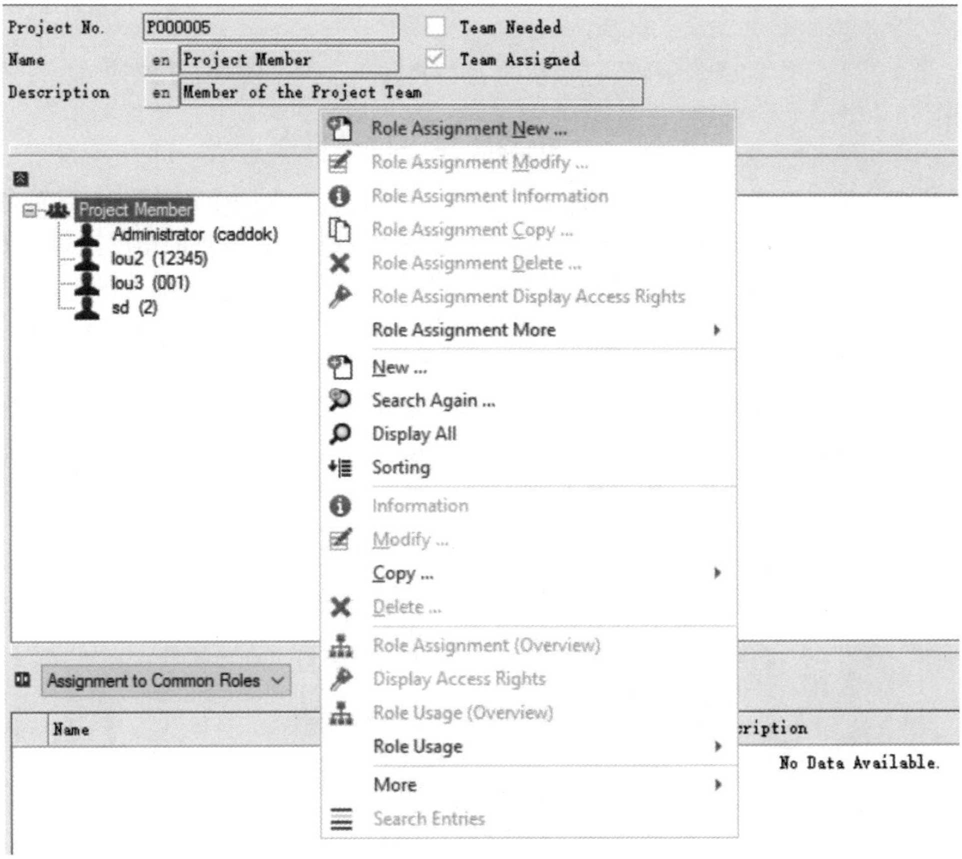

图 2-5-16 项目角色分配给通用角色的过程

应用实例

下面以需要将特定项目的项目经理角色分配给总经理为例进行说明。假设保罗·科德斯是总经理,经过前面的操作后,他也承担特定项目的项目经理角色。当然,也可以直接指派保罗·科德斯为该项目的项目经理。但是,这样的缺点是,当其他人成为总经理时,所有与总经理相关的特定项目的项目经理都需要修改。使用通用角色的“总经理角色”则提供了自动确定各项目的项目经理的优势。

注释:将项目分配到通用角色,项目角色可能潜在地被不属于项目团队的人取代。因此,这些人将不能从项目团队的列表中查到。

3)分配项目角色

此方式将某项目角色分配给承担其他项目的角色的人员,如图 2-5-17 所示。

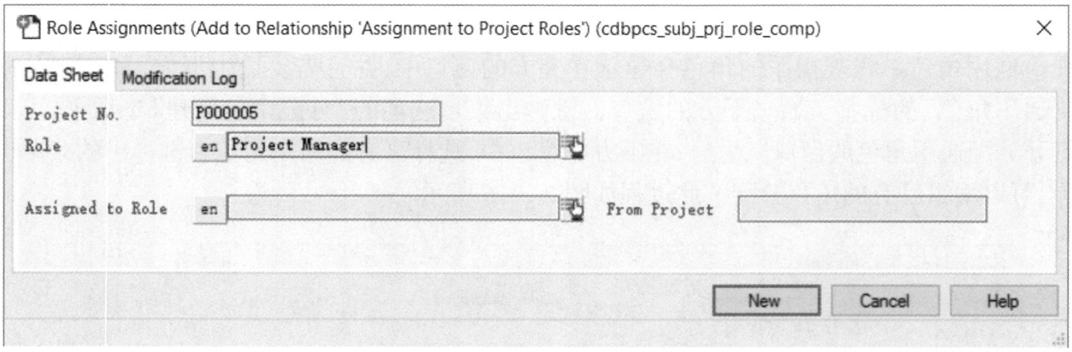

图 2-5-17 “分配项目角色”的新建对话框

如果多个项目存在于同一个逻辑环境中,比如项目已经包含一个子项目时,这种分配方式是很有用的。父项目的项目经理也可以潜在地承担子项目项目经理的角色。如果父项目改变了,相应的子项目的项目经理角色也会自动改变。

这种分配方式是通过“角色分配概览”界面下方选择分配项目角色的标签实现的。用鼠标右键单击下方的窗口,然后在弹出菜单中选择“分配角色新建”,以此来打开分配项目角色的窗口。已经存在的角色分配可以通过单击右键后弹出的菜单中的操作选项修改。

通过分配项目角色,项目角色可以潜在地被非项目成员承担。因此,这些人将不能从项目团队的列表中查到。角色分配给其他项目的角色的过程如图 2-5-18 所示。

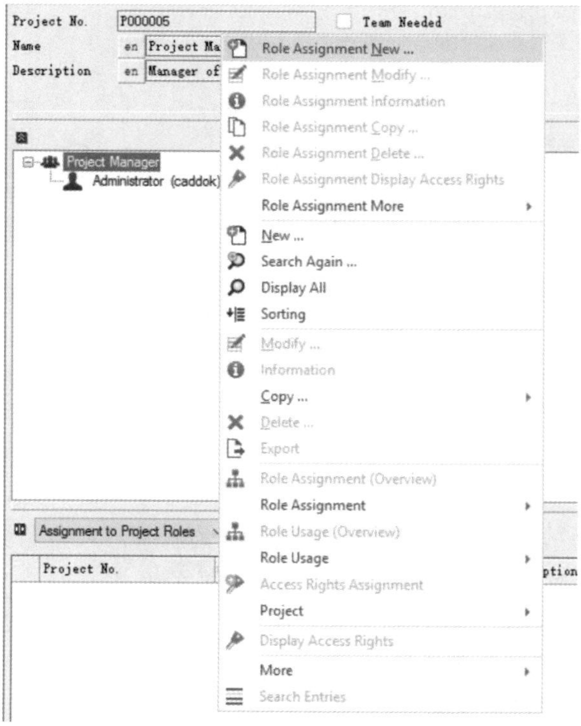

图 2-5-18 角色分配给其他项目的角色的过程

后面两种情况通常都是用在特殊场合的。软件界面上有多种角色分配方式的选项。建议对于不同项目,使用“角色分配概览”弹出窗口来分配角色。

4)在项目中查找角色

除了标准的查找操作,本系统也提供了选项来搜索基于项目角色分配的项目。这个搜索选项能帮操作者搜寻到任何项目角色和承担该角色的负责人。在搜索中,深入的角色层次会被考虑进去,这包括跨领域分配通用角色或跨项目角色分配。该机制也可以用于任意组织环境。在项目中查找角色的操作如图 2-5-19 所示。

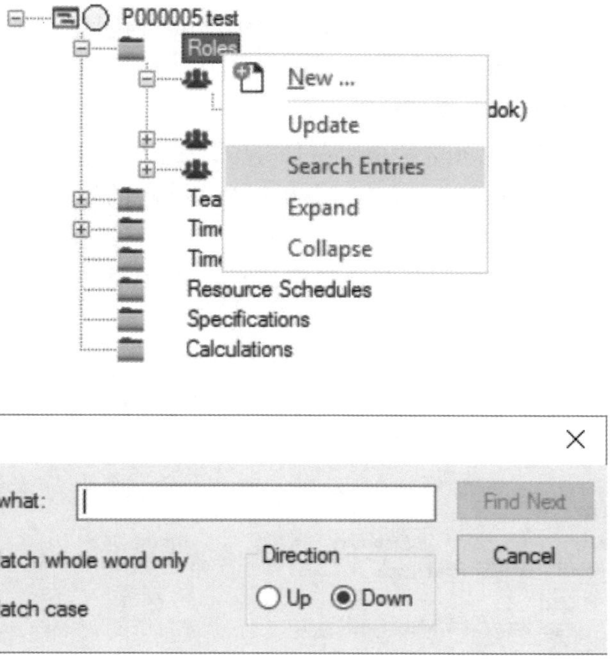

图 2-5-19　在项目中查找角色的操作(组图)

第六章　时间计划

本系统为项目提供时间计划。项目中的日程和里程碑计划以甘特图的形式展现出来。对一个项目来说，甘特图是一个理想的用于集中交流、计划和控制的工具。它体现了工作包之间的逻辑关系、处理时间和其他细节（如相互依赖关系）。结合其他工作信息和技术对象被当作 PDM/PLM 的任务处理的过程，甘特图的作用就很明显。在项目中安排时间计划和里程碑时可能出现的问题如下。

（1）什么时候这些任务和里程碑必须完成？

（2）下一阶段开始前，必须先完成哪些任务？（为了确定工作包之间的逻辑关系）

（3）完成任务预计耗时多久？（为了分析每个工作包的处理时长，确定执行人员的工作负荷等级）

（4）时间计划是否可行？是不是要考虑其他固定的期限？（为了直接在系统中进行微调和返工）

计划表中列出了选中项目的所有任务，并在甘特图上以时间为轴展示出来。该条状图可以交互式地进行编辑，与操作者熟悉的其他微软产品的修改方式相似。甘特图的样例如图 2-6-1 所示。

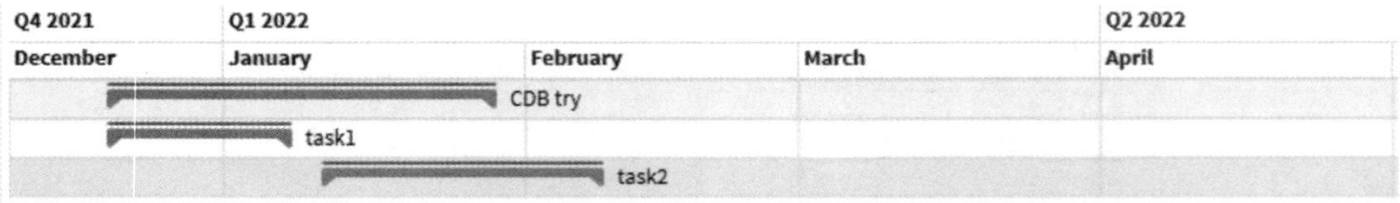

图 2-6-1　甘特图的样例

一、计划表

计划表的主要功能是在项目任务创建完后，给项目成员提供具体的时间安排。为此，计划表以甘特图为基础，清晰地展示了项目结构概况，并且该计划表让任务之间的依赖关系可视化，使项目成员能快速浏览项目的工作流程。

1.创建一个时间计划表

如果时间计划表不在项目中或者操作者需要额外的计划表，操作者可以在项目概览里新建一个时间计划表。为此，操作者需要用鼠标右键单击时间计划的条目并选择“新建……”。在跳出的对话框中输入新时间计划表的名字，并指定主项目。通过主项目，该计划表会得到项目的相关权限，比如说，只要它处于有效状态，那么所有项目成员就可以查看它。确认完对话框的内容后，该时间计划表就会出现在项目概览的目录中。

在时间计划表中以图形的方式显示的计划表数据与任务数据表中同名称的数据相同。计划表可通过以下方式建立。

（1）在项目概况的目录下，选择“时间计划”单击鼠标右键，在弹出菜单中选择“新建”，如图 2-6-2 所示。

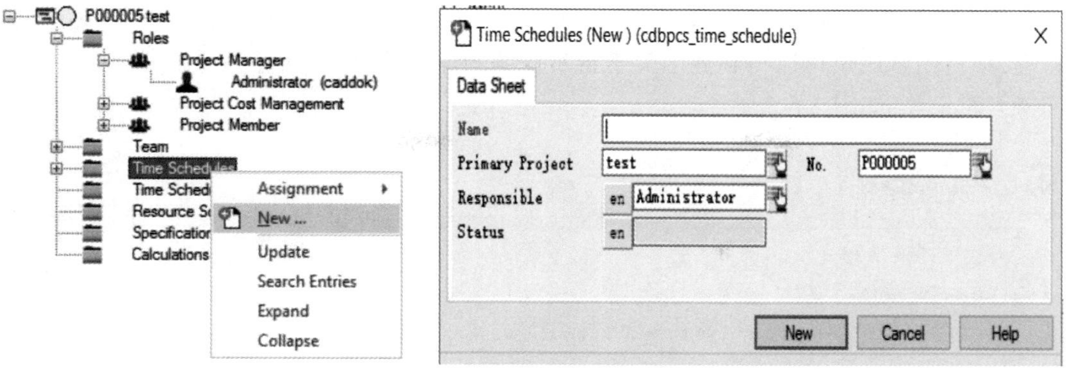

图 2-6-2　新建时间计划的方法一

（2）选中一个项目单击鼠标右键，从弹出菜单栏中选择“时间计划”。如果项目包含多个时间计划表，那么会出现这些时间计划表的列表供用户选择，如图 2-6-3 所示。

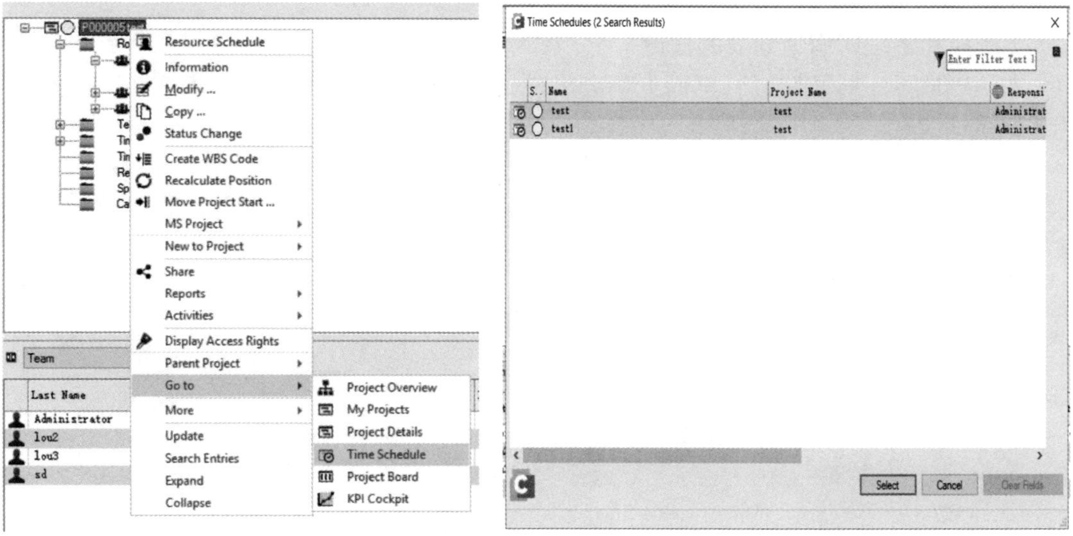

图 2-6-3　新建时间计划的方法二

（3）在导航栏中选中“时间计划”→“新建”来完成，如图 2-6-4 所示。

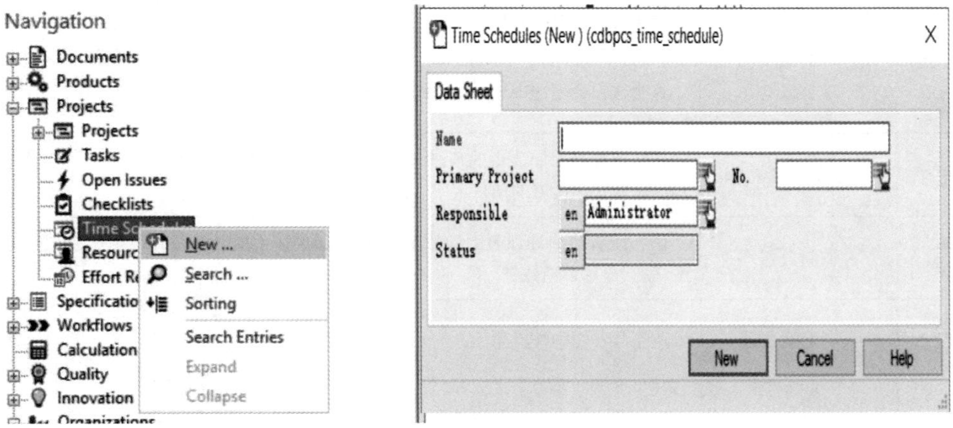

图 2-6-4　新建时间计划的方法三

每个已创建的项目都会自动生成一个时间计划表。通过将鼠标移至任务栏中显示的工具键，项目团队成员可以得到更多关于自身任务的详细信息，包括任务开始时间、结束时间和持续时长等，如图 2-6-5 所示。

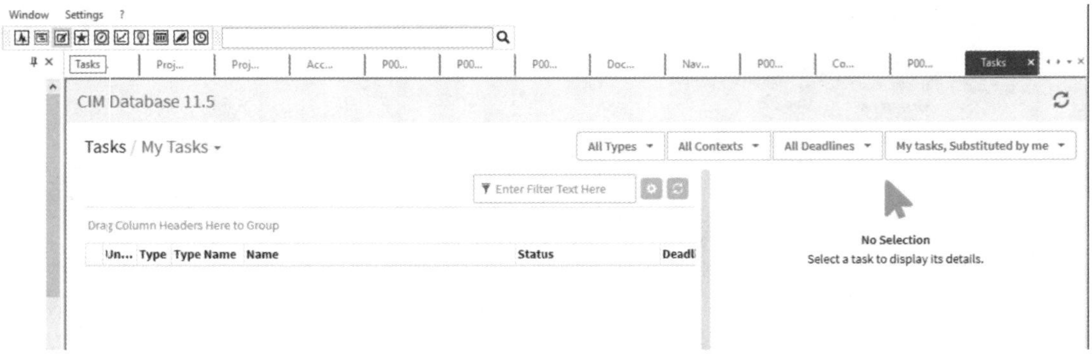

图 2-6-5　如何查看自身的任务

2.操控和管理时间计划表的按键

打开“时间计划”窗口后，页面上端会出现如图 2-6-6 所示的工具栏，表 2-6-1 介绍了常用工具的含义。

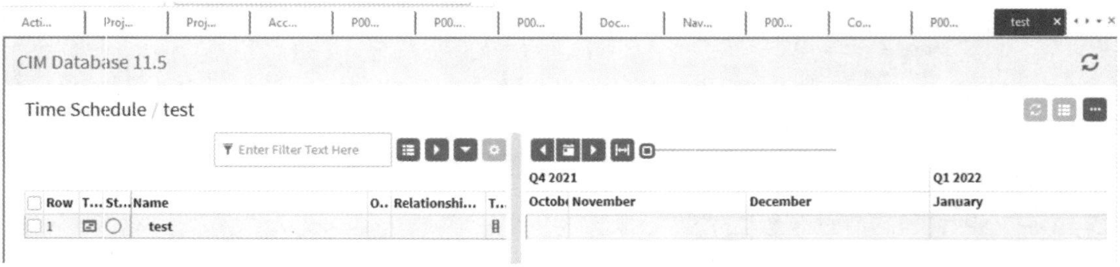

图 2-6-6　“时间计划”的工具栏

表 2-6-1　时间计划的工具栏图标说明

图标	名称	功能说明
	过滤器	如果在过滤器中输入了内容，那么只有包含相关内容的任务会被显示出来。当过滤器中的内容被删除，则过滤结果也会消失
	项目概览	这个按钮会把选中的对象下的结构树完全展开
	显示父对象	该按钮包括时间表中的顶级父对象。比如说，如果在一个任务上使用此函数，顶级父项将是此任务所属的项目
	刷新数据	刷新所有时间计划表中的数据。这样，如果表中的数据被其他操作或其他使用者改变，就会显示最新数据
	前往	跳至甘特图中被点亮任务的开始时间
	今日	跳至甘特图中今天的位置

续表

图标	名称	功能说明
	调整显示时间计划	调整甘特图至合适的位置，尽可能显示整个时间计划。但是，仅当图表不在日历比例列的最小宽度下时才可能。 同时按下 Ctrl 键和该按钮，会自动让日历比例增大至时间计划表能显示所有任务
	放大/缩小时间刻度	使用放大镜按钮缩放甘特图刻度。在这个过程中，刻度单位（日、周、月、年）和甘特图比例都会改变。为了精确地调整至适合分析的刻度，也可以点击日历比例中相应的时间单位，比如某个月或季度。这样甘特图可视区域会被精确地调整至这个时间段

3.在时间计划表中新建任务

在时间计划表中，操作者可以创建任务并修改它们，而不需要改变项目或任务概览。

操作栏。点击图标“”，打开在时间计划表中被选中项目或任务的信息页面。点击下拉箭头可以从下拉菜单中找到操作项目和任务的各种操作。

操作者可以通过在计划表中选中一个项目并单击“创建任务”来新建任务，随后会出现创建任务对话框，从中可以定义任务的属性等。在确认完对话框信息后，新任务就会出现在项目任务列表的下方。为了细分任务，可以选中任务然后点击“创建子任务”。通过这种方式，操作者可以不断向下拓展任务树。创建任务的操作如图 2-6-7 至图 2-6-9 所示。

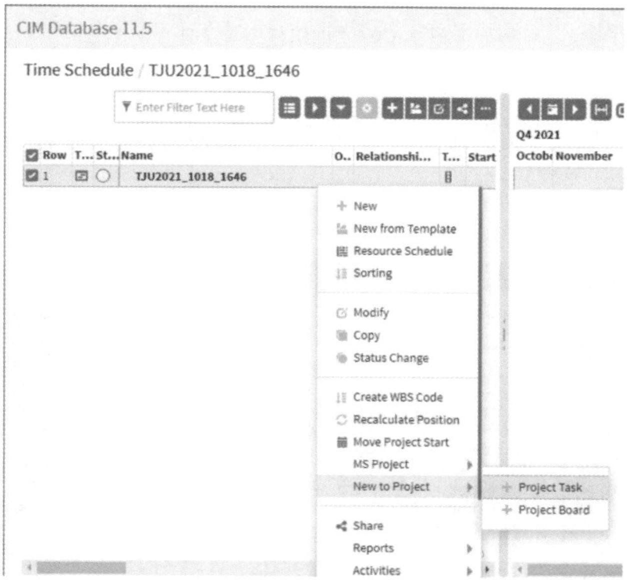

图 2-6-7 创建任务的操作

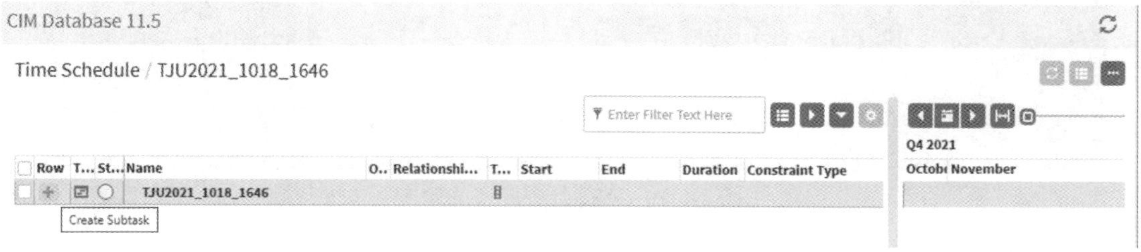

图 2-6-8 创建子任务的操作

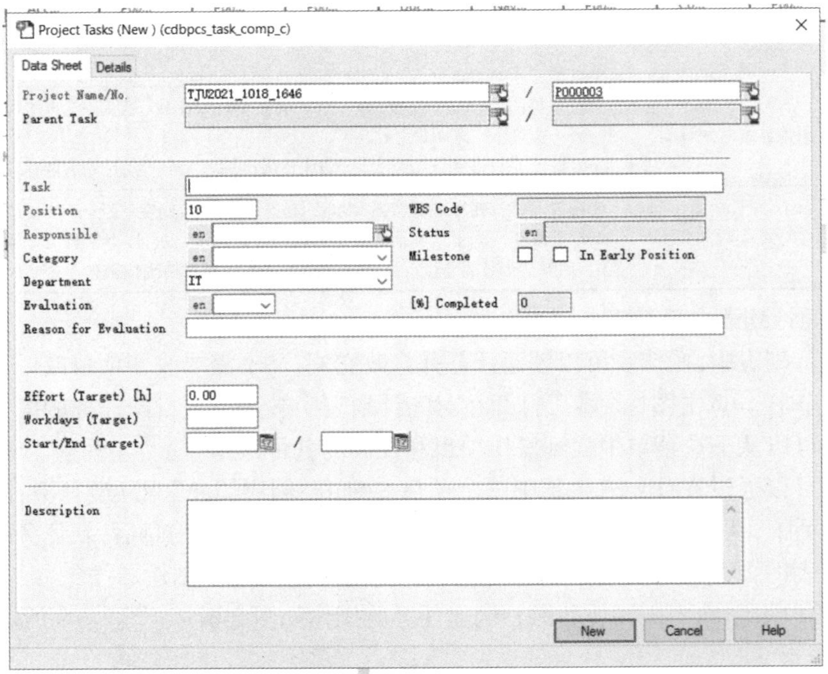

图 2-6-9 “创建任务”窗口

4.改变任务位置

为了改变任务的顺序，操作者需要打开任务位置栏，通过修改任务编号来改变任务顺序，如图 2-6-10 所示。

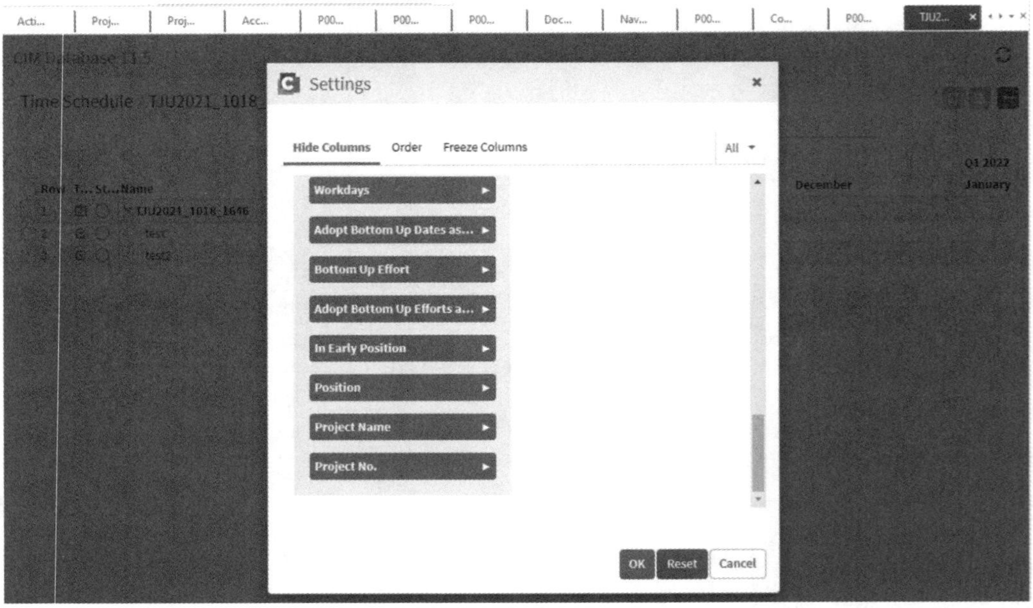

图 2-6-10 改变任务顺序的操作

5.任务组

任务组是所有包含子任务的任务，在甘特图上以 2 条柱展示。上方的深色柱子显示任务预定时长，下方的淡色柱子则显示自下而上的持续时间，如图 2-6-11 所示。

图 2-6-11　甘特图上任务组的图例

（1）启用自动应用自下而上。如果在任务组的数据表中，“使用自下而上的汇总值作为计划值”被勾选，那么上述 2 条柱子会一直保持同步。

①在这种情况下，这样的任务组总是被设置成自动计算。

②只有约束条件被设置成“开始不早于……”，任务组的期限才能被手动更改。

③任务组间的关系和约束也同样会影响所有子任务。

④如果操作者改变子任务的时间从而影响到任务组的时间，那么目标时间就会被自动调整。

（2）不启用自动应用自下而上。如果在任务组的数据表中，“使用自下而上的汇总值作为计划值”没有被勾选，任务组和子任务的目标期限的相互影响程度就会很小。在这种情况下，上柱可能会显示不同的目标日期，而不会从子任务的目标日期自下而上计算。

①操作者可以手动修改任务组的日期，而不会改变子任务的日期，反之亦然。

②任务组的关系（通过自动计算）只影响任务组，而不影响子任务。

③时间上出现的矛盾必须由项目相关人员手动解决。

④对于约束条件是“尽可能快……”的自动计算的子任务，任务组的开始日期仍然可作为边界条件，而对于约束条件是“尽可能晚……”的，则任务组的结束日期适用于边界条件。

修改任务约束的界面如图 2-6-12 所示。

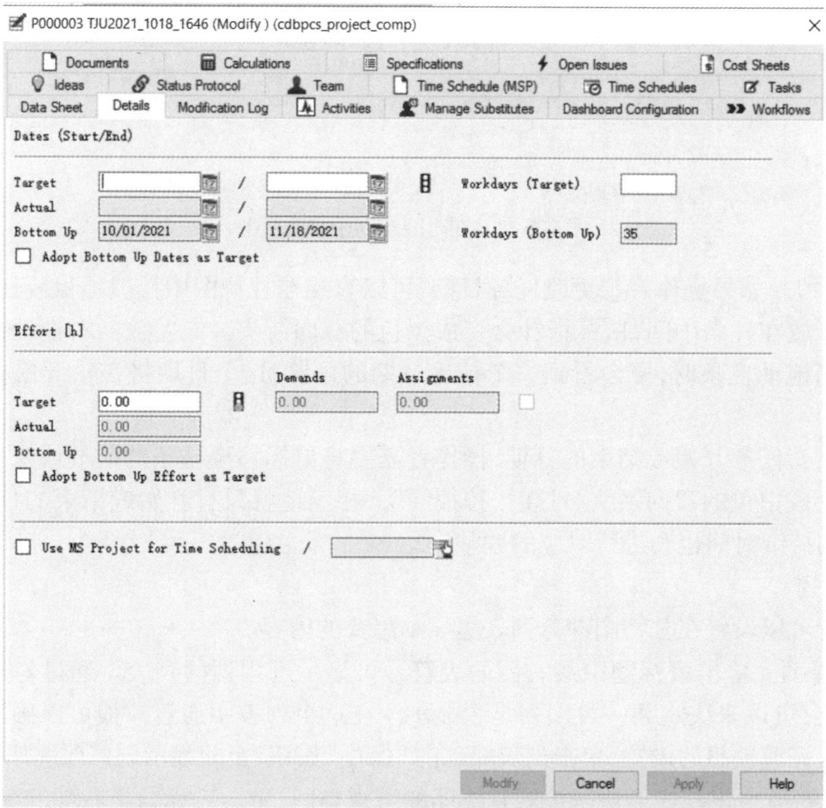

图 2-6-12　修改任务约束的界面

6.在时间计划表中修改任务

在时间计划表中修改任务有很多方法，如下所示。

（1）修改。在甘特图中标记一个任务或项目并在操作菜单上选择“修改”条目，就会出现任务（或项目）的对话框，操作者可以在其中修改对应内容，也可以通过快速双击任务或项目来达到此目的，如图 2-6-13 所示。

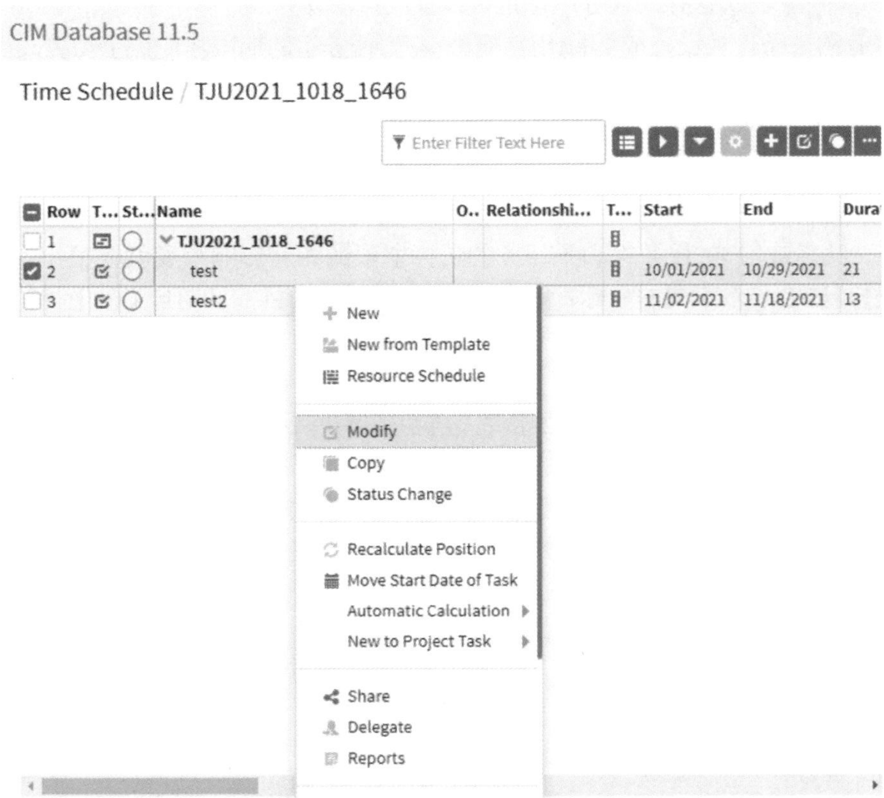

图 2-6-13　在时间计划中修改任务

（2）拉拽。如果操作者想更改任务日期，可以直接在甘特图中拉拽项目或任务的柱条。如果将鼠标放在柱条中间，鼠标指针会变成黑色的双向箭头。向左或向右拖动柱条可以移动任务。当拖动柱条时，便会看到一个精确日期的预览，这个日期将在松开鼠标后输入任务中。

为了改变任务开始或结束的日期，操作者需要将鼠标移至柱条的前端或末端。此时鼠标指针会变成白色的双向箭头。这时，拉拽箭头，相应地就只有开始或结束的日期会改变，同时任务的持续时间也会进行对应的调整。

7.表格列

操作者可以设置在甘特图部分列表里显示想要的内容。

选择列。单击表标题中最右侧的表符号可显示可用列的列表。通过勾选可用列上的复选标记，可以来决定某一可用列是否显示。在这个列表中通过拉拽可以确定列的排列顺序。一旦完成预想的设置，单击列表底部的“保存”按钮，至此显示列修改完毕。

列的最小化。为了快速扩展甘特图的可视空间，单击表标题最右端的标签，这样能隐藏所有位于名称列右侧的列，以此让甘特图获得更大的空间。再次单击这个标签，所有的列又会恢复成原来的配置。

8.任务的依赖性

为了以图的形式展现任务的计划，计划表中的任务可以用任务关系联系起来。这种方式可以自动计算日期更改对后续任务的影响。后续直接或间接联系在一起的任务会自动将它们的时间调整至合适的时段，只要它们的属性栏里“自动计算”已经被勾选，并且限制的日期允许被进行相应改动即可。所有不能通过自动计算解决而出现矛盾的任务关系都将以红色箭头的方式显示出来。

此外，任务依赖性可以用来控制任务顺序，比如说，只有当前置任务完成后，才能通过发布任务来开始和编辑它们。再比如说，只有“组件交付”任务完成后，“组件装配”任务才可以开始。

本产品提供如下用于项目中的经典任务联系方式。

（1）结束—开始，FS。后置任务只有在前置任务完成后才能开始（正常序列）。

（2）开始—开始，SS。后置任务只有在前置任务开始后才能开始（启动序列）。

（3）结束—结束，FF。后置任务只有在前置任务完成后才能完成（结束序列）。

（4）开始—结束，SF。后置任务只有在前置任务开始后才能完成（跳跃序列）。

操作者可以通过在前置任务列或后置任务列中输入相应的首字母缩略词和行号来定义两个任务之间的关系。如果前、后置任务列没有显示出来，那么可以通过调整显示列的配置来显示它们。

1）依赖状态图标

通过单击依赖状态列中的左箭头标签（前置任务）或右箭头标签（后置任务），操作者可更快、更方便地显示、隐藏前置任务列或后置任务列。这样这两个数据列会立刻显示或隐藏。

为了创建任务之间的关系，操作者需要输入联系类型的缩写和需要联系的任务的行号。比如说，想给第 2 行任务和第 3 行任务创建“结束—开始”的联系，那么首先需要确认显示列中含有后置任务列，然后在该列第 2 行中，输入“FS3”（同样地，也可以在前置任务列的第 3 行中输入“FS2”来得到相同的结果），如图 2-6-14 所示。

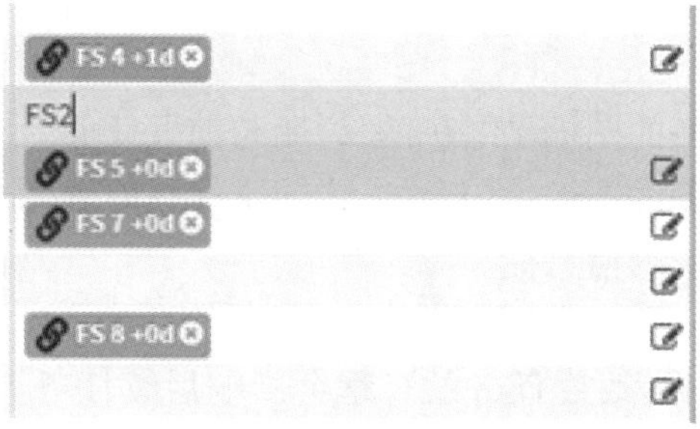

图 2-6-14　创建任务之间的依赖关系

操作者也可以建立固定时间跨度的任务关系。如果在两个任务之间必须留出 5 天的跨度，那么输入“FS3+5d”即可。如果需要两个任务具有重叠的时间，那么使用负号即可，即“FS3−5d”。

如果一个任务需要和多个任务建立联系，操作者可以在每个联系的缩写之间用逗号隔

开。比如要设置第 3 行任务和第 5 行任务为某任务的后置任务，则输入“FS3，FS5”。

任务依赖性。在前置任务或后置任务列中，操作者所输入的任务依赖关系会被转化成符号，这个符号能提供更多的信息和操作选择。

（1）其包含任务关系的缩写。如果缩写中没有行号，那么说明被链接的任务并不在操作者的时间计划表中或者位于封闭结构节点中。

（2）在这种情况下，请单击链接符号以显示不可见任务或将其加载到时间表中。这会将任务修复进时间计划表中，即将引脚下标放进修复列中。更多信息可以参见“多项目计划或详细查看的个人时间计划表”部分。

（3）符号的颜色表示这个任务依赖性在时间计划表中是否存在矛盾。如果存在矛盾，那么符号是红色的；反之，则是绿色的。如果任务关联存在矛盾，符号上方会出现感叹号。

（4）单击符号中的“×”号即可删除任务依赖性。

在甘特图中，任务依赖性是通过两个任务柱条末端的箭头表示的。如果任务依赖性冲突了，即存在任务关联的矛盾，那么这个指示箭头会显示成红色。

2）时间约束

如果鼠标指针移到甘特图被关联的任务柱条上或选中这一类的任务，必须从任务开始或结束的时间内可调整的时间约束会显示在图表中，以便满足任务依赖性。

（1）尽可能早开始。左栏显示由前置任务（基于项目的开始）产生的最早可能的任务开始日期，如果适用，则显示该任务的约束日期。

（2）尽可能晚结束。右栏显示由后置任务规定的最迟可能的任务结束日期（从项目结束向后计算）以及可能的任务约束日期。

（3）缓冲。如果两个关联的任务有缓冲，那么在时间约束的日程中会出现绿色的柱条。换句话说，操作者可以将日期移至绿条限制的区域内而不会导致时间计划矛盾。

（4）矛盾。如果两个关联的任务存在矛盾，那么在时间约束的日程中会出现红色的柱条。换句话说，操作者可以将日期移到红条限制的区域外来解决任务关系的矛盾。

3）依赖状态

可在依赖状态列对时间计划表中存在的矛盾进行大概预览。在这里，操作者可以马上看出每个任务是否存在与其他任务之间的时间冲突，即使当前关联的任务并不可见。

（1）前置任务/后置任务的图标是红色的，说明与前置任务/后置任务之间至少存在一个矛盾。

（2）前置任务/后置任务的图标是绿色的，说明与前置任务/后置任务之间不存在矛盾。

（3）前置任务/后置任务的图标是白色的，说明不存在前置/后置任务。

单击图标则会显示对应的信息栏。

9.任务的调整选项

由于任务之间存在联系，改变任务的日程会影响后续任务。通过激活或取消勾选“自动计算”，操作者可以决定时间计划表是只显示任务间的日程矛盾还是进行自动调整。

（1）自动的任务。当将一个任务设置成自动时，时间安排的算法就会基于关联的前置任务和任意约束日期来定位任务的时间。但是，只有当任务没有开始的时候，才可以执行日期的推移。

（2）手动的任务。当一个任务设置成手动时，时间安排的算法就不会改变任务预设的日期。关联的所有前置任务和后置任务会根据手动任务的日期来计算它们最早开始的时间和最迟结束的时间,而不会根据它本身可能的最早和最迟时间。

注释:注意在自动计算过程中出现任何矛盾的情况下,约束对与其他任务的关系具有优先权。潜在的关系冲突将以红色标出。

二、时间计划表的输出

时间计划表包括甘特图,也可以被输出成 Excel 文件。首先操作者需要在项目概览界面中,选中项目中想要输出的时间计划表,或在搜索结果列表中选中,然后单击鼠标右键从弹出菜单中选择“输出甘特图”,如图 2-6-15 所示。接着,操作者会看到一个对话框,可以规定输出的时间范围和输出时间计划表的时间刻度(日、周或月)。最后,确认设置后开始输出。

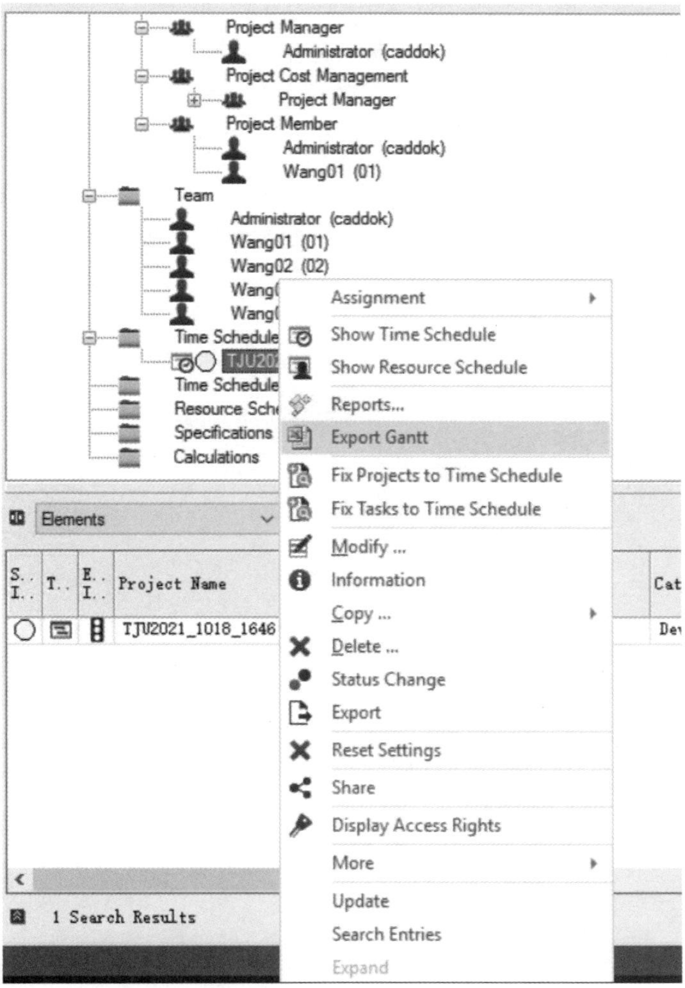

图 2-6-15 输出甘特图

在输出过程中,任务的状态被考虑在最初的时间计划表中。另外,只有在指定时间范围内开始、结束或覆盖该时间的任务会被输出。利用这两种情况,操作者可以控制哪个任务需要最终被输出到 Excel 文件中。因此,在输出文件前,需要确认时间计划表正处于想要的状态。

如果操作者以日或周为单位导出时间表,那么每天在甘特图中使用 Excel 列,以便得到真实详细的条形图进行预览。另一方面,当以月为单位输出时,将得到一份 Excel 预览文件,其中每一列都代表一个月。这样,操作者可以收到被压缩的长时间范围的信息。

在输出后,操作者还可以在 Excel 时间表中更改时间单位,方法是在时间表头的"显示视图"选项中选择另一个视图,然后在时间表头中点击"绘制时间表"按钮。以这种方式操作,显示周期也可以相应改变。

注释:重新编写日期不会更新 Excel 中显示的任务选项,而只是重新填写以前导出到 Excel 中的数据。要更新导出文件,请在 Excel 菜单中选择"更新报告"。

导出的 Excel 文件也包括配置好的数据表,它们是通过导出创建的,不要在数据表中进行手动修改。

扫一扫

视频:CONTACT 的用法

第三篇　案例分析

案例一 图书馆自助借还书机设计

田原源 孙 晴 郑雅文 Jorge(林熠辉)
指导教师:邢 元 张赫晨

一、引言

图书馆自助借还书机是一种常见的自助服务终端,在图书馆内属于使用率较高的信息类公共设施,面向的用户群体多为在校师生。由于使用者的认知水平、行为习惯和操作能力等都具有或多或少的差异,因此图书馆自助借还书机作为一款公共通用设施,其人机界面以及交互方式都需要具有良好的通用性,尤其在它的使用效率上,要尽可能符合节约时间的原则。

本研究对图书馆自助借还书机进行可用性测试,通过指定任务测试获取有效性和效率指标数据,结合满意度问卷与用户访谈,综合分析现有自助借还书机在不同用户操作中反映出的可用性问题,如不知如何使用,操作提示不清晰,刷卡位置不明确,图书感应范围较大等,甚至存在无法通过该自助借还书机借阅图书的情况。本研究通过比较各组数据来探究其中的共性问题,从而得出改进方案。

二、可用性测试

(一)测试方案设计

1.测试对象

(1)A 大学图书馆一体化自助借还书机(实验组)如图 3-1-1 所示。

图 3-1-1 A 大学图书馆自助借还书机实物图

该设备借书流程如图 3-1-2 所示,还书流程如图 3-1-3 所示,交互方式如图 3-1-4 所示。

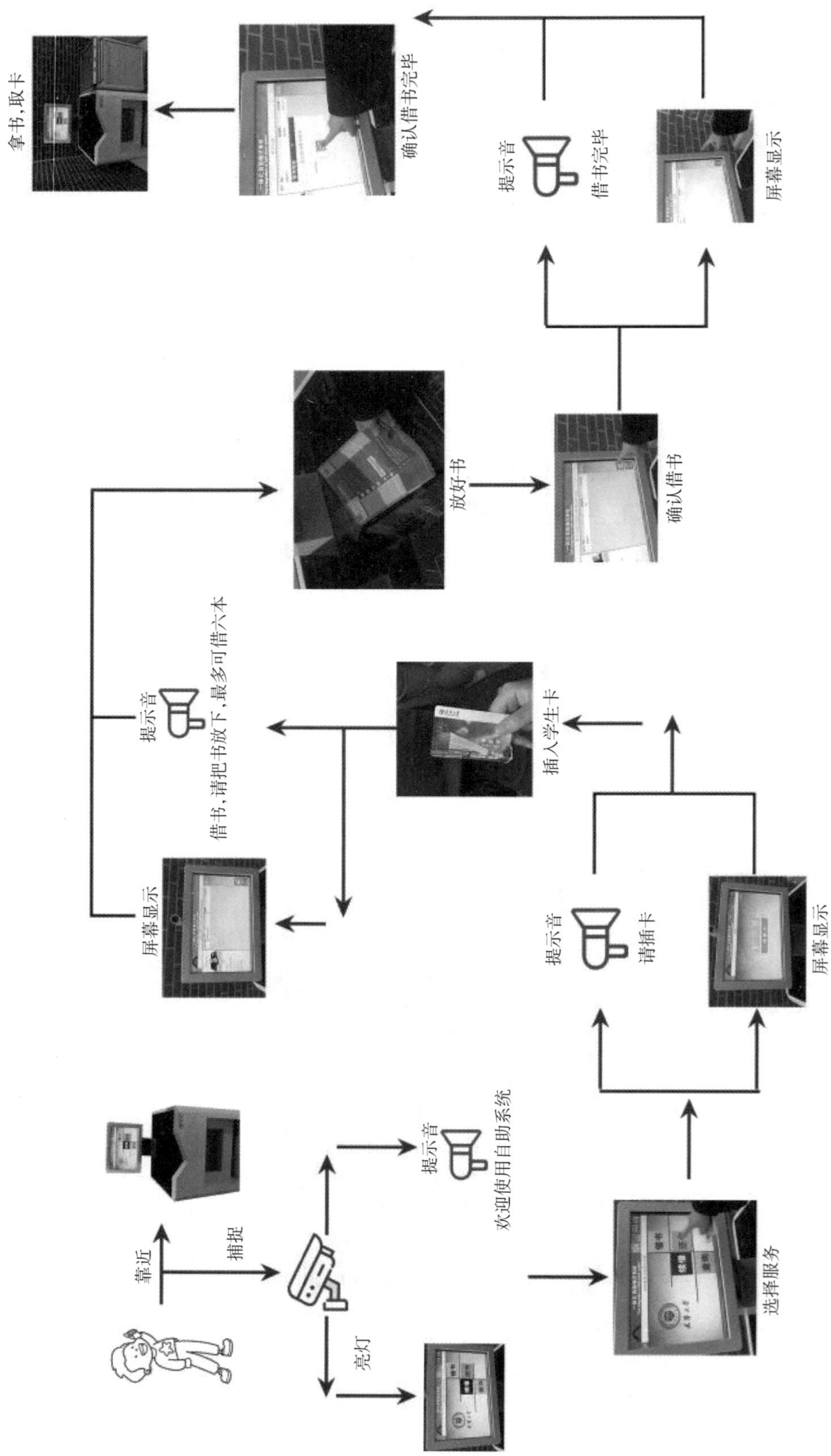
靠近
捕捉
亮灯
提示音
欢迎使用自助系统
选择服务
提示音
请插卡
屏幕显示
插入学生卡
提示音
借书,请把书放下,最多可借六本
屏幕显示
放好书
确认借书
提示音
借书完毕
屏幕显示
确认借书完毕
拿书,取卡

图 3-1-2　借书流程图

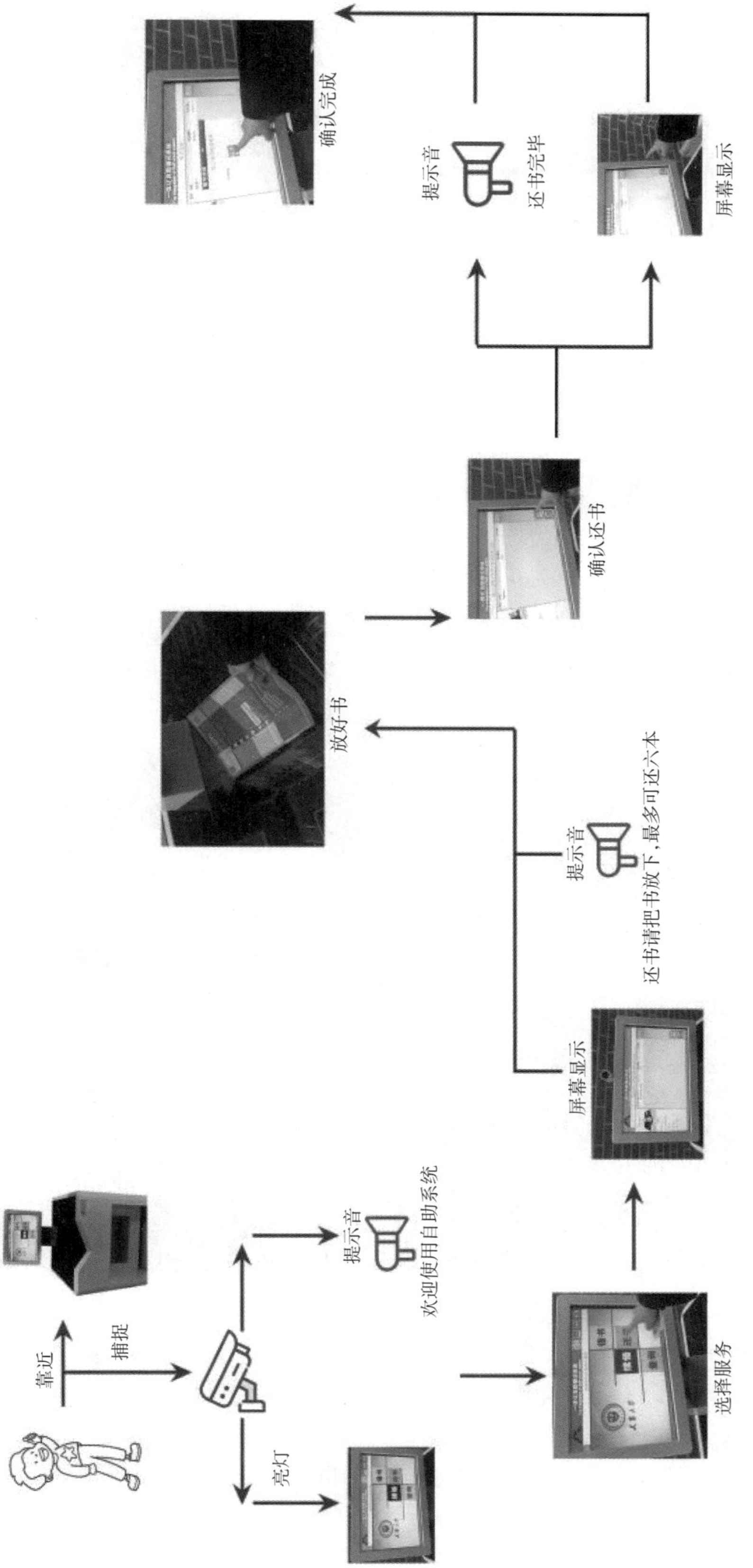
靠近
捕捉
亮灯
提示音
欢迎使用自助系统
选择服务
屏幕显示
提示音
还书请把书放下，最多可还六本
放好书
确认还书
提示音
还书完毕
屏幕显示
确认完成

图 3-1-3　还书流程图

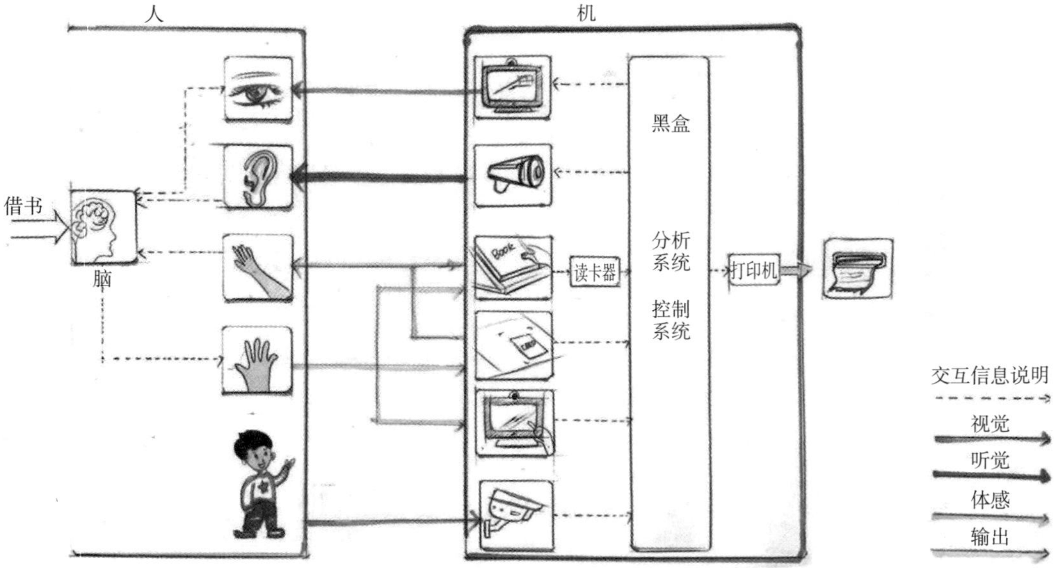

图 3-1-4　交互方式设计草图

（2）B 大学图书馆借还书机（对照组）。为了得到更好的实验结果，研究团队选取了 B 大学图书馆借还书机（图 3-1-5）与此次可用性测试的主要实验对象进行对比，通过测试该设备的操作流程，为改进 A 大学图书馆自助借还书机提供帮助。

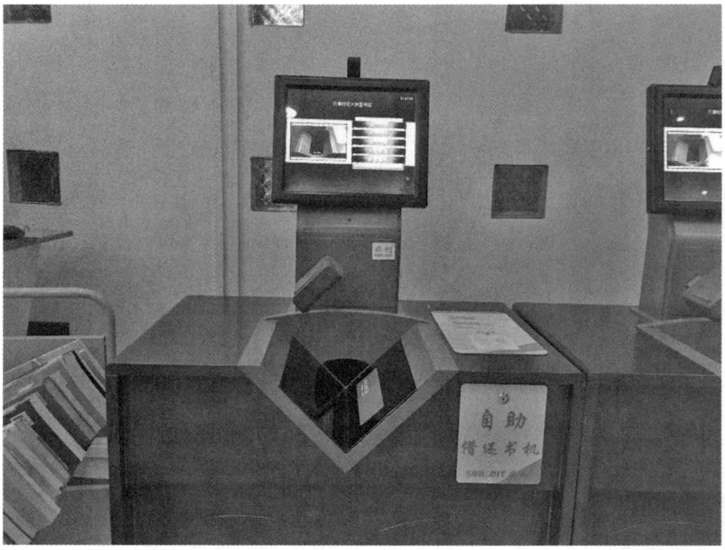

图 3-1-5　B 大学图书馆借还书机实物图

2.研究目的

（1）通过可用性测试、访谈、满意度问卷调查的方法，测试图书馆自助借还书机的使用操作流程，通过观察和统计得到用户的使用情况以及用户对实验对象的评价和意见。

（2）分析测试结果，提出对 A 大学图书馆自助借还书机的设计改进意见。

3. 样本

被试者基本信息见表 3-1-1。

表 3-1-1　被试者基本信息

人数	15
年龄	18~30 岁（均为在校大学生）
性别	男女比例为 8 : 7
身体状况	视力或矫正视力正常，听觉及语言功能正常，均为右利手

4.评价方法

1）借书过程评价

为了评估借书过程，本研究规定了定量的借书任务，提出了主观和客观的观测指标，设计了实验记录表（表 3-1-2）。

表 3-1-2　借书过程实验记录表

任务一：通过自助借还书机完成借阅 3 本书籍的任务	指标			设计可能存在的问题
	任务完成率	完成时间/s	满意度	
步骤 1：触控选择借书服务				
步骤 2：进入刷卡界面，将学生卡放置在指定位置				
步骤 3：进入借书界面，将 3 本书籍放置在指定位置，将书背向下，点击“确认”按键				
步骤 4：等待机器处理，借书成功，点击“确认”按键，拿走书和卡				
均值				

2）还书过程评价

为了评估还书过程，本研究规定了定量的还书任务，提出了主观和客观的观测指标，设计了实验记录表（表 3-1-3）。

表 3-1-3　还书过程实验记录表

任务二：通过自助借还书机完成归还 3 本书籍的任务	指标			设计可能存在的问题
	任务完成率	完成时间/s	满意度	
步骤 1：触控选择还书服务				
步骤 2：进入还书界面，将 3 本书籍放置在指定位置，将书背向下，点击“确认”按键				
步骤 3：等待机器处理，还书成功，点击“确认”按键，把书放入还书箱				
均值				

3）SUS 量表（问卷调查）

为了充分了解借还书过程中人员的细微心理特征，本研究设计了相应的 SUS 量表，采集相关信息，如图 3-1-6 所示。

	强烈反对				非常同意
1.我认为该借/还书机容易使用	1	2	3	4	5
2.我发现该借/还书机没必要这么复杂	1	2	3	4	5
3.我认为我会需要技术人员的支持才能使用该借/还书机	1	2	3	4	5
4.我认为大部分人会很快学会使用该借/还书机	1	2	3	4	5
5.对于使用该借/还书机，我感到很自信	1	2	3	4	5
6.在我可以使用该借/还书机之前，我需要学习很多东西	1	2	3	4	5
7.我认为这个借/还书机太不一致了	1	2	3	4	5
8.我发现该借/还书机的不同功能被较好地整合在一起	1	2	3	4	5
9.我认为我会愿意经常使用这个借/还书机	1	2	3	4	5
10.我发现这个借/还书机使用起来非常笨拙	1	2	3	4	5

图 3-1-6　SUS 量表

5.测试内容

1)实验过程

在实验开始前对被试者提问两个小问题进行简单的访谈，然后让被试者找到 3 本想要借阅的书籍进行借书操作，其间使用有声思维的方法，让被试者一边操作一边口述自己正在操作的步骤。实验者依据每一步骤对被试者完成这一步所用的时间进行计时，在被试者同意的情况下可通过录像计时。借书操作完成后，进行还书操作，实验过程同借书。实验过程中观察记录人员观察被试者的操作习惯与出错情况并实时记录下来。在实验结束后，让被试者填写用户满意度问卷，并让被试者回顾自己曾经遇到过的操作上的困难，记录下来。最后给每个被试者准备一个小礼品表示感谢。

2)人员工作分配

观察记录人员(1 人)。依据完成任务时的每一步操作，观察被试者的操作习惯与出错情况，并实时记录下来。

计时及录像人员(1 人)。分步骤对被试者完成操作的时间计时，在被试者同意的情况下可通过录像计时。

实验后访谈人员(1 人)。在实验开始前和实验结束后分别对被试者进行访谈，并在最后让被试者填写满意度问卷。

6. 实验场景设计

1)任务一：通过自助借还书机完成借阅 3 本书籍的任务

情景描述：出于学习的需要，您要借阅 3 本图书馆内的书籍，现在您带着 3 本图书到自助借还书机前进行借书操作。在图书馆内有使用自助借还书机借阅书籍和人工服务借书的方式可供您选择，如果使用自助借还书机的体验较好，您会经常使用该自助借还书机。任务流程如下。

步骤 1：触控选择借书服务。

步骤 2：进入刷卡界面，将学生卡放置在指定位置。

步骤 3:进入借书界面,将 3 本书籍放置在指定位置,将书背向下,点击“确认”按键。

步骤 4:等待机器处理,借书成功,点击“确认”按键,拿走书和卡。

2)任务二:通过自助借还书机完成归还 3 本书籍的任务

情景描述:您在图书馆借阅了 3 本书籍并阅读完成,现需要归还书籍。现在您带着 3 本图书到自助借还书机前进行还书操作。任务流程如下。

步骤 1:触控选择还书服务。

步骤 2:进入还书界面,将 3 本书籍放置在指定位置,将书背向下,点击“确认”按键。

步骤 3:等待机器处理,还书成功,点击“确认”按键,把书放入还书箱。

7. 可用性剧本

(1)开场白(1 分钟)。说明访谈目的和基本流程,签订录像许可。常用话术:您好,我是 A 大学工业设计专业的学生,我们最近在分析图书馆自助借还书机的工作性能。很高兴见到您,今天由我来和您做这次测试,这次测试的目的是测试我们的自助借还书机是否便于用户使用。接下来会拜托您通过该自助借还书机执行几个任务,执行任务的过程我们需要通过摄像头记录下来,以便于我们重复观察与分析。还要麻烦您配合我们完成测试的内容,谢谢。

(2)事前访谈(2 分钟)。了解用户背景,也可通过问卷来获取信息。常用话术:方便透露下您的借书频率吗?您是否使用过类似的其他自助借还书机产品?有的话,感觉怎么样?这些产品的优点和缺点有哪些?如果没有,您的使用情景是怎样的?

(3)测试说明(2 分钟)。说明测试内容与用户应遵循的相关规则。常用话术:接下来请您使用我们的自助借还书机借阅 3 本书籍,任务的细节和背景都写在这张卡片上了,需要强调的是,我们通过了解和调研,已经知道它存在一些体验上的问题,想通过您的使用验证这些问题,所以如果遇到了什么困难,都是产品设计的问题,操作失败了也请不要放在心上。在操作过程中,希望您能一边操作一边告诉我您要进行什么操作?您为什么要这么操作?您是怎么想的?这对我们的测试非常有帮助。最后,您在操作过程中最好不要向我提问,因为如果我告诉了您如何操作,我可能就无法找到产品中的问题了,所以如果您问我问题,我没有答复您,还请见谅。

(4)观察测试(2 分钟)。观察并记录用户在执行任务中遇到的问题。假设目标任务为借阅 3 本书籍,完成借书任务。起点为首页,终点为借书成功页。常用话术:假设您想要借阅 3 本书籍,请使用该借还书机进行操作。

(5)事后访谈(2 分钟)。通过回顾法询问用户在执行任务时遇到的问题。常用话术:您刚才用这款借还书机进行了一次借书体验,能谈谈您的感想吗?比如,觉得哪里好,哪里差?对比之前使用过的同类产品感觉如何?如果要综合评价这次借书体验,您会给它打几分呢?给之前用过的同类产品打几分呢?为了使产品体验更好,您觉得我们有哪些需要改进的地方呢?(虽然主流观点认为不该询问用户产品哪里需要改进,因为改进产品是设计者的事情,用户给出的也只是基于自身经验的主观解决方案,但是如果针对用户的答案,继续深挖“为什么”,可能就会知道用户真正想要的结果是什么。)

(6)结束语(1 分钟)。对用户表示感谢,并初始化实验设备,准备测试下一位用户。常用话术:今天的测试到此为止,感谢您的配合,这次测试的数据对我们非常有用,我们为您准备了一份小礼物以表谢意。(接着送用户离开。)

（二）实验任务测试及结果分析

1. 实验测试过程

现场招募被试者，实验开始前向被试者介绍实验流程及内容，即被试者需要完成借书与还书的任务，并说明实验需要录像、录音，实验开始后实验人员不能向被试者提供任何帮助。实验测试过程如图 3-1-7 所示。

图 3-1-7　实验测试过程

测试设备。为了保证被试者在测试中不确定性干扰因素的一致性，采用同一张校园卡和同一台设备进行任务测试，校园卡没有借书记录，并事先帮被试者找好 3 本书籍进行借还书的操作。

数据采集：①实验人员的观察记录，为事后访谈提供参考信息；②手机录像、录音，供事后分析使用；③通过手机计时采集到的完成指定任务所用的时间。

1）实验前访谈

执行任务前对被试者进行访谈并录音（图 3-1-8）。访谈结束后，根据事前准备好的执行指南让被试者进行任务测试。在整个任务测试过程中，被试者是主角，研究团队则是隐藏的观察者，任务是正确传达任务指示，让被试者了解任务目的，并在一个任务结束后引导被试者进入下一个任务，遵循"不提问、不回答、不注视"的原则，对被试者提出的要求只能是"请认真完成任务"，原则上不给他们提供任何帮助，对他们的操作不肯定也不否定，确保被试者自由发挥，独立完成任务。访谈问题如下。

图 3-1-8　实验前访谈

（1）方便透露您的借书频率吗？

（2）您是否使用过类似的其他自助借还书机产品？有的话，感觉怎么样？这种产品的优点和缺点有哪些？

2）借书任务

口头告知被试者开始进行借书操作，在操作过程中进行录像，并记录被试者每一步任务的完成时间（图 3-1-9）。

图 3-1-9　借书任务

3）还书任务

借书操作完成后，口头告知被试者开始还书操作，在操作过程中进行录像，并记录被试者每一步任务的完成时间（图 3-1-10）。

图 3-1-10　还书任务

4）实验后访谈

在实际操作中，由于各种各样的原因，被试者往往未能发言说出思考的内容，研究团队并不能获得完整的信息，这些遗漏的信息将在事后访谈进行补充。在这里采用回顾法，对被试者进行事后访谈（图 3-1-11），访谈的主要内容如下。

（1）您刚才使用这款借还书机进行了一次借书体验，能谈谈您的感想吗？

（2）您觉得这款借还书机哪里比较好，哪里比较差，对比您之前使用过的同类产品感觉如何？

（3）如果要综合评价这次借书体验，您会给它打几分呢？

（4）您会给之前用过的同类产品打几分呢？能否说下原因？

（5）为了使产品体验更好，您觉得我们有哪些需要改进的地方呢？

图 3-1-11　实验后访谈

5)SUS 量表填写

填写 SUS 量表,收集被试者对该产品的满意程度(图 3-1-12)。

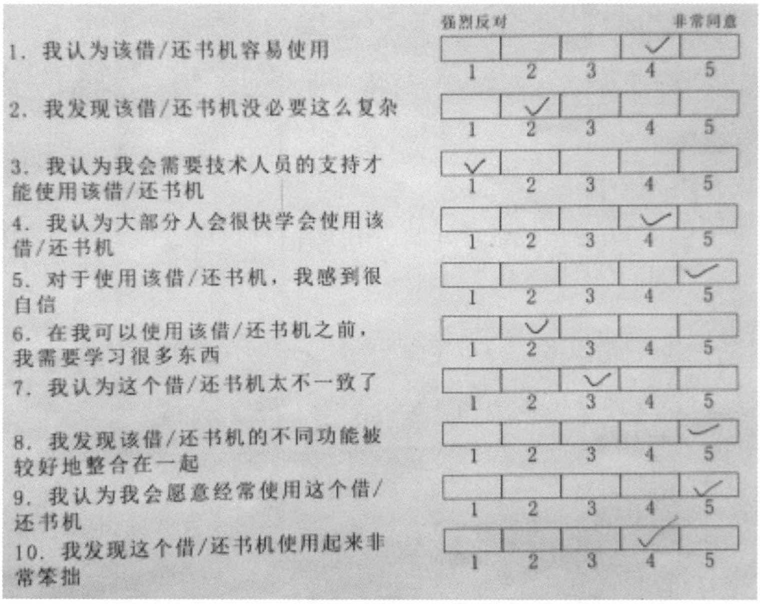

	1 强烈反对	2	3	4	5 非常同意
1. 我认为该借/还书机容易使用				✓	
2. 我发现该借/还书机没必要这么复杂		✓			
3. 我认为我会需要技术人员的支持才能使用该借/还书机	✓				
4. 我认为大部分人会很快学会使用该借/还书机				✓	
5. 对于使用该借/还书机，我感到很自信					✓
6. 在我可以使用该借/还书机之前，我需要学习很多东西		✓			
7. 我认为这个借/还书机太不一致了			✓		
8. 我发现该借/还书机的不同功能被较好地整合在一起					✓
9. 我认为我会愿意经常使用这个借/还书机					✓
10. 我发现这个借/还书机使用起来非常笨拙				✓	

图 3-1-12　SUS 量表

2.实验数据及结果

1)实验任务测试结果

(1)任务一:借阅 3 本书的测试结果。

该任务需要被试者使用该自助借还书机完成借阅 3 本书籍的任务。在测试过程中,研究团队将任务分为 4 个步骤,并在每一步观察被试者执行任务的情况并对任务完成率、完成时间进行记录。

任务的有效性和效率主要通过任务完成率和任务完成时间进行表征。任务完成率以二进制测量形式采集(表 3-1-4),任务成功完成为编码 1,失败为编码 0。表 3-1-5 为任务一任务完成率分析,表 3-1-6 为任务一各步骤完成时间分析。

表 3-1-4　任务一完成情况记录

任务一	用户 1	用户 2	用户 3	用户 4	用户 5	用户 6	用户 7	用户 8	用户 9	用户 10	用户 11	用户 12	用户 13	用户 14	用户 15
步骤 1	1	1	1	1	1	1	1	1	1	1	1	1	1	1	1
步骤 2	0	1	0	1	0	1	0	1	1	0	0	1	0	1	0
步骤 3	1	0	1	1	1	1	1	1	1	0	1	1	1	1	1
步骤 4	1	1	1	1	1	1	1	1	1	1	1	1	1	1	1

表 3-1-5　任务一任务完成率分析

任务一:通过自助借还书机完成借阅 3 本书籍的任务	任务完成率/%
步骤 1:触控选择借书服务	100
步骤 2:进入刷卡界面,将学生卡放置在指定位置	46.67
步骤 3:进入借书界面,将 3 本书籍放置在指定位置,将书背向下,点击“确认”按键	86.67
步骤 4:等待机器处理,借书成功,点击“确认”按键,拿走书和卡	100

表 3-1-6　任务一各步骤完成时间分析

任务一	均值/s	标准差	极差
步骤 1	5.51	4.31	16.45
步骤 2	7.32	5.48	20.03
步骤 3	19.69	30.51	126.3
步骤 4	7.33	2.16	8.14

从分步骤的任务测试中可以发现,在被试者完整地完成借阅 3 本书的任务流程中,存在着一些可用性问题。步骤 1“触控选择借书服务”的任务完成率为 100%,平均任务完成时间为 5.51 s,证明该步骤较容易完成,没有发现影响用户完成任务的可用性问题。步骤 2“进入刷卡界面,将学生卡放置在指定位置”的任务完成率为 46.67%,平均任务完成时间为 7.32 s,证明 15 个人中超过 1/2 的人无法顺利完整地完成刷卡这一任务。

在测试时,研究团队发现很多被试者都是在步骤 1 之前先放置校园卡,因此在完成步骤 2 时需要重新拿起卡来进行刷卡操作。其间也存在被试者无法顺利找到刷卡位置的问题,通过极差与标准差可以看出,在完成任务时一部分被试者因为没有成功完成任务而影响了效率,但通过提示改正后操作时没有太大难度。

步骤 3“进入借书界面,将 3 本书籍放置在指定位置,将书背向下,点击‘确认’按键”的任务完成率为 86.67%,平均任务完成时间为 19.69 s,极差较大。说明这一步骤中也存在一些影响用户完成任务的可用性问题。被试者需要完成借阅 3 本书的任务,可能会对每一本书都进行一次操作,也导致一次性操作借阅 3 本书的被试者与分 3 次分别借阅的被试者在效率(时间)上有较大差别。这证明这一可用性问题需要得到改善。

步骤 4“等待机器处理,借书成功,点击‘确认’按键,拿走书和卡”的任务完成率为 100%,平均任务完成时间为 7.33 s,标准差与极差较小,说明这个步骤涉及的借还书机的技术和外观以及人机界面不存在让用户无法完成任务的可用性问题。

(2)任务二:归还 3 本书的测试结果。

表 3-1-7 为任务二完成情况记录,表 3-1-8 为任务二任务完成率分析,表 3-1-9 为任务二各步骤完成时间分析。

表 3-1-7　任务二完成情况记录

任务二	用户 1	用户 2	用户 3	用户 4	用户 5	用户 6	用户 7	用户 8	用户 9	用户 10	用户 11	用户 12	用户 13	用户 14	用户 15
步骤 1	1	1	1	1	1	1	1	1	1	1	1	1	1	1	1
步骤 2	0	0	1	1	1	1	1	1	1	1	1	1	1	1	1
步骤 3	1	0	1	1	0	1	0	0	0	0	1	1	1	0	0

表 3-1-8　任务二任务完成率分析

任务二:通过自助借还书机完成归还 3 本书籍的任务	任务完成率/%
步骤 1:触控选择还书服务	100
步骤 2:进入还书界面,将 3 本书籍放置在指定位置,将书背向下,点击"确认"按键	86.67
步骤 3:等待机器处理,还书成功,点击"确认"按键,把书放入还书箱	46.67

表 3-1-9　任务二各步骤完成时间分析

任务二	均值/s	标准差	极差
步骤 1	3.61	1.73	5.53
步骤 2	9.44	5.09	19.05
步骤 3	13.71	7.25	24.02

从任务二分步骤的任务测试中可以发现,在被试者完整地完成归还 3 本书的任务流程中,同样存在一些可用性问题。步骤 1"触控选择还书服务"的任务完成率为 100%,平均任务完成时间为 3.61 s,标准差为 1.73,极差为 5.53,都较小,证明该步骤较容易完成,在人机界面的设计上没有发现影响用户完成任务的可用性问题。

步骤 2"进入还书界面,将 3 本书籍放置在指定位置,将书背向下,点击'确认'按键"的任务完成率为 86.67%,平均任务完成时间为 9.44 s,证明有部分被试者无法顺利完成将书背向下放入指定位置这一操作。在测试中发现借还书机的指定位置周围也在机器的感应范围内,如将书放置在这里会影响被试者对指定书目的操作。通过极差和标准差可以看出,部分被试者受这一问题的困扰较大,关于感应范围太大的可用性问题需要得到解决。

步骤 3"等待机器处理,还书成功,点击'确认'按键,把书放入还书箱"的任务完成率为 46.67%,平均任务完成时间为 13.71 s。这证明 15 个人中超过 1/2 的人无法顺利完整地完成这一步骤,在实验中发现被试者还书之后可能会不知道将书放入哪里,或者不清楚怎样分类放入,因此无法顺利完成该任务。还书箱的设计或许可以考虑设计得明显一点或将标识写得大一些来解决这方面的可用性问题。

2)实验总体测试结果

SUS 系统可用性量表(简称 SUS 量表)是一种用于可用性测试的简易调查问卷,它由 John Brooke(约翰·布鲁克)于 1986 年提出,现已广泛应用于产品的可用性评估中。SUS 量表共有 10 个问题,代表可用性评估中最重要的 10 点特性。度量方式采用李克特五点量表法，其中 1、3、5、7、9 为正向问题，2、4、6、8、10 为反向问题，用来对产品的可用性进行简单快捷的总体评估。SUS 量表法具有功能多样、简洁、使用方便的特点，在研究小样本量时也具有很好的可靠性。本实验利用 SUS 方法对图书馆自助借还书机的可用性进行评估，从而检验评价模型。

根据每项任务结束后被试者所填写的 SUS 评价量表，通过所提供的 SUS 评分计算公式，得到图 3-1-13 中的统计结果。

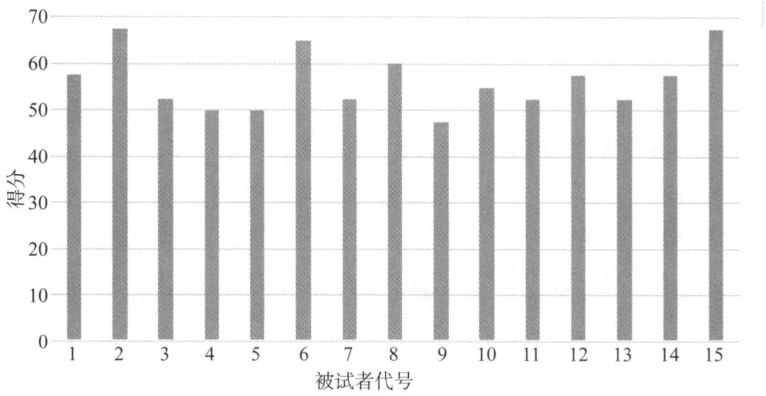

图 3-1-13　15 名被试者的 SUS 量表评价得分情况

SUS 量表的统计结果显示，参与测试的 15 名被试者的满意度平均值为 56.33，标准差为 6.11，极差为 20。总体来看，被试者对图书馆自助借还书机的满意度不高，且数据离散程度也不高，意见较为统一。结合数据的离散程度和访谈结果可知，被试者对该自助借还书机并不满意。原因可能是 SUS 量表的结果受被试者主观影响较大，研究显示，可用性测试中使用自我报告式的主观评价法时，被试者可能会受到社会称许性偏差的影响，给出测试人员"期望的评价"，也可能由于完成测试任务时付出的努力产生认知行为不一致的现象，提高对任务的评价。

（三）讨论

从两个任务的实验结果分析可看出，任务一中的可用性问题要多于任务二，结合对被测者的观察和访谈可知，任务未完成的原因包括：①未能顺利找到自助借还书机的正确刷卡位置；②放书的提示语不明确；③感应范围太大，放在平台上的书会影响对其他书的操作；④对界面的理解容易出错。通过找到的可用性问题，研究团队提出了一系列改进意见，如表 3-1-10 所示。

表 3-1-10　可用性问题及改进意见

可用性问题	改进意见
刷卡位置不明确	只设置一个刷卡位置，且让人能够很快注意到，操作方便
流程问题：重复刷卡	如果机器已经感应到卡的放置，就不需要再提示刷卡
放书的提示语不明确（将书背向下放，最多放入 6 本）	界面左侧的提示视频不够醒目，很多用户没有注意到，提示视频可以先放大跳出，再缩小，让用户更好地注意到，用户有需要可再次观看操作视频
感应范围太大，书放在平台上会干扰借书	应设计不含被感应的平台，或是条码扫码借书

续表

可用性问题	改进意见
界面需要再设计	优化界面设计,使其美观且具有很好的交互性,更加方便操作
有些书目存在问题,书目不能正常借出	当书不能正常借出的时候,设置屏幕或语音提示,使借书者可寻求人工借书服务
应在借书后提示多久后需要还书	借书确认之后,屏幕显示书目归还时间,也可以语音提示,借书后应在一个月内归还书籍
还书完成后,不知道书放在哪里(可提示还书箱位置)	例如,可提示请放入左手边的灰色还书箱。还书车的设计风格和还书机的设计应该具有整体性和统一性

三、设计过程、所得可能性方案以及方案评估

(一)方案可行性评估

在635法所得的61种方案中选择5种方案,并分别对其进行可行性评估,评估内容包括质量、成本、人机关系、环境可持续、安全性、易用性。

1.方案1

设计概念:在自助借还书机旁设计一个平台,可专门放置不能进行操作的书籍,如将书放置在这里可以完全不受感应范围干扰(图3-1-14)。

2.方案2

设计概念:将感应技术改为“条码扫描技术”,将书放入指定位置,机器扫描书正面的条形码,发出“嘀”的声音提示即扫描完成。借阅者需要像超市扫描商品一样进行借书操作。还书时同样在屏幕上选择还书后,将书扫描后进行还书(图3-1-15)。

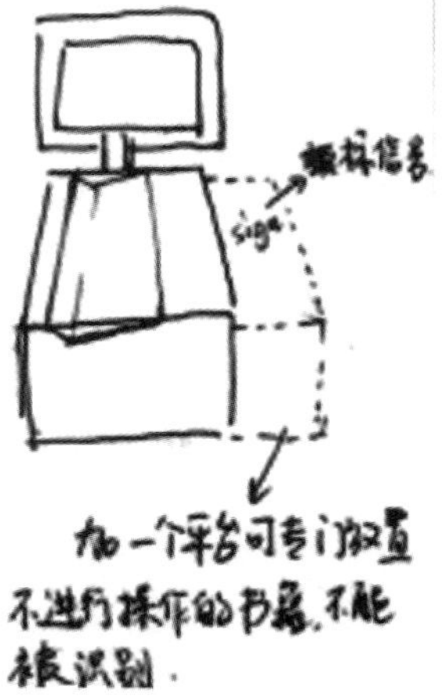

图3-1-14 设计方案1草图

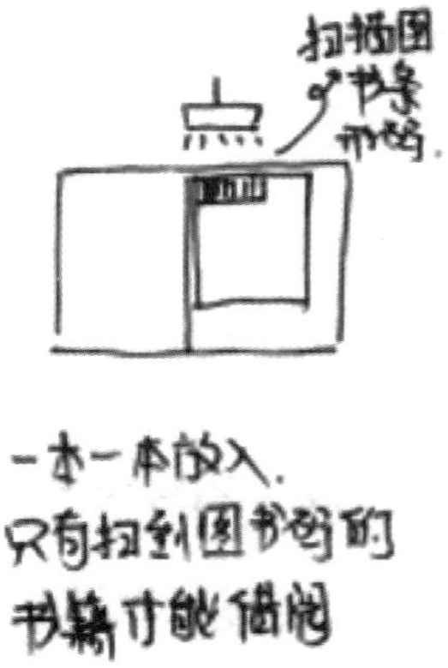

图3-1-15 设计方案2草图

3.方案3

设计概念:改进软件,提升产品硬件感应技术,可准确识别只在借还书区域的图书,防止感应范围太大对借还书的操作有太大影响(图3-1-16)。

4.方案 4

设计概念：采用类似无人超市购物的技术，人们拿着书经过闸机时直接刷卡，闸机及其终端能感应借书者身上或包中的图书的借阅状态，点击“确认”按键即完成借书（图 3-1-17）。

5.方案 5

设计概念：为自助借还书机引入刷脸技术，解决使用者不知道怎样正确刷卡的问题。使用者刷脸并将书放在投屏下，机器立即处理借书，借阅完成后无须点击“确认”按钮，提高了借还书的效率（图 3-1-18）。

6.方案评估

对选取的 5 种方案在质量、成本、人机关系、环境可持续、安全性、易用性 6 个方面进行评估打分（图 3-1-19）。最终，方案 2 的平均分数最高，为 4.8 分，故选择方案 2 为最终的产品改进方案。

图 3-1-16 设计方案 3 草图

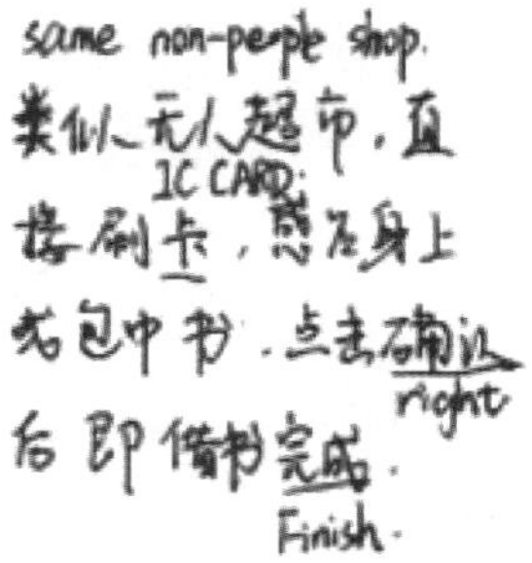

图 3-1-17 设计方案 4 草图

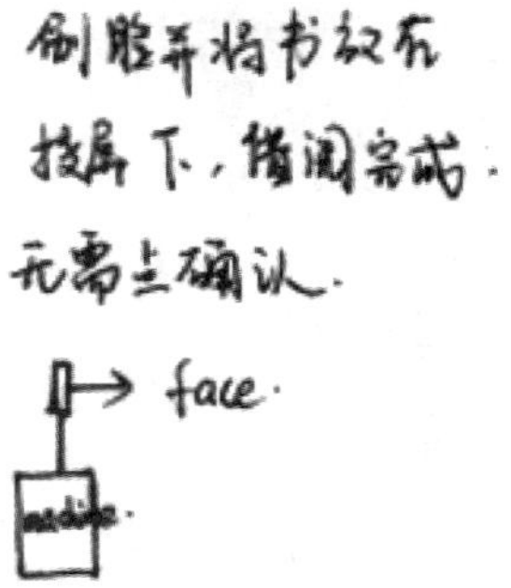

图 3-1-18 设计方案 5 草图

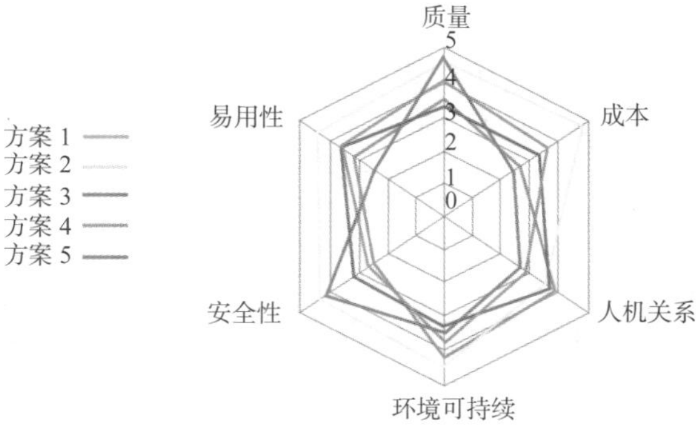

图 3-1-19 可行性打分（可参见电子版本彩色图）

（二）最终确定的方案阐述以及方案手绘图

通过方案评估，研究团队最后选择使用方案 2，即：将感应技术改为“条码扫描技术”，将书放入指定位置，机器扫描书正面的条形码（图 3-1-20）并发出“嘀”的声音提示，即扫描完成。借阅者需要像超市扫描商品一样进行借书操作。还书时同样在屏幕上选择还书后，将书扫描后进行还书。

该方案手绘图如图 3-1-21 所示。

图 3-1-20 书正面的条形码

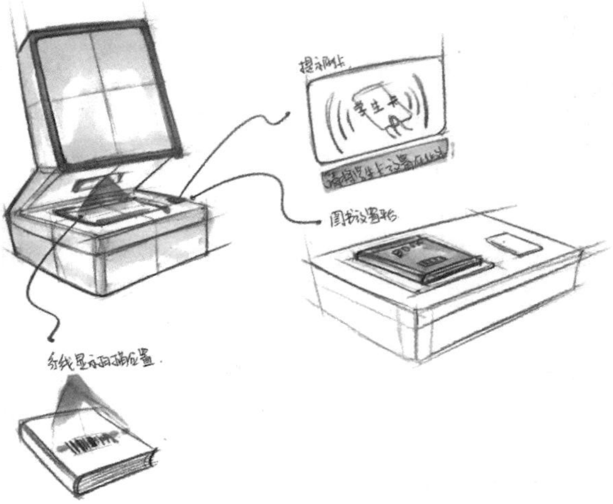

图 3-1-21 方案手绘图

四、结论

通过结合事后访谈、定性分析、定量分析，可以更全面地发现可用性问题，多维度地分析用户行为，使结果更为客观、科学。由上文的图书馆自助借还书机的人机交互方式以及交互界面的可用性测试分析可知，该设备的确存在一定的可用性问题。经过可用性测试实验，研究团队发现被试者多次出现误感应的问题，因此选择了该问题对设备进行优化改进，通过 635 方法得到了最终方案，将感应技术改为“条码扫描技术”，避免了误感应的问题。但是本研究的局限性在于，用户是在模拟的 ATM 机界面上操作的，与真实操作场景有一定差别，在真实操作感受上有一定的缺陷。后续研究的重点是结合所总结出的通用性问题给出解决方案，在操作流程上和界面布局等方面作出改进，并尽可能还原真实操作场景，然后对其进行可用性测试，通过可用性的 3 个指标（有效性、效率和满意度），对比现有版本的可用性水平，来反映改进效果，并验证其通用性水平。同时还应建立完善的信息类公共设施界面评价体系与设计标准。

五、草图设计

基于可用性测试实验的结论，研究团队进行了改进设计，图 3-1-22~图 3-1-35 为前期方案草图。

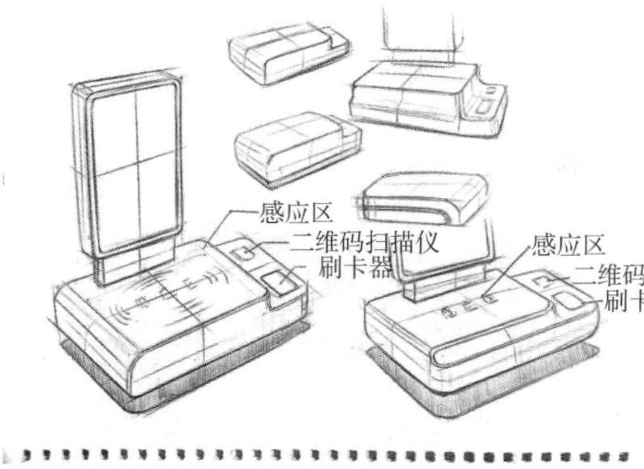

图 3-1-22　草图 1

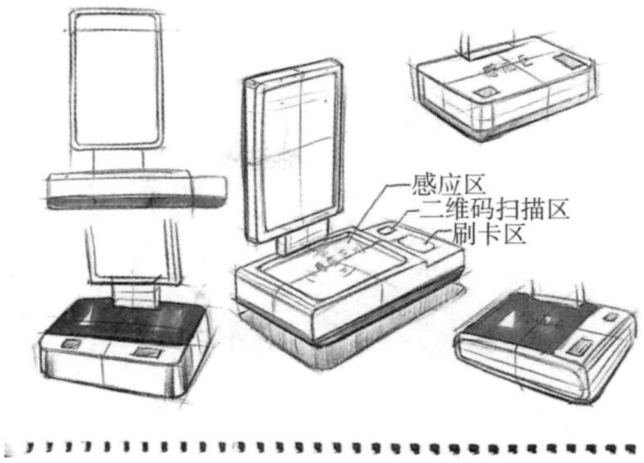

图 3-1-23　草图 2

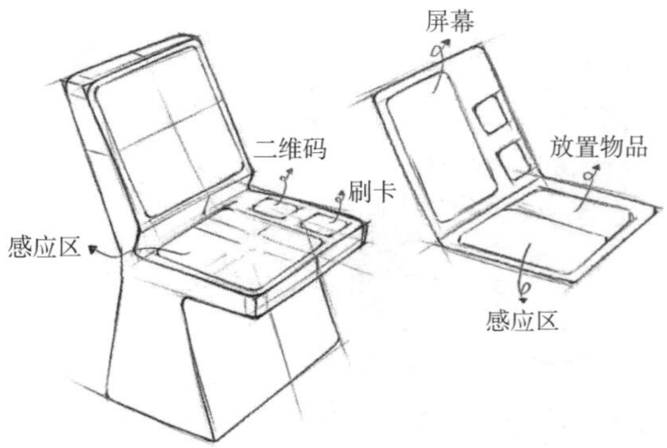

图 3-1-24　草图 3

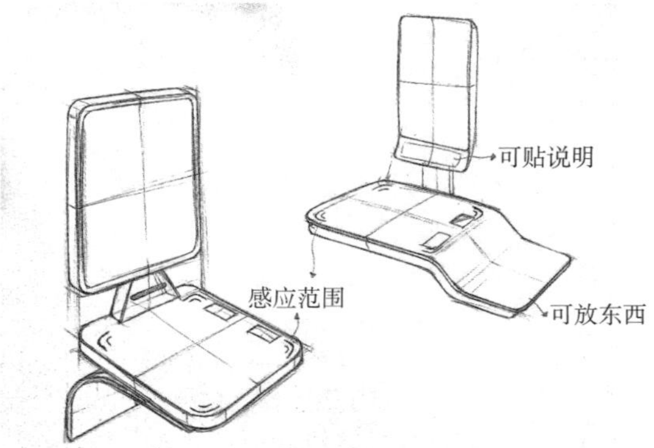

图 3-1-25　草图 4

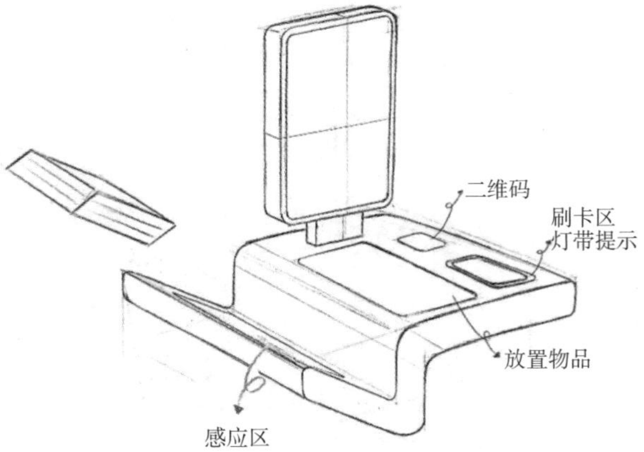

图 3-1-26　草图 5

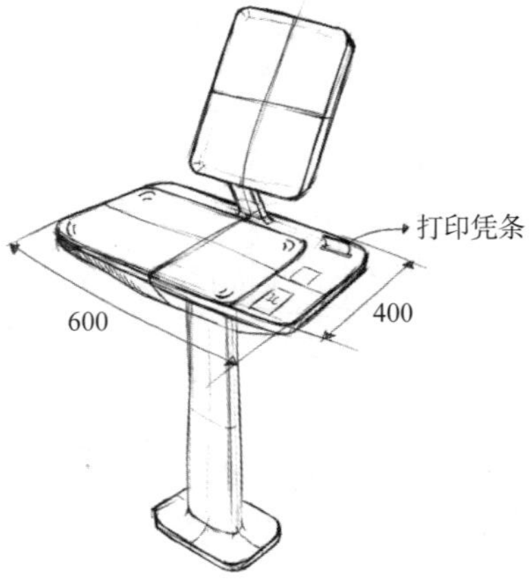

图 3-1-27　草图 6

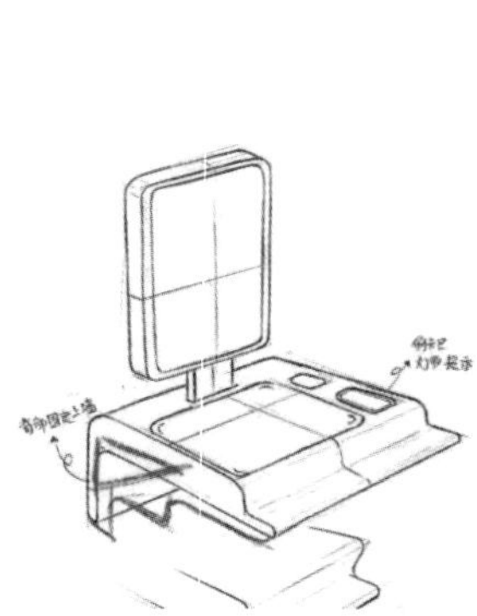

图 3-1-28　草图 7

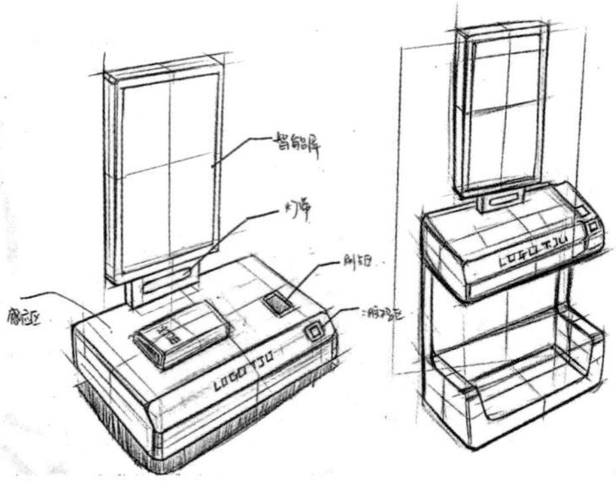

图 3-1-29　草图 8

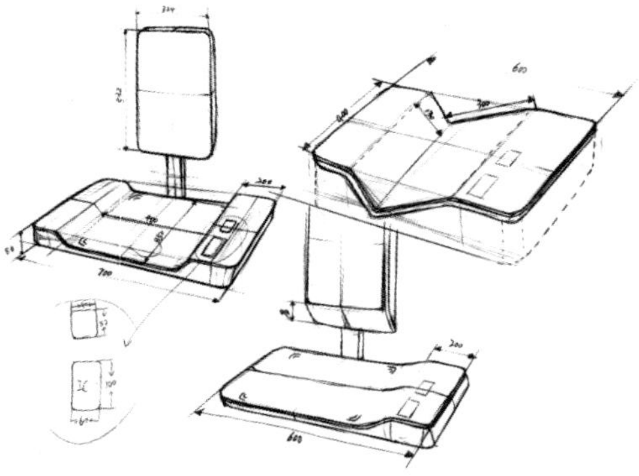

图 3-1-30　草图 9

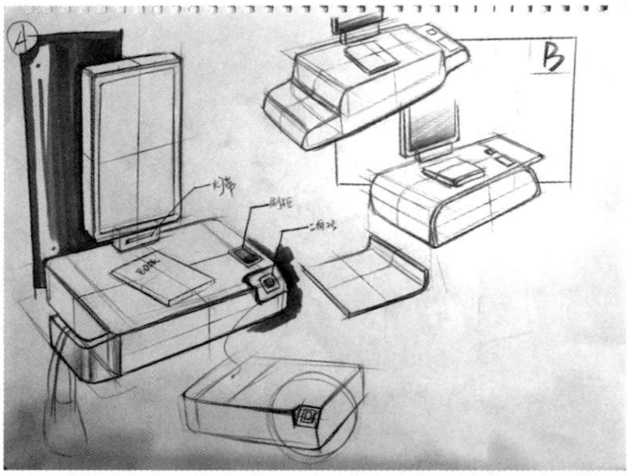

图 3-1-31　草图 10

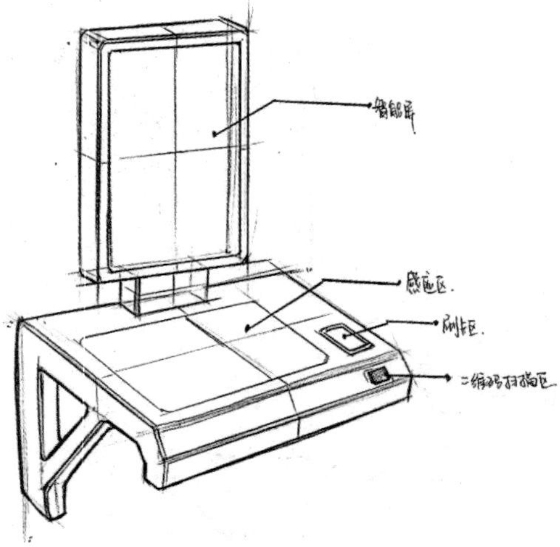

图 3-1-32　草图 11

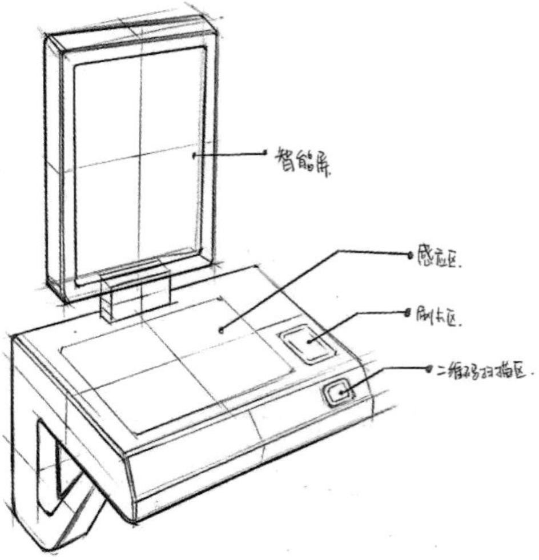

图 3-1-33　草图 12

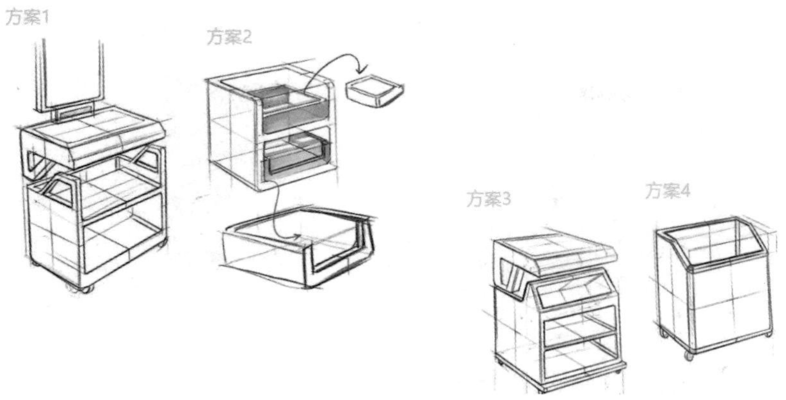

图 3-1-34 草图 13

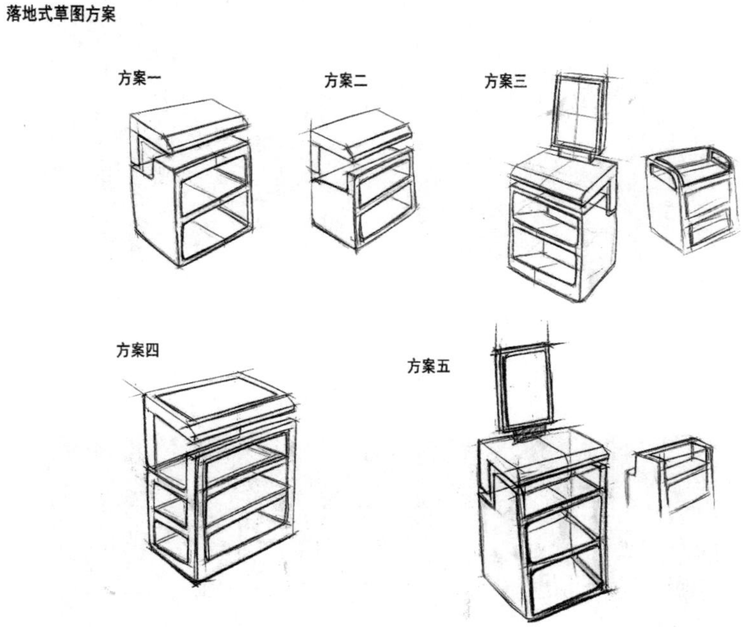

图 3-1-35 草图 14

六、效果图设计

图 3-1-36 为整体效果图,图 3-1-37 为使用场景图,图 3-1-38 为感应区界面放大图。

图 3-1-36　整体效果图

图 3-1-37　使用场景图

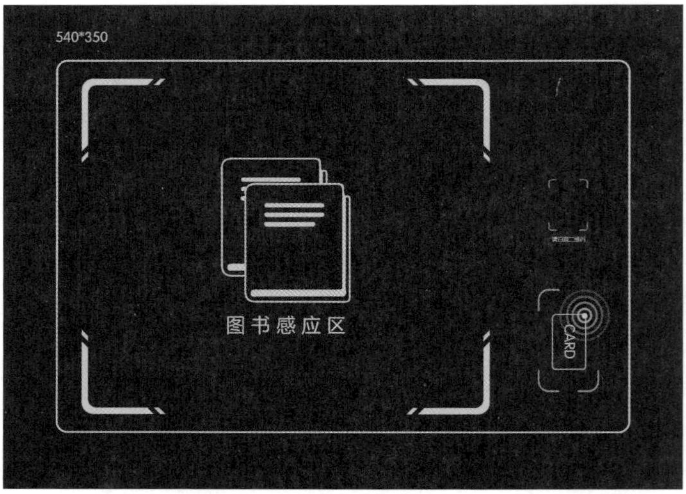

图 3-1-38　感应区界面放大图

七、界面交互设计

流程设计图如图 3-1-39 所示。

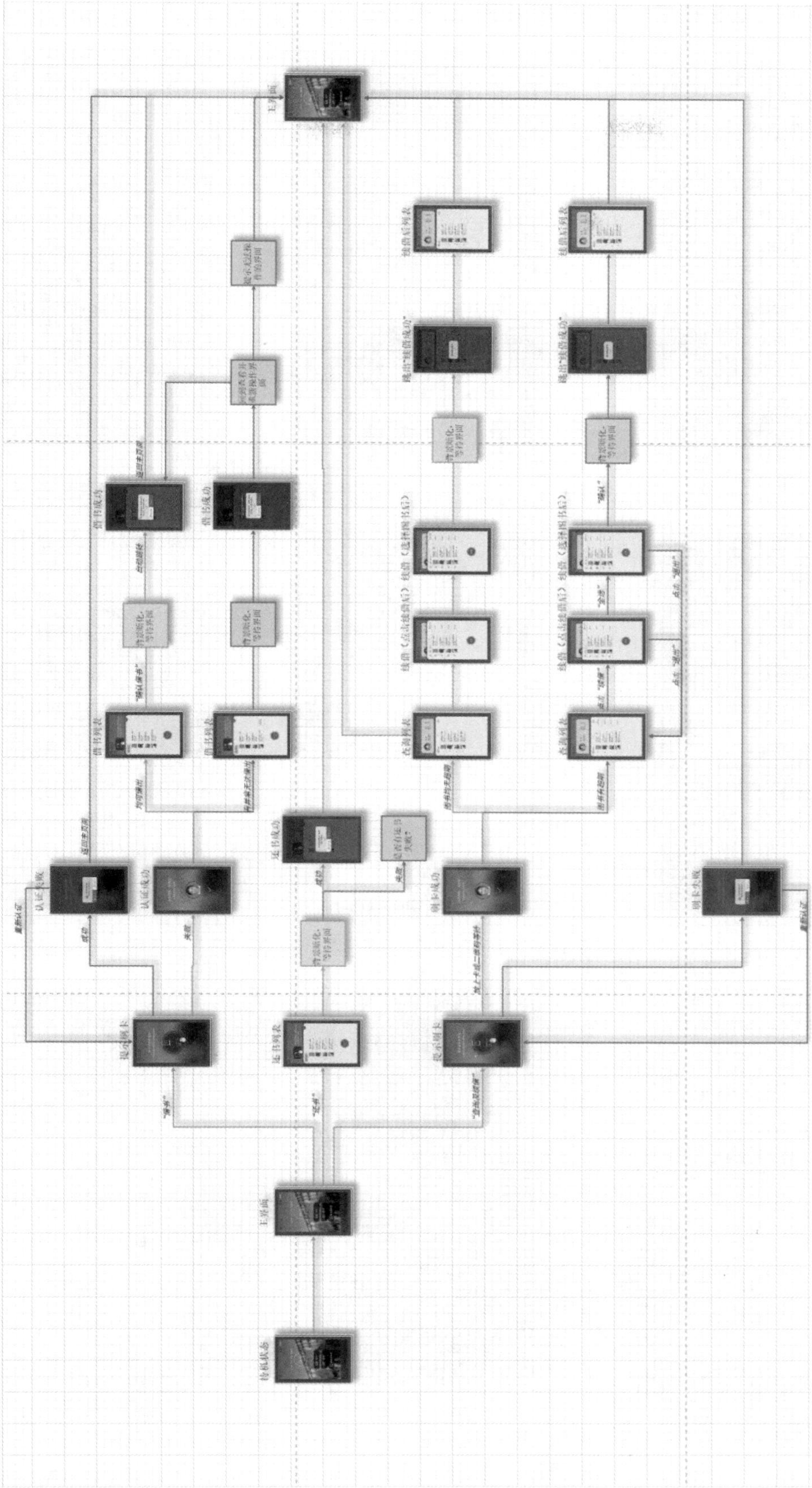

图 3-1-39　流程设计图（可参见电子版彩色图）

高保真界面设计图如图 3-1-40 和图 3-1-41 所示。

步骤 1:主界面　步骤 2:请刷卡　步骤 3:验证成功

步骤 4:刷卡失败　步骤 5:借书列表　步骤 6:借书成功

步骤 7:有 1 本书无法借出　步骤 8:借出成功(3 本)　步骤 9:还书列表

图 3-1-40　高保真界面设计图一

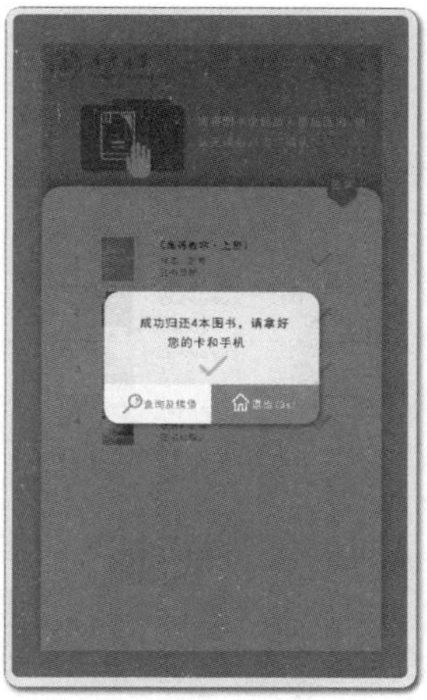

步骤 10:还书成功

步骤 11:查询列表

步骤 12:续借列表

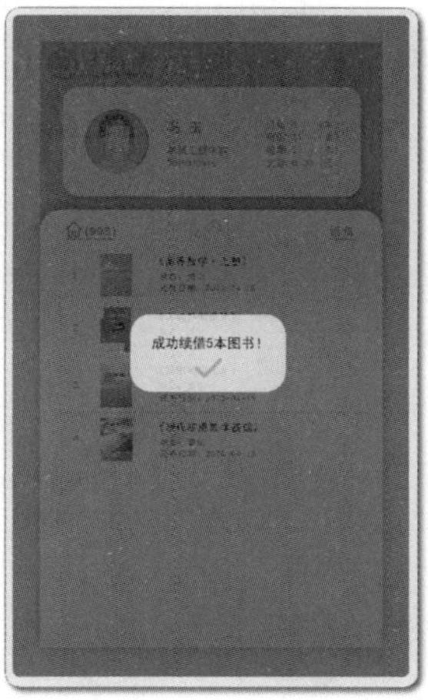

步骤 13:续借成功

步骤 14:查询列表超期

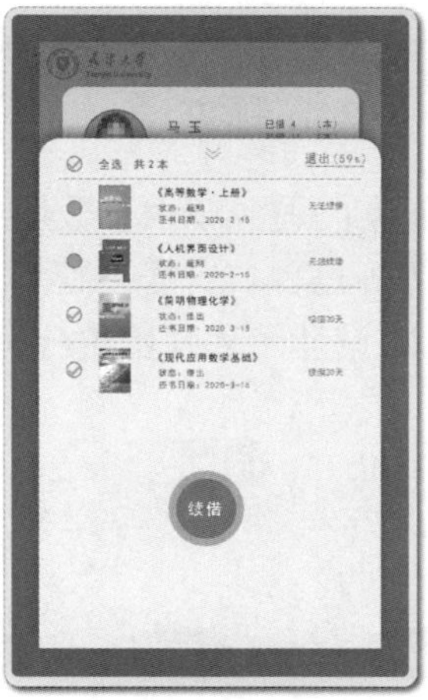

步骤 15:续借列表有超期

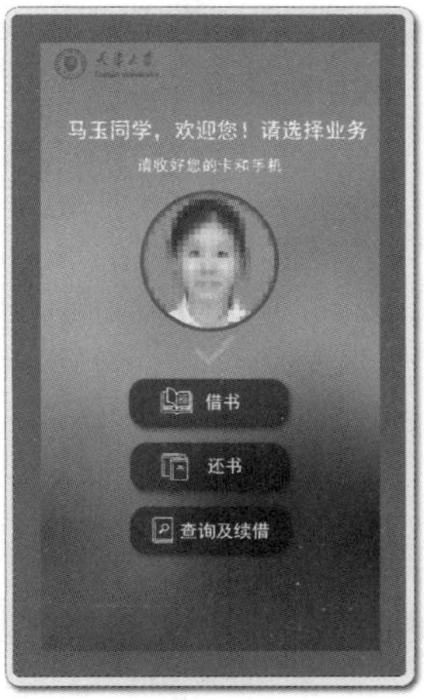

步骤 16:直接刷卡

步骤 17:还书成功

图 3-1-41　高保真界面设计图二

案例二　导医 APP 设计

苗宇栋　张永祥　王宇豪　盛　麟　任梦阳
指导教师：邢　元　张赫晨

扫一扫

视频：导医 APP 设计

一、问题来源

本问题源于大多数用户在医院看病的亲身经历。在看病期间，病人会经历找科室、排队等待等过程。看病过程烦琐（图 3-2-1），效率低下。为了解决这样的问题，提高病人的看病效率，设计团队开始进行研发设计。

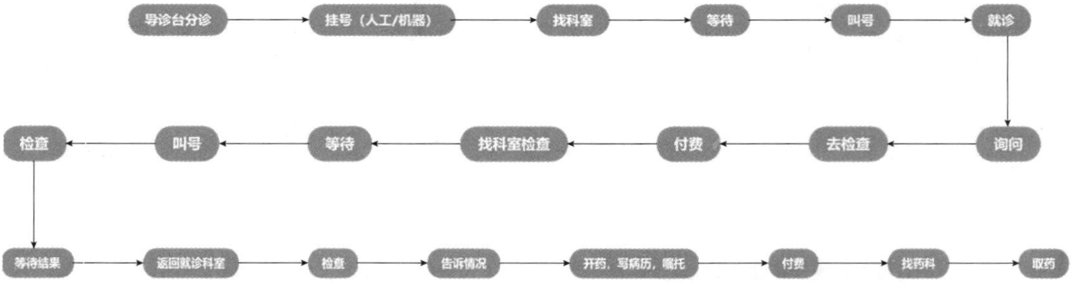

图 3-2-1　就医流程

二、调研——发现影响看病效率的原因

研发团队通过问卷调查，调查各个年龄层、不同职业以及不同看病频率的用户，来获得影响因素。调研工作总共收到 110 份有效问卷，男女比例接近 1∶1，年龄为 18~50 岁。图 3-2-2 显示，18~25 岁的用户占 50%，25~50 岁的用户占 29.09%，大于 50 岁的用户占 20.91%。

通过问卷，研发团队发现用户感到困扰最多的是医院排队人数太多，专家门诊就诊人数太多，不知挂哪个科室，确诊后不知流程，不明确医保报销范围，不知就医地点等，调研结果如图 3-2-3 所示。

对于以上重要的影响因素，对问卷数据进行更细致的分析，结果如下。

（1）突出问题 1 分析：医院病人太多（73.91%）。

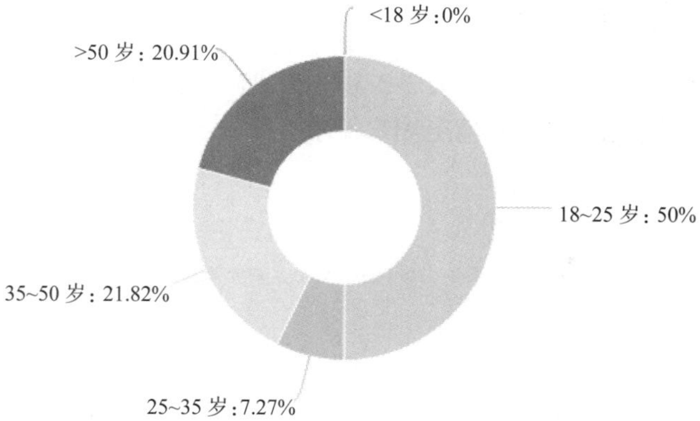

图 3-2-2　年龄分布图

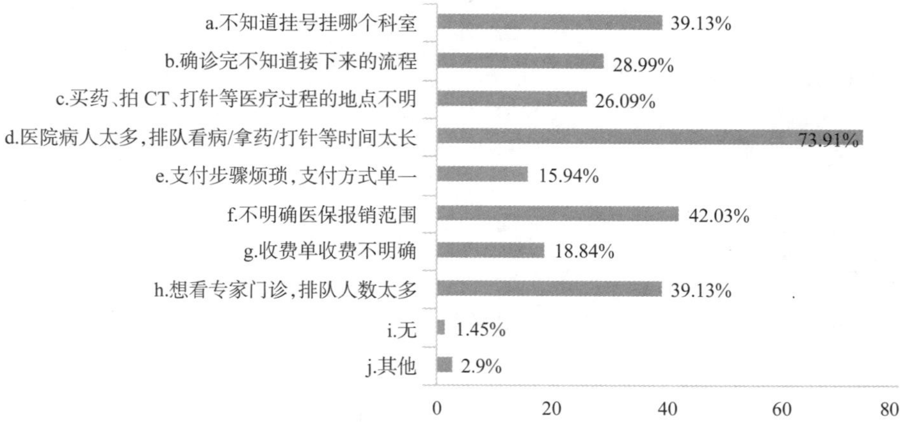

图 3-2-3　主要困扰问题

人们倾向去资质好的医院,而资质差一些的医院则不需要排队,俗称“大医院人多,小医院人少”。在大医院中,所有的就医环节都会有排队现象。

(2)突出问题 2 分析:就诊科室地点不明(26.09%)、流程不明(28.99%)。

医院内部导视系统不清晰,超过 70%的患者会选择问前台导诊人员或医生,患者只有通过询问别人才能知道下一步需要做什么,主动性很差。

(3)突出问题 3 分析:不知道医保报销范围(42.03%)、不知道挂号挂哪个科室(39.13%)。

很多 18~25 岁的人不知道医保报销范围,去医院频率较低的人和收入较低的人大多不知道医保报销范围。

三、明确目标用户

方法:对不同年龄层、不同职业以及不同看病频率的用户进行访谈。

通过访谈以及问卷数据分析发现,看病频率与用户“痛点”之间有直接的关系,年龄大的用户最希望改善的是排队长、找科室导致就医不及时的问题。对医护人员访谈后得知,他们认为这种就医不及时除了资源匮乏,还有一些重复性工作浪费资源。因此根据就医频率和年龄对人群进行细分(图 3-2-4),之后根据细分原则,得到目标用户(图 3-2-5)。

四、根据目标用户确定"痛点"

根据用户访谈记录确定"痛点"（图 3-2-6），之后根据总结出来的用户"痛点"以及看病流程总结用户体验地图（图 3-2-7），确定用户需求。

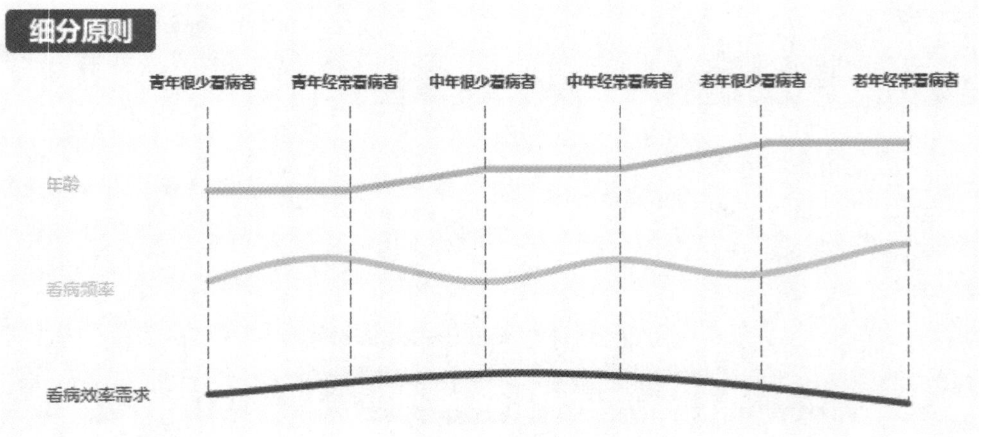

图 3-2-4　人员细分

图 3-2-5　目标用户的用户画像

五、对用户需求进行转化

方法：总结归纳用户看病流程，对每个流程的需求进行设计。

1.挂号问诊阶段

（1）智能分诊。根据病情种类、病情程度，将病人智能分诊到某个医院，减少大医院的病人堆积和小医院的医疗资源浪费。

（2）专家医院推荐。部分想要在专家门诊挂号的人，不知道哪家医院哪个医生更专业，通过推荐，他们可以快速找到最适合的医院、专家进行治疗。

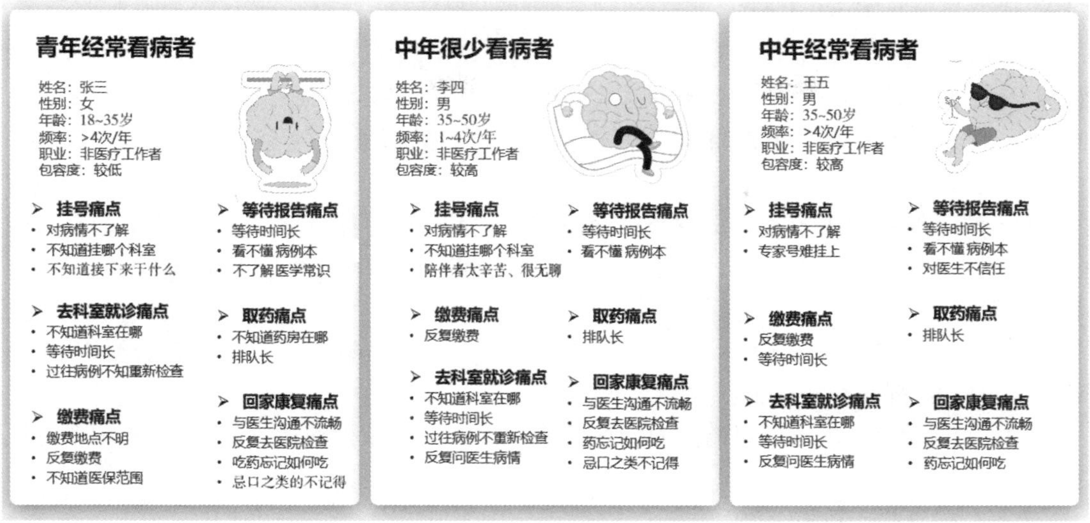

图 3-2-6 用户“痛点”

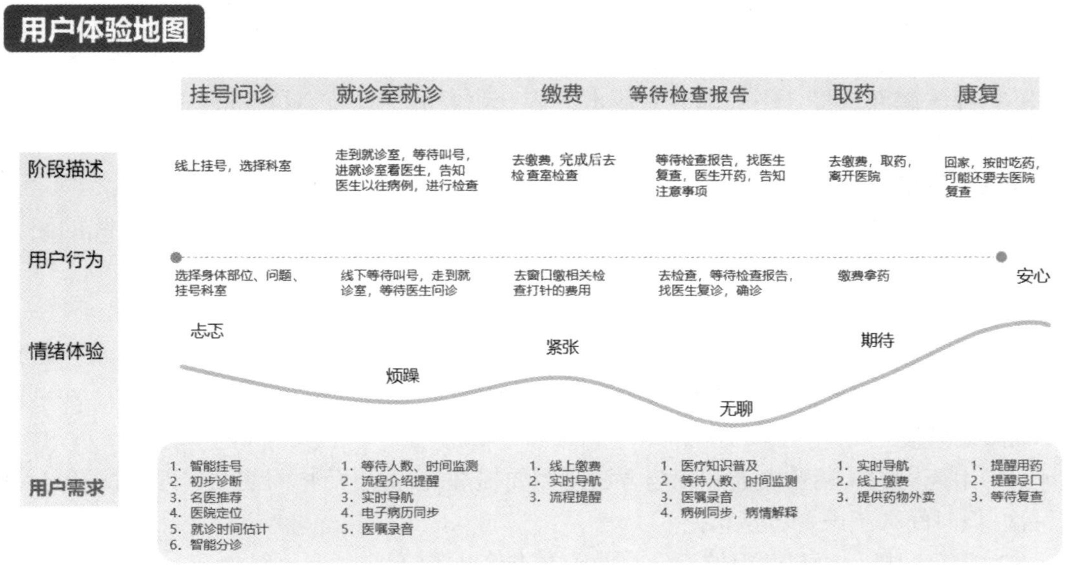

图 3-2-7 用户体验地图

（3）在线排队。在线挂号，在一定的时间范围内去医院，节约时间。

（4）初步预测。通过挂号，对自己的病情进行了解，且可以预测大概就诊时间和就诊流程，可以通过预测，判断自己是否有时间去医院进行就诊。

2.就诊室就诊阶段

（1）人数、时间监测。因为排队人数较多，人们看病总有些焦虑，所以人数、时间的监测很重要，这可以缓解人们看病焦虑的心态，先做其他的事，更精确地利用时间。

（2）流程提醒。对于一些看病不熟悉流程的人，流程提醒会提高看病效率，防止出现完成一个项目后不知道接下来进行哪个项目的尴尬局面。

（3）实时导航。在医院导视系统混乱、医院的科室分布不合理时，病人不容易找到对应科室，实时导航必不可少。

（4）电子病历。对于病人和医生都有帮助的是电子病历，通过电子病历，可以生成病例解释，病人可以看懂自己的病情，方便医生知道相关病史，还可以对医嘱进行录音，方便病人回家康复，缩短了看病时反复询问造成的看病效率低下的问题。

3.缴费阶段

（1）线上缴费。由于需要反复缴费，确定医保范围，还可能排队缴费，最简单的方法就是采用线上缴费，医生从系统上发送账单，病人在手机 APP 中直接缴费，接受检查并拿药，节省时间。

（2）流程提醒。缴费之后，可能是去拿药，也可能是去检查，对于不同的缴费流程，需要提醒下一流程，提高看病效率。

（3）实时导航。缴费窗口的实时导航及流程提醒下一流程的地点导航，为使用者提供了方法。

4.等待检查报告阶段

（1）人数、时间监测。患者去检查时可能需要排长队，检查完等待报告的时间也比较久，人数、时间、流程的监测必不可少。

（2）病例同步。检查报告与手机 APP 电子病历同步，病人可以清楚地看到自己的检查报告，了解自己的病情。

（3）报告解释。报告中大部分专业术语非专业人士看不懂，对其进行一定口语化的解释，给予患者安慰，也让患者更了解自己的情况。

5.取药阶段

（1）实时导航。实时导航为患者提供了取药前的路线支持和取药后出医院的路线支持。

（2）线上缴费。线上缴费缓解了排队和医保报销的问题，也预防反复缴费这个问题。

（3）提供药物外卖。此功能让病人不用带很多药品，也提高了看病的效率。对于长期慢性病患者，可以得到定期配送的药物。

6.康复阶段

（1）用药提醒。用药次数和用药方法是需要提醒的，对于药物的使用，开药时医生会提醒一次，但时间久了患者容易忘记。

（2）康复记录。康复过程的记录有助于复查诊断，对患者也是一种提醒。

（3）饮食、运动提醒。部分康复的患者在饮食和运动方面需要注意，如饮食忌口或者多吃什么类型的食物有助于病情的好转需要提醒，运动提醒如建议患者每天慢跑或慢走多长距离。

（4）复查提醒。有些患者在确诊之后，进行了一段时间的康复，病情并没有得到缓解，或者对自己的病情仍有疑虑，可以提醒复查。

（5）医生在线交流。康复期间如果患者回家，就不方便跟医生交流自己的病情，在线交流则可以使医生在有空时在线回答患者的部分问题，但不做强制要求。

六、确定 APP 整体框架

方法：根据用户需求，设计新的用户就医流程（图 3-2-8），从而确定 APP 框架（图 3-2-9）。

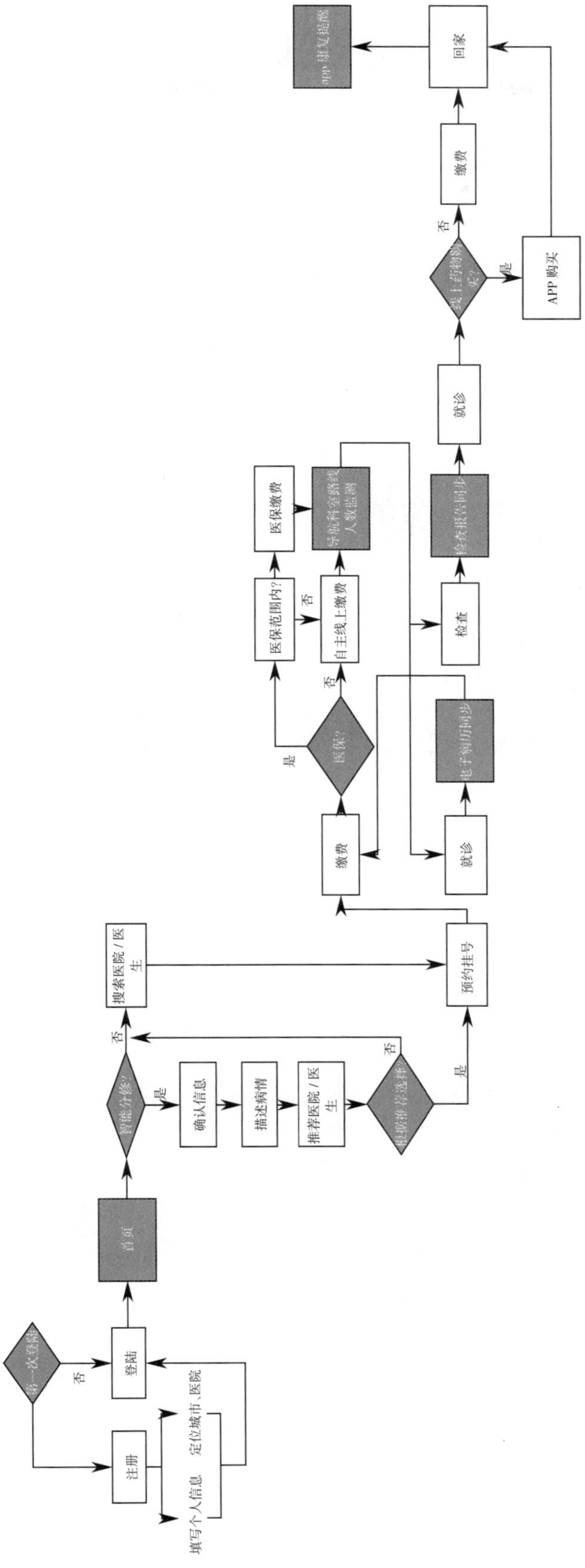
第一次登陆
否
注册
填写个人信息
定位城市、医院
登陆
首页
智能分诊？
是
否
确认信息
描述病情
推荐医院 / 医生
根据推荐选择？
是
否
搜索医院 / 医生
预约挂号
缴费
医保？
是
否
医保范围内？
否
医保缴费
自主线上缴费
导航科室路线人数监测
就诊
电子病历同步
检查
检查报告同步
就诊
线上药物购买？
是
否
APP 购买
缴费
回家
app 康复提醒

图 3-2-8　任务流程图

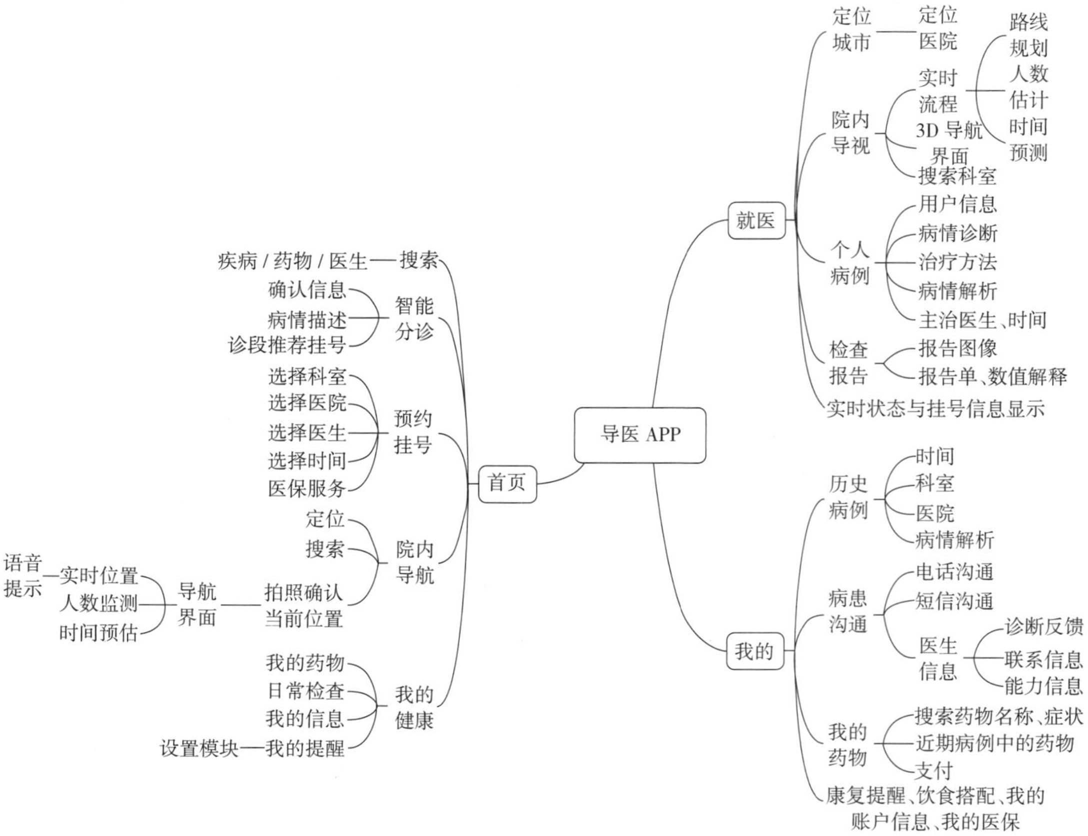

图 3-2-9　APP 框架

七、界面绘制

方法：将上述框架进行可视化设计，并且考虑医疗背景，将主题色定为蓝色（图 3-2-10）。

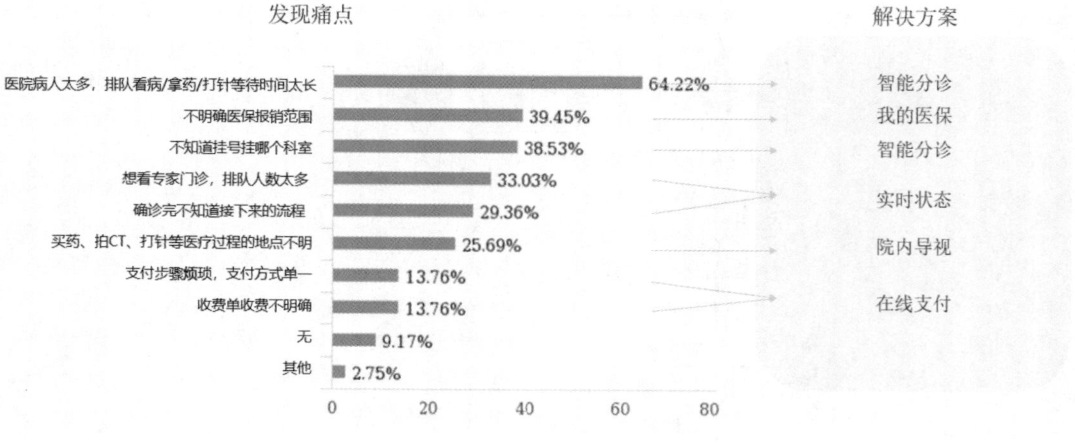

图 3-2-10　框架可视化设计

1. LOGO 设计

导医 LOGO 由定位符号和医院的标志组成，在医院内定位导航，同时引导用户就诊，提高看病就诊的效率(图 3-2-11)。

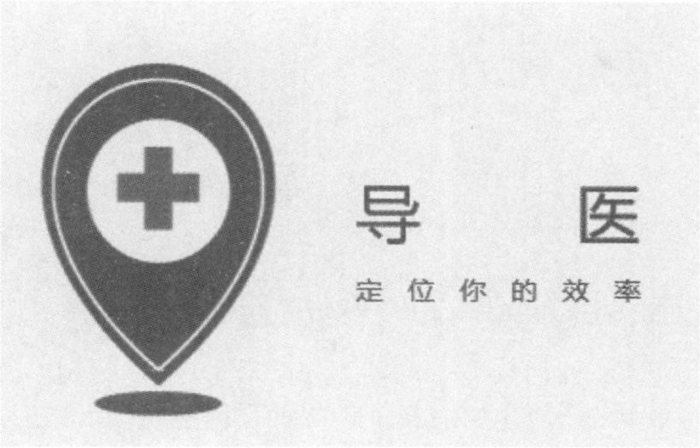

图 3-2-11　LOGO 方案

2.界面设计

界面设计如图 3-2-12 所示。

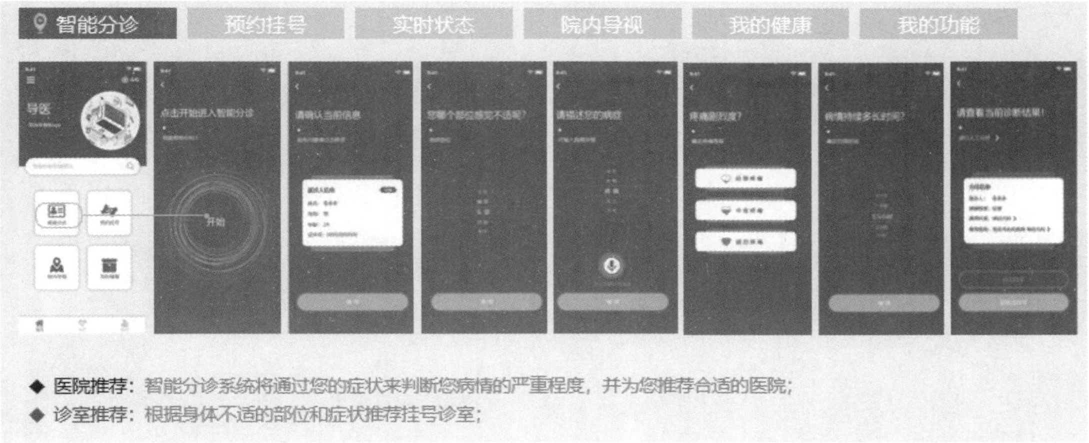

图 3-2-12(1)　界面设计一

图 3-2-12(2)　界面设计二

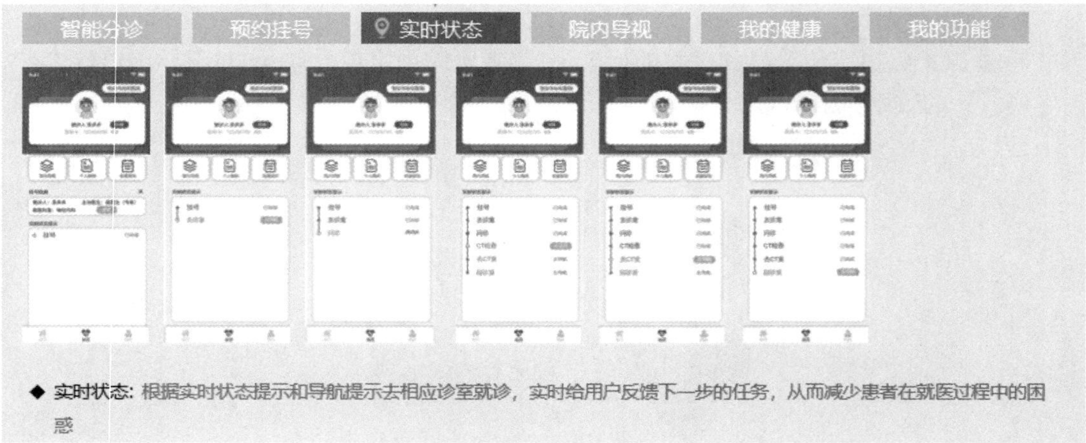

图 3-2-12（3） 界面设计三

案例三　计时器设计

从靖晨　何　骐
指导教师：邢　元　张赫晨

扫一扫

视频：计时器设计

一、项目介绍

1.背景介绍

心理学家发现，结合工作和休闲的时间使用方法可以提高工作、学习效率，所以许多用户会利用“计时器”来管理时间。在市场上，可以用来进行时间管理的计时器种类繁多。为了更好地了解计时器的产品性能，研究团队选择市场领先的 MUJIE 品牌计时器“ MJ-DS-04”作为被测试产品。

测试目的：了解被测试产品的可操作性和易操作性，识别产品设计中的缺陷，并根据产品设计缺陷进行改进与迭代。

2.测试产品介绍

（1）产品概述。如图 3-3-1 所示，该电子产品体积小、便于携带、屏幕清晰、功能简单、无噪声，可以满足用户对计时器的基本需求。MJ-DS-04 产品的整体材料为 ABS 塑料，尺寸为 8 cm × 8 cm × 2 cm，质量为 50 g。

图 3-3-1　MJ-DS-04 产品原型

（2）产品功能。前液晶显示器占前操控板面积的 1/2。屏幕下方是 6 个带有文本描述的功能键。背面有 2 个用于控制电源和静音的开关以及电池盒和内置扬声器。

（3）产品使用场景。该产品可用于教室、图书馆、办公室、宿舍。

（4）产品摆放方式。利用折叠支架和磁铁，可以将其立在桌面上、挂在墙上或吸附在金属面板上。

二、可用性测试设计

1.角色卡片

1）角色 A

姓名：程薇。年龄：22 岁。性别：女。身份：高年级大学生。用户要求："要开始对研究生入学考试内容进行复习，尽管手机可以计时，但也会降低学习效率。因此我只想要一个简单的计时器，这个计时器可以让我知道现在几点了，学习了多长时间，以方便我偶尔停下来休息一下。同时，我希望计时器不会对其他同学造成干扰。"

2）角色 B

姓名：李敏。年龄：25 岁。性别：男。身份：研究生。用户要求："希望在我早上起床做早餐时，计时器提醒我火已经烧了多久，还可以帮我记录最近的累计工作时长，以总结本周的工作状态。"

2.用户使用流程

基于产品运行中的角色卡片，研究团队梳理了计时器的用户使用流程，如图 3-3-2 所示。

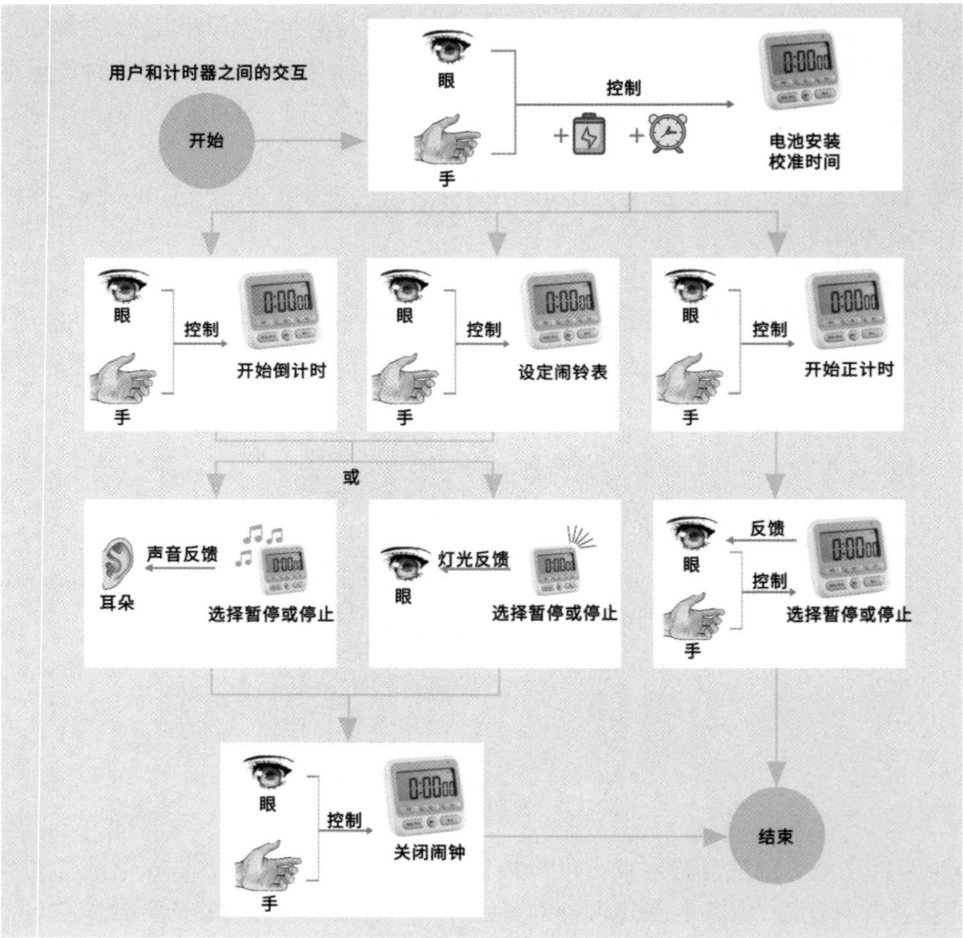

图 3-3-2　计时器用户使用流程

3.人机交互过程

研究团队梳理了用户在使用计时器时的人机交互过程,见表 3-3-1。

表 3-3-1　计时器的人机交互过程

产品	视觉	听觉	触觉	行为
静态	√	√		观察计时器
打开产品	√	√	√	打开并放入电池
调整功能	√		√	切换并设置时钟,计时,倒数和闹钟
放置产品	√		√	将计时器放在正确的位置
调整为静音状态	√	√	√	打开静音开关
关闭产品	√		√	关闭电源并取出电池

4.测试实验设计

根据预设的角色卡片和用户使用过程,研究团队安排了测试计划和实验。受试者为 15 名 16~30 岁的大学生。测试工具为 MJ-DS-04 计时器、其他计时器和录音器材等。测试环境为室内、安静的环境。测试方法为问卷调查、用户访谈等。

如图 3-3-3 所示,受试者需要打开计时器,尝试各种功能,最后关闭产品,将其恢复为原始状态。其操作任务包括:①打开产品;②校准时钟;③设置正计时;④设置倒计时;⑤设置闹钟;⑥开启静音;⑦把计时器放在桌子上;⑧将计时器吸在墙上;⑨将计时器挂在墙上;⑩关闭产品。

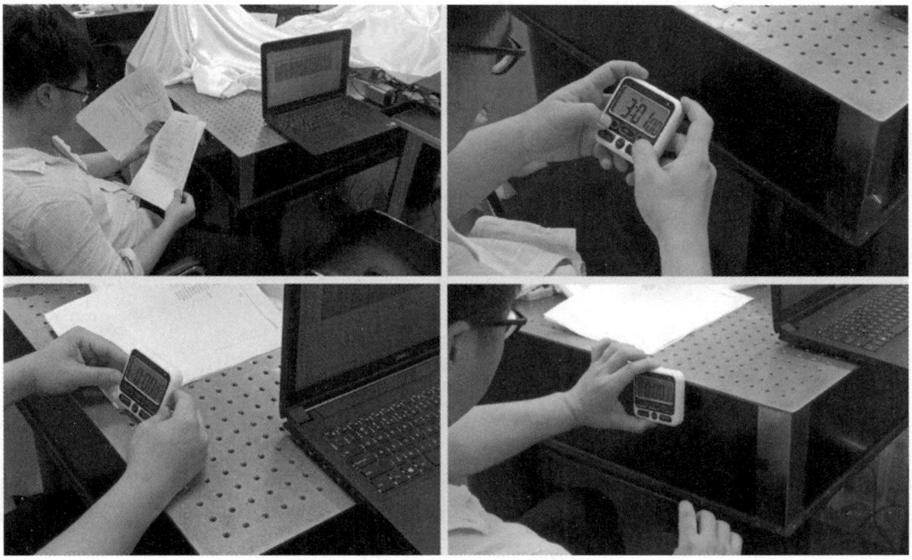

图 3-3-3　测试过程照片(组图)

在完成上述任务后,请受试者谈谈产品的整体感觉,并请其提供一些有关改进此产品设计的建议。此外,让受试者对产品的各种操作任务进行评分。测试问卷如图 3-3-4 所示。

计时器测试问卷

一、您是否使用过该产品或类似产品。(请打√)　是　否

二、请您为以下操作过程打分

	难				易
	1	2	3	4	5
1 打开产品					
2 校准时钟					
3 设置正计时					
4 设置倒计时					
5 设置闹钟					
6 开启静音					
7 把计时器放在桌子上					
8 将计时器吸在墙上					
9 将计时器挂在墙上					
10 关闭产品					

图 3-3-4　计时器测试问卷

三、可用性测试的数据分析

1.分析被测用户和任务数据

通过测试实验,研究团队获得了受试者操作的图像数据、操作时间和调查问卷的数据。在此测试中,研究团队选择了 15 位受试者,所有受试者的年龄都为 16~30 岁,且 15 位受试者均未使用过此产品。表 3-3-2 列出了受试者对产品整体感觉进行描述出现的高频词。高频词被整理为词云图的形式,如图 3-3-5 所示。

表 3-3-2　受试者采访的高频词

关键词	简单	方便	实用	好找	容易	误触	结实	功能	不太好	简明	比较	操作	直接
频率	28	13	12	8	8	5	4	4	4	3	3	3	2

图 3-3-5　受试者高频词的词云图

所有任务用时的箱形图如图 3-3-6 所示。其中“校准时钟”任务花费的时间最长，也是最困难的任务。“将计时器挂在墙上”的任务排在第二位。

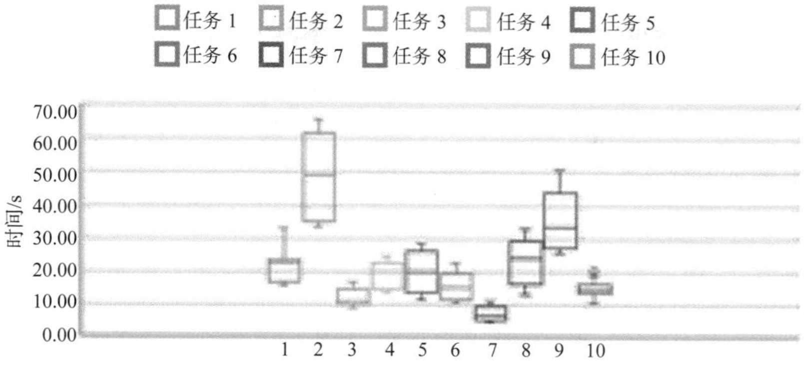

图 3-3-6 各任务用时详情分析（可参见电子版本彩色图）

2.任务分析

根据任务测试的图像数据，发现“校准时钟”任务中受试者的错误率较高，分析原因为：①无法返回，如果添加的数字超出预期，则由于没有返回键，需要从头开始再次按键；②无法锁定时间状态，移动计时器的按钮很容易被触发，如果再次按下按钮，则报时会发生错误。

3.问卷调查与分析

根据问卷调查，研究团队获得了每个任务的用户操作评分。研究团队将简单性设置为获得 100 分。根据统计，测试的总分如下：任务 1、3 和 4 得分最高，为 90 分；任务 9 得分最低，为 40 分。产品计时功能非常容易实现，产品的整体操作也相对容易。受试者对任务难易度的评分如图 3-3-7 所示。

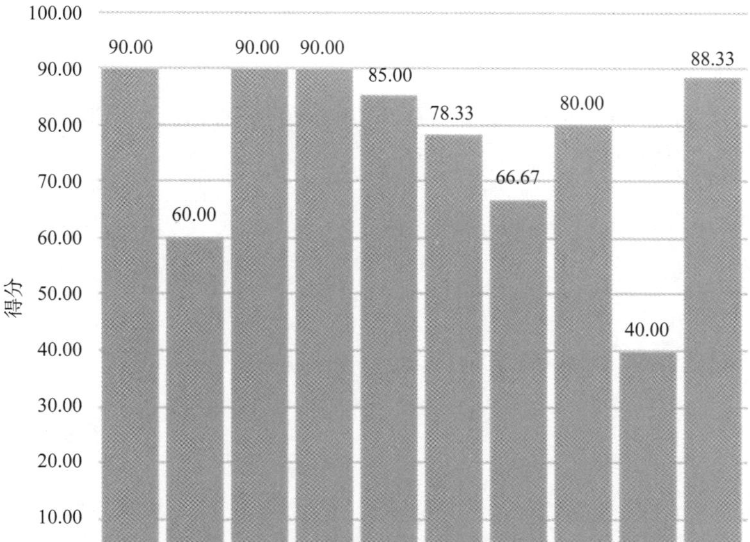

图 3-3-7 受试者对任务难易度的评分

4.用户访谈分析

根据访谈的结果,研究团队发现产品评价一直很高,这体现在以下几个方面:①操作简单,功能简单;②形状按钮并不复杂,按键名被写在按钮上,易于操作;③所有功能都不容易相互影响。此外,研究团队了解到受试者希望从以下几个方面改进产品:①加强支架的结构,使其在“站立”时更加稳定;②改善“悬挂”功能,并向前方调整打开方向;③改善计时器整体材料的质感。

四、可用性测试总结

1.产品使用设计总结

根据以上分析,该产品的操作性非常好,主要原因是按钮功能分离,屏幕较大,按钮具有功能说明。产品需要改进的方向包括:①避免不小心按下定时器按钮;②设置数字时,定时器要更加灵活,避免从头开始再次按下按键;③计时器应使用更坚固的材料;④应提高支架的稳定性;⑤悬架功能有待改进。

2.实验设计与数据分析总结

实验设计总结。实验设计比较完整,所获得的数据可靠有效,子任务记录细致。它完全覆盖了每个子功能,并测量了每个功能的运行时间。

数据分析总结。采用词云、表格和图形的组合,并辅以文字说明,清楚地指出了该产品的问题和优点,并且详尽而全面。

五、产品重新设计

1.选择产品改进问题

通过可用性测试,研究团队发现用户经常误用定时器,且设置时间的功能会让用户感觉不方便。这个问题可以归结为人机界面的设计不合理。因此,研究团队将产品改进的方向定义为合理的人机界面设计,以使计时器的操作更加简便。

2. 635 法的应用

根据讨论,使用了 635 法给出计时器设计解决方案,如图 3-3-8 所示,并对绘制的草图进行评分,如图 3-3-9 所示。

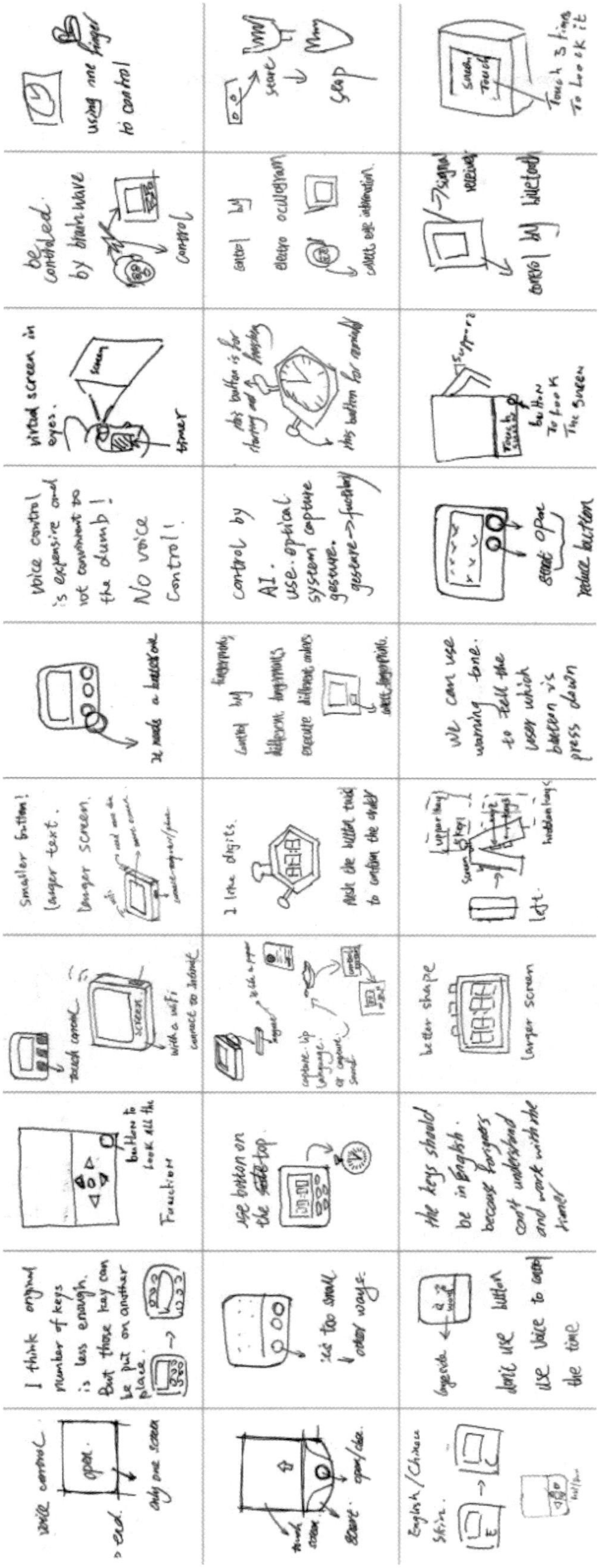

图 3-3-8　使用 635 方法绘制的草图

		方便使用	外观优美	功能独立性	经济实用	设计前卫	受试者首选	协调性	标记	结果
		A	B	C	D	E	F	G		
A1	1	+	+		−	+	−	+		2
A2	2	+	+		+	+	+	+		6
A3	3	+			+	+	+	+		5
B1	4	+	+		+		+	−		3
B2	5	+	−		+		+	−		1
B3	6	+			−	+	−			0
C1	7	+			+	−	+	+		3
C2	8	+			+	+	−			2
C3	9	+			+		+			3
D1	10	+	+	−	−	+	−	+		-1
D2	11		+		−	+	−	+		1
D3	12	+	+		+	−	+	+		4
E1	13	+	+	−	−	+	+	+		3
E2	14	+		+	+	−	+			3
E3	15	+	+	−	+	+	+	+		6
F1	16	+	+		+		+			4
F2	17	+				+	−	+		2
F3	18	+			+	−	−	+		1
G1	19	+			−	+	−	+		1
G2	20	+			+	−	−	−		-1
G3	21	−	+		+		−	+		1
H1	22	+	+	+	−	+	−	+		3
H2	23	−	+	+	−	−	−			-2
H3	24	−	−		−	−	−			-5
I1	25	−	−	−	−	−	−	−		-7
I2	26	−	−		−	−	−	−		-7
I3	27	+	−	−	−	−	−			-4
J1	28	−	−		−	+	−	+		-2
J2	29	−	+	−	−	−	−	−		-5
J3	30	+		+	−	+	+	+		4

图 3-3-9　对草图的评分

3.改进后的设计

如图 3-3-10 所示，方案 A 仅将“开始”按钮保留为物理按钮，而将其他按钮保留为屏幕上的虚拟按钮，但是该方案增加了用户的学习成本，所以此方案被放弃。方案 B 在屏幕上显示信息和按钮。平面图 B 的形状为正方形，使用户感觉不柔软，故使用金属拉丝来增强质感，但是这种材料增加了产品的质量，不适合日常生活，因此也未选择该方案。

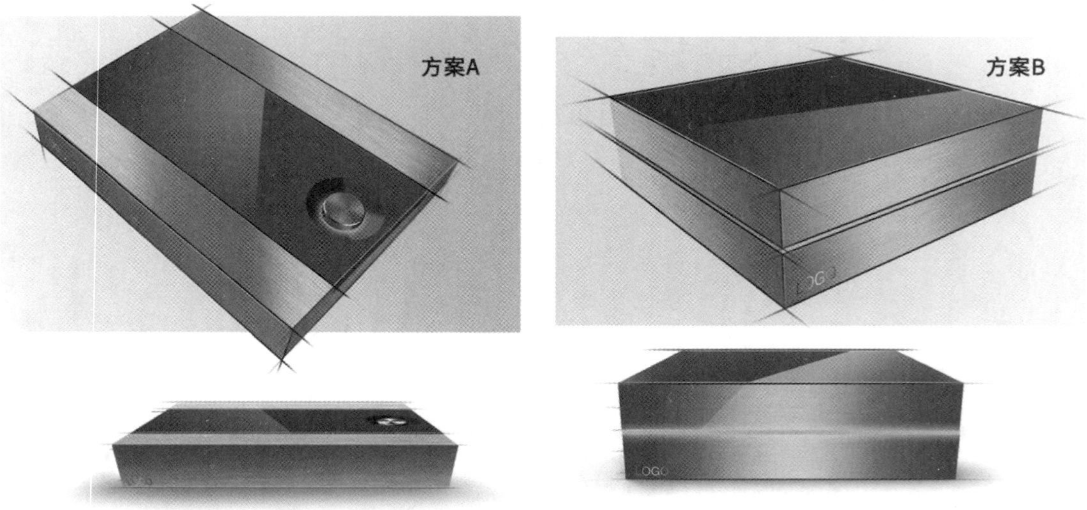

图 3-3-10　设计方案 A 与设计方案 B

如图 3-3-11 所示，方案 C 使用圆形形状，使用户感到柔软舒适。本研究最终选择了方案 C。

图 3-3-11　设计方案 C

六、总结

通过此可用性测试和产品改进设计研究，可学习如何科学地完成可用性测试和处理测试数据。研究团队在可用性测试中发现了该计时器的一些问题，并对其进行了重新设计以解决这些问题。

案例四　无人快递车可用性测试研究

张永祥　苗宇栋　李国豪　王宇豪　贾艺豪　彭　诚
指导教师：邢　元　张赫晨

扫一扫

视频：无人寄件车可用性测试

随着无人驾驶技术水平的不断提高，我国物流服务行业快速发展，给无人配送打下了良好的基础。在当下，越来越多的创新公司研发推出无人快递车或无人快递机，但无人配送的可用性又面临着许多问题。本案例通过眼动测试实验对无人快递车进行可用性评估，提出优化解决方案。研究方法为采用眼动跟踪技术测试，以阿里菜鸟无人快递车为例，对无人快递车进行可用性评估分析，并结合用户体验（问卷调查、用户访谈）所得出的调查实验结果，对无人快递车进行改良设计。本研究将可用性评估以及用户体验相结合的评估方法用于无人快递车，以设计出优良的无人快递车方案，完善产品用户体验，同时为其他可用性设计提供新的思路。

一、实验设计

1.实验计划

1）背景

最后一千米的派送是整个物流成本中占比最高的部分，有时甚至超过 50%。我国地域辽阔，交通状况迥异，在陆路运输条件难以改变的区域，无人快递车配送的出现将给当前的物流状况带来根本性的改观。检测无人快递车的寄件可用性将是促进无人快递的重要过程。

2）实验目的

检测天津大学目前菜鸟无人快递车的可用性。

3）具体测试操作

让用户使用无人快递车寄出一份指定的快递。

4）测试对象

招募被试者，将被试者划分为新手用户、一般用户、专家用户以及快递员。

5）测试工具

测试工具包括穿戴式眼动仪、屏幕式眼动仪、录像机、录音笔等。

6）测试环境

测试环境包括室内实验室和室外定位地点。

7)方法

(1)眼动仪在用户完成与无人快递车用户界面交互的过程中,记录用户在任务完成过程中的眼动信息。数据包括眼睛注视的位置、动作顺序、时间等,并生成数据列表。通过分析数据,研究用户使用过程中的视觉加工规律,以了解图形用户界面的可用性。本研究使用眼动仪获取被试者的实验数据。

(2)记录被试者在使用时的出错次数。

(3)有声思维。让用户在使用过程中口述自己的操作流程和使用体验,做好录音;但大声思维有时会干扰用户的任务执行过程。

(4)录制。将用户的任务完成过程录制下来以备测试者进行回顾和进一步分析。

(5)访谈。此步骤通过有针对性的访谈挖掘用户的潜在需求。访谈法一般分为结构访谈和半结构访谈。结构访谈是指测试者按预先设计好的问题获取用户思路和态度。半结构访谈一般也是按照预先设计的问题展开访谈,但比结构访谈更灵活,允许用户适当跑题。两种访谈法都需要访谈前仔细地设计访谈内容。

(6)制作量表。利用问卷形式(主观评分)来获取用户对产品的使用体验,为后期改进产品提供依据。

(7)直接观察。直接观察法是指测试者直接观察用户的任务执行过程,并记录感兴趣的行为和任务完成情况的方法。直接观察法主要包括按时间采样和按事件采样 2 种方法。直接观察法有助于测试者直接了解用户的认知操作特点和态度,但有时无法避免霍桑效应,即正式的测试环境会提高用户动机,从而不自觉地提高他们的测试成绩,进而影响测试效度。在测试过程中,除了收集用户的行为数据外,了解用户的思维过程和态度也很重要。测试者常用的方法有大声思维法、访谈法和问卷法。

(8)数据收集。进入时间指眼动首次达到兴趣区域所耗费的时间。首次进入时间数值偏小,显示该区域获得了更多的注意。其是非常重要的可用性指标,这是因为用户在实际使用过程中如不能在一定时间内寻找到触发其所需功能的区域,会造成用户对该操作环节的失望情绪以致放弃操作,甚至是放弃该软件的使用。进入次数指的是眼球在 100~200 ms 稳定在兴趣区域内所形成的点。总的注视点个数被认为是与搜索绩效相联系的指标,该数据数值偏大,则说明搜索绩效高。注视点指的是视线停留 100 ms 以上的位置点,一般认为这种停留是获取信息并进行内部加工的认知行为。而注视点个数则代表了人类对图形界面认知加工的次数。该数据数值偏大倾向于表现出被测试者对该区域的绝对注意力,但也可认为是某种程度的不解。在本研究中因不涉及复杂文本与图形,该数据数值偏大说明此兴趣区域获得更多的绝对注意力。注视率指的是注视时间在某兴趣区域的时间比。如果一个具有重要交互功能的区域具有较低的兴趣区内注视率,那么这个区域需要再次被修改,使它更容易被注意到。反之,高注视率则证明该区域获得了应有的注意。该数据偏大说明此兴趣区域获得了更多的相对注意力

(9)最后进行数据分析,编制总结报告。

8)实验流程

(1)被试者在实验室内,操作 APP 呼叫无人快递车。

(2)呼叫等待(其间就 APP 的可用性对被试者进行访谈)。

(3)被试者下楼寄件,一个实验人员陪同,负责引导、记录。

(4)寄件结束,实验人员将被试者请回实验室,就无人快递车可用性进行访谈。

2.访谈及问卷

1)访谈(普通用户)

访谈时可设定以下问题。

(1)您寄过快递吗?

(2)您寄快递一般会选择什么方式?(比如去快递站点寄件,网上预约快递员上门取件,手机预约无人快递车寄件。)

(3)您家里(宿舍)离快递点远吗?

(4)您寄件的次数多吗?

(5)您寄的物品体积大吗?质量怎么样?

(6)您更喜欢哪一种寄件方式?

(7)您对APP预约过程感觉如何?

(8)刚才找车的时候,您觉得车好找吗?

(9)预约地点好不好找?

(10)刚才的实验中,有让您重复填写寄件信息和格口的选择吗?(如果有,感觉如何?如果没有,则记录下来。)

(11)你喜欢在APP上填写寄件信息,还是在无人快递车现场填写信息?

(12)寄件时容易发现格口位置吗?

(13)在格口弹出时,屏幕显示的提示(几行几列)对您有影响吗?有必要吗?如果有,请谈谈想法。

(14)您感觉手机APP端以及快递车的操作提示对您的操作有帮助吗?

(15)您觉得这款无人快递车最让您满意的地方是什么?

(16)对于这款无人快递车,您有什么建议?您认为有什么可以改进的地方?

(17)这款无人快递车的体验如何?(对手机APP预约和现场取件分开评价。)

(18)如果没有这次实验的话,您会主动尝试使用它吗?如果不会,请问原因是什么?

(19)您下次寄件会考虑这种方式吗?

(20)您了解无人寄件的方式吗,或者说知道寄件入口在哪里吗?(在支付宝输入“菜鸟驿站”。)如果您不知道入口在哪里,会放弃使用吗?如果您想使用无人寄件方式,会通过什么方式了解?

2)量表

我会认为我会经常使用这款产品。

我感觉这款产品没必要这么复杂。

我认为这款产品易于使用。

我认为我需要专业人员指导才可以使用。

我认为这款产品使用起来很笨拙。

对于使用这款产品,我感到很自信。

在我使用这款产品之前,我感觉我需要做很多功课。

3)对专家用户的访谈

(1)您认为相比传统菜鸟驿站而言,无人快递车对用户而言更加方便吗? 方便之处何在?

(2)您认为无人快递车对您的工作有帮助吗?

（3）无人快递车对您的工作的哪个环节的帮助最大？

（4）您认为无人快递车最让您满意的地方是什么？

（5）您认为无人快递车最让您不满意的地方是什么？

（6）您认为无人快递车还有什么不足？

（7）您希望无人快递车还提供什么新功能？

①我感觉这款产品的不同功能没有很好地整合在一起。

②我认为这个系统太不一致了。

③我认为大部分人会很快学会使用。

二、数据分析

1. 寄件流程分析

寄件流程分析示意如图 3-4-1 所示。

手机下订单　　寻找无人快递车　　操作无人快递车

图 3-4-1　寄件流程分析示意

1）APP 端流程分析

APP 端流程分析如图 3-4-2 所示。

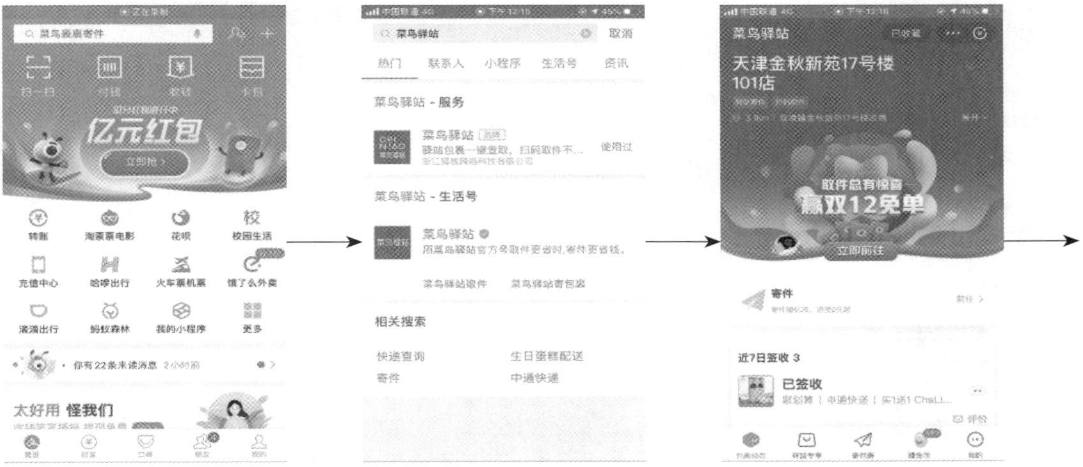

①打开支付宝　　②搜索菜鸟驿站　　③选择寄件

图 3-4-2（1）　APP 端流程分析（一）

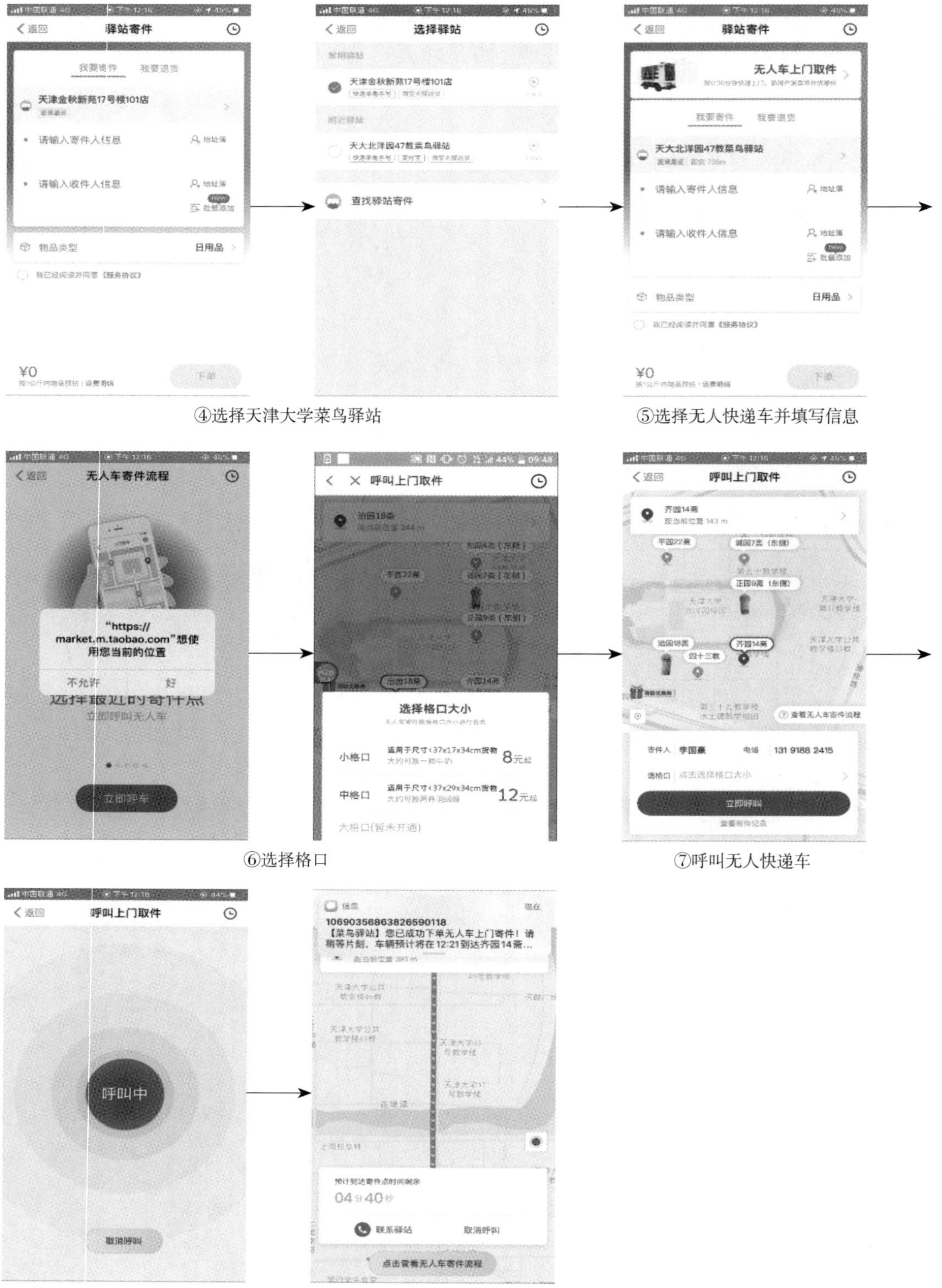

④选择天津大学菜鸟驿站

⑤选择无人快递车并填写信息

⑥选择格口

⑦呼叫无人快递车

⑧等待

图 3-4-2(2) APP 端流程分析(二)

2)找车流程分析

找车流程分析如图 3-4-3 所示。

图 3-4-3　找车流程分析

无人快递车到达时会以发送短信或者打电话的方式提醒使用者，在等待的过程中使用者可以查看操作流程，无人快递车到达的地点为预设好的站点，在下单后会选择停到离用户最近的站点。无人快递车寄件流程如图 3-4-4 所示。

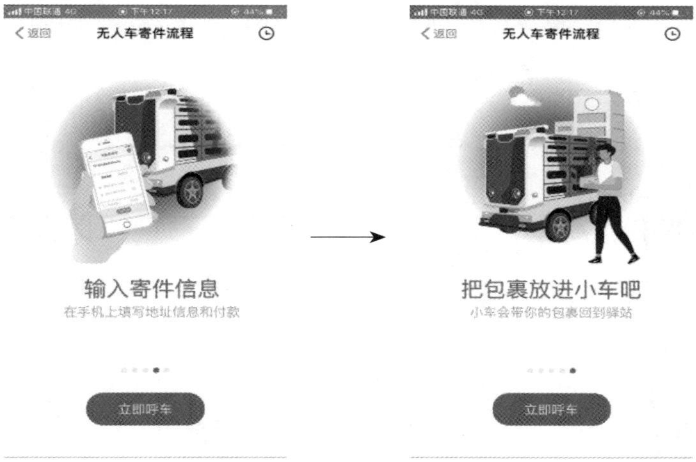

图 3-4-4　无人快递车寄件流程

3）无人快递车下单流程分析

无人快递车下单流程如图 3-4-5 所示。

①（无人快递车界面）点击寄包裹

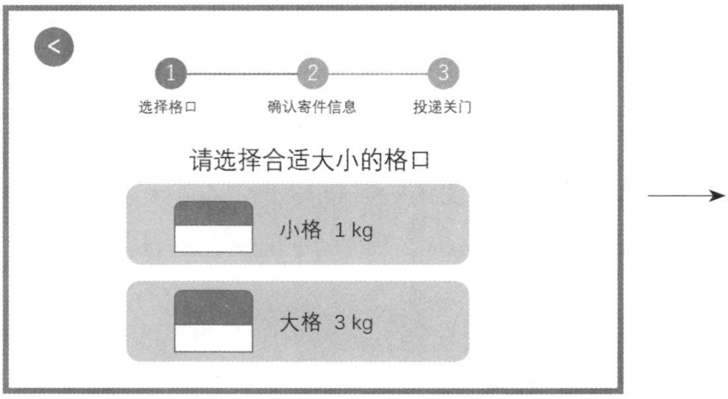

②选择格口

③扫一扫

图 3-4-5（1） 下单流程（一）

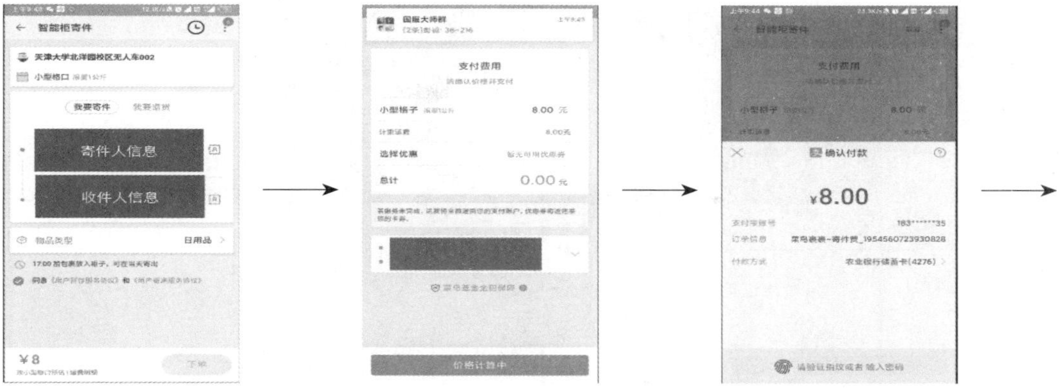

④关联订单，填写信息　　　　⑤支付费用

⑥按照提示将包裹放入柜中并关上柜门

⑦下单成功√

无人快递车

图 3-4-5(2)　下单流程(二)

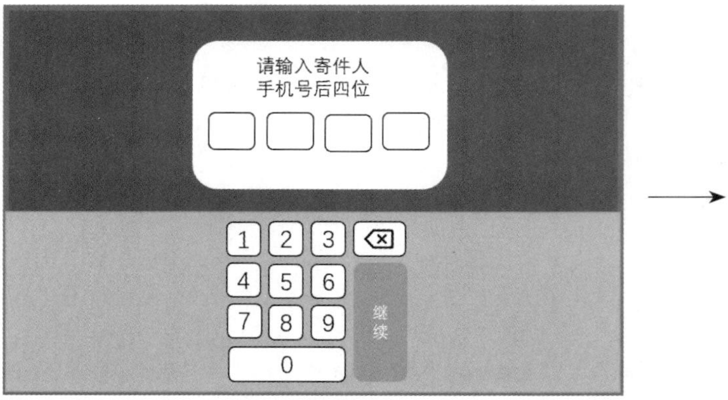

⑧输入寄件人手机号信息

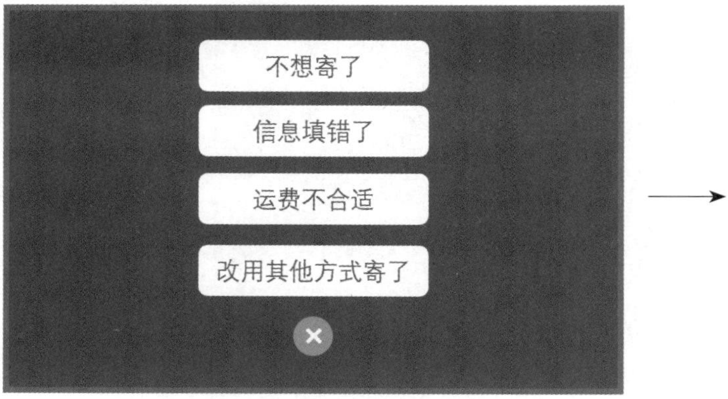

⑨拿出包裹并选择取消原因

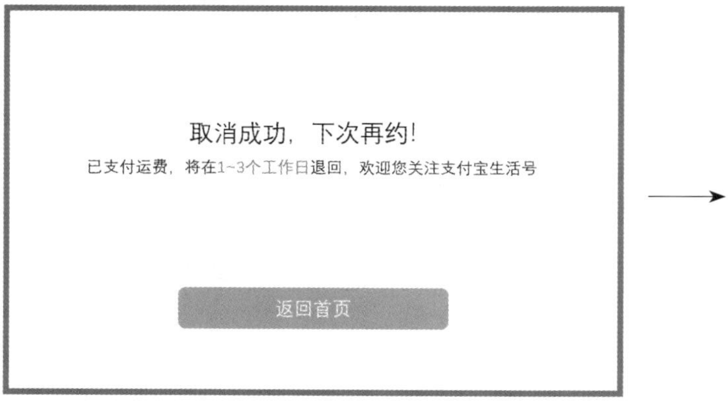

⑩取消成功√

图 3-4-5(3) 下单流程(三)

如果要取消订单，先在手机上取消订单，再在无人快递车上操作。订单信息可以选择在室内用手机下订单时填写，也可以选择先呼叫无人快递车，然后在操作无人快递车时扫一扫后填写。本流程展示的是在室内用手机下订单时填写信息的流程，无人机前操作的流程只是将填写过程放在了扫一扫后，因此不再赘述。

2. 仪器数据分析

1)眼动轨迹及热点分析

眼动轨迹及热点分析如图 3-4-6~图 3-4-8 所示。

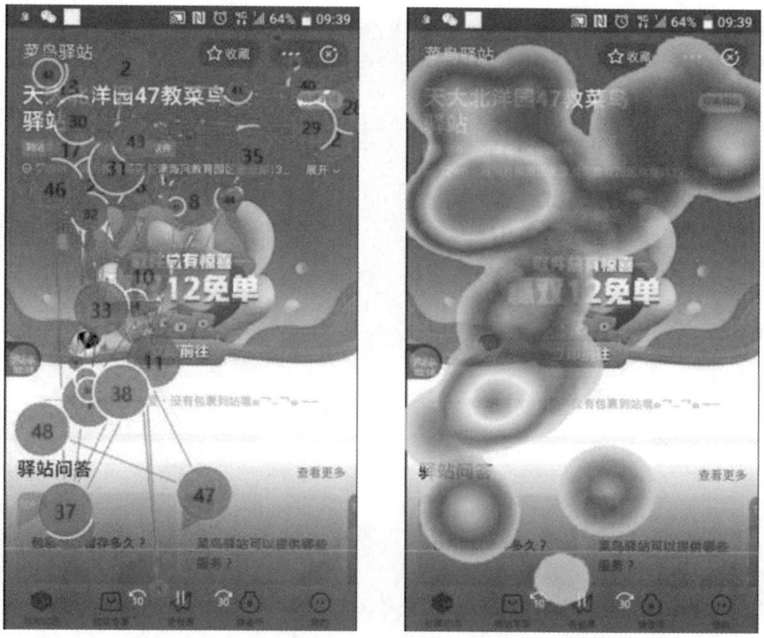

被试者主要观察地址一栏

图 3-4-6　眼动轨迹及热点分析(一)

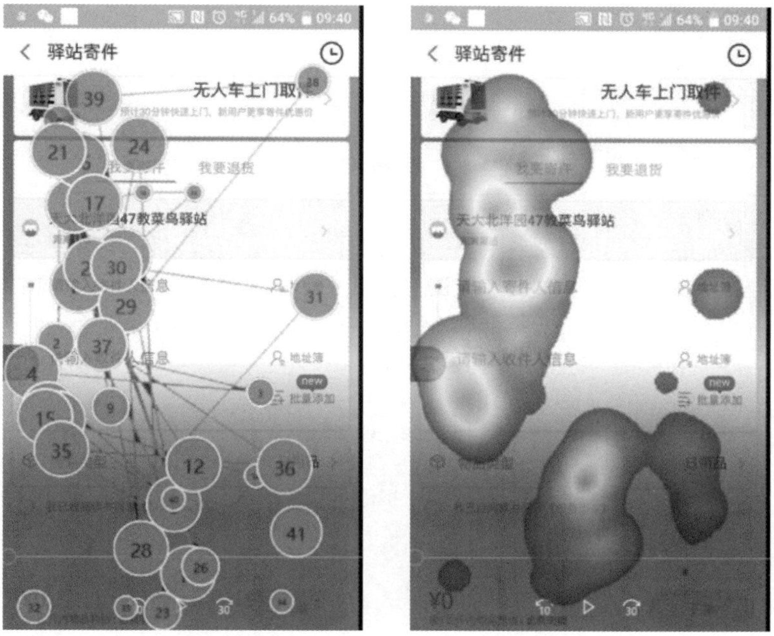

被试者输入信息一侧,并且观察到无人快递车弹窗

而且并未点击

图 3-4-7　眼动轨迹及热点分析(二)

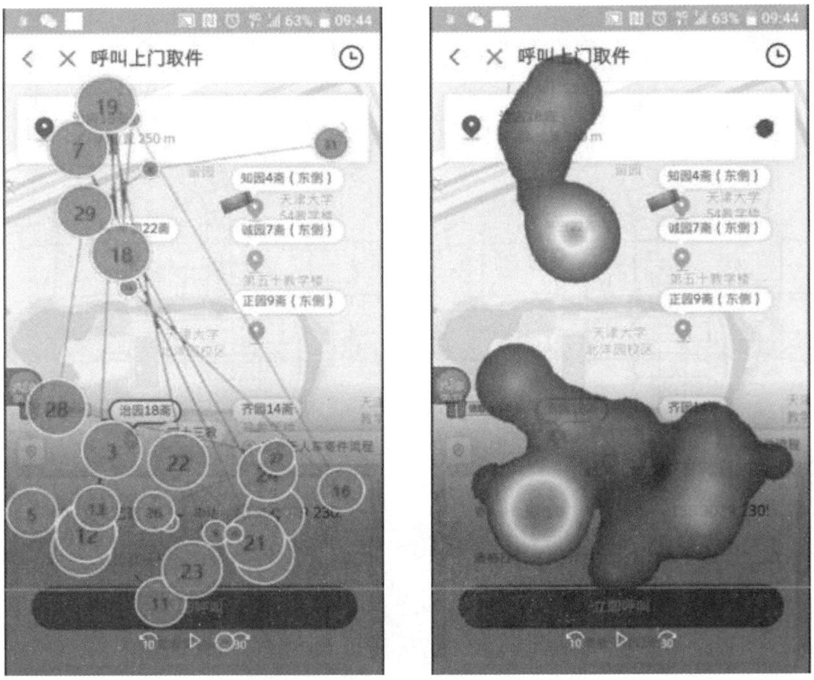

主要观察下方信息栏

图 3-4-8　眼动轨迹及热点分析（三）

2）眼动数据分析

兴趣区眼动数据见表 3-4-1。

表 3-4-1　兴趣区眼动数据

AOI	第一注视时间/s	平均注视时间/s	总注视率/%	注视计数/%
1	0.395 727 520	0.256 205 887	17.348 099 05	18.194 791 36
2	0.259 210 677	0.289 145 538	10.522 919 46	9.753 450 679
3	0.232 053 190	0.272 185 121	70.156 741 77	68.338 063 83

被试者在兴趣区 1 的第一注视时间最长，说明兴趣 1 的理解程度最难，需要加以改正，如图 3-4-9 和图 3-4-10 所示。

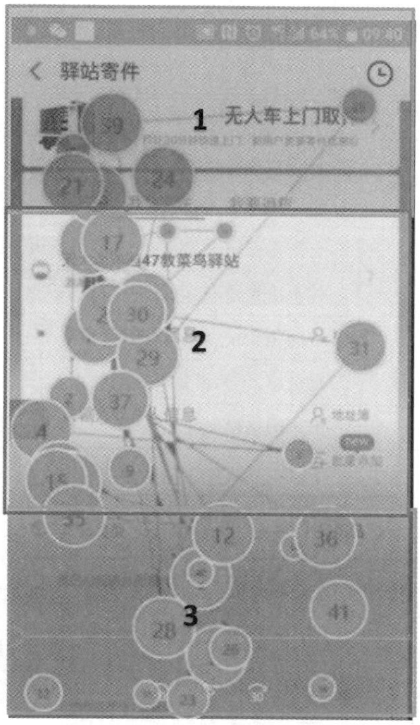

图 3-4-9 被试者注视时间分析

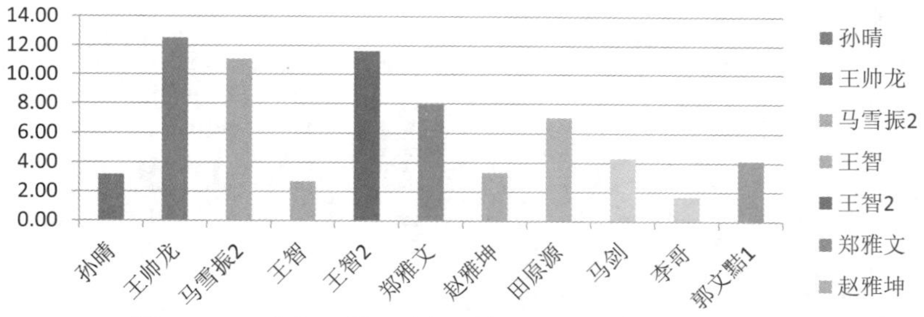

图 3-4-10 兴趣区第一注视时间（彩色图参见电子版本）

3.操作过程及访谈数据分析

1）无人快递车 APP 可用性测试——有声思维数据统计

在本次无人快递车 APP 的可用性测试中，共有 15 人参与了实验，参与者均为天津大学学生，且均无色盲、色弱者。

本次测试流程是让被试者统一在指定的实验地点（天津大学 37 教学楼），在实验工作人员提供的手机上操作 APP，预约呼叫无人快递车。呼叫成功即为结束。通过让被试者在操作的同时将自己的思维用口语描述出来，可以比较容易地捕捉到用户在测试过程中失误的种类以及失误的次数。实验发现，用户在“无人快递车/本人定位界面”失误次数最多，共 9 次，失误方式为“略过最近的寄件站点”，其次为“无人快递车上门取件入口”，失误方式为“找不到入口，或者误解”，共 8 次。数据统计结果见表 3-4-2 和图 3-4-11。

表 3-4-2　无人快递车 APP 测试有声思维数据统计

失误位置	失误方式	频次
无人快递车/本人定位界面	略过定位最近的寄件站点	9
无人快递车上门取件入口	找不到入口,误解	8
驿站专享按钮	误以为点进去之后可以寄包裹	2
本人定位上的信息显示框	点击无反应,以为点击之后可以更改地址信息	1
无人快递车/本人定位界面	分不清人/车的定位	1
无人快递车/本人定位界面	不能判断站点距离自己远近	1
无人快递车呼叫成功界面	有疑惑,不知道是否预约结束	1
格口大小选择界面	不理解格口尺寸大小,不会判断该选哪种格口	1

图 3-4-11　无人快递车 APP 数据统计结果云图

2)访谈数据统计

在对被试者进行的 APP 使用体验访谈调查中发现,用户反馈的“痛点”主要集中在“找不到无人快递车取件的入口”以及“对格口尺寸的大小没有感觉”上。统计数据见表 3-4-3。

表 3-4-3　无人快递车 APP 使用体验访谈数据统计

用户陈述	产品需求	频次
我找不到无人快递车取件的入口;感觉现在无人快递车寄件是我无意间看见的;我以为上面是广告呢	1.将无人快递车取件条目框做得更容易被发现,信息的显示更通俗易懂,理解起来没有歧义; 2.提供寄件方式的选择; 3.需要告知点击进入	11
对格口大小有点疑惑;对格口尺寸没啥概念,不想看数字;格口大小没选,没注意到随便选的格口,没注意到尺寸	格口大小要更加明确,直观性强	9

续表

用户陈述	产品需求	频次
没选择驿站，没注意到；没注意到选择驿站；没选驿站，选择了 APP 上自动提供的驿站	优化交互逻辑，提醒用户在寄件之前注意选择距离自己最近的站点	4
我不太信任它	提高宣传度	1
不太了解流程	需要有操作指引	1
感觉现在无人快递车寄件是我无意间看见的	提供寄件方式的选择	1
更改地址我以为跟淘宝一样，可以点击“我的”，然后进去修改	优化交互逻辑，让用户能直观地找到地址修改的位置	1

在被试者使用完无人快递车进行寄件后，实验工作人员对其使用体验进行访谈调查，统计结果见表 3-4-4 和图 3-4-12。

表 3-4-4　无人快递车使用体验访谈调查数据统计

用户陈述	产品需求	频次
我不清楚 APP 无人寄件的入口位置在哪	增加详细信息提示	15
我不清楚快递超重如何补缴费用	说明费用补缴方式	15
我觉得屏幕显示格口提示信息没必要	将信息显示改为语音提示	13
我更喜欢在 APP 上填写寄件信息	可在 APP 填写信息	12
我没有注意到格口弹出时的屏幕信息	屏幕信息更明显并增加语音提示	8
我觉得无人快递车在行驶过程中可以中途拦下使用，车头没有什么交互	增加交互提示	8
我觉得预约等待时间过久	增加无人快递车车辆，提高移动速度	4
我觉得室外屏幕反光影响视线	改变屏幕倾角	4
我觉得格口的位置不容易发现	增加语音提示，修改界面显示提示信息	3
我觉得预约地点不好找	在预约地点处增加标识牌，增加导航	3
我觉得无人快递车应该有语音提示	增加语音提示	3
我在手机上取消寄件，还要在车上再次取消	增加手机与无人快递车的联动性	3
我不会主动使用这款无人快递车	增加宣传手段	3
我觉得无人快递车停留时间太短	适当增加停留时长	3
我更喜欢在无人快递车现场填写寄件信息	现场填写寄件信息	3
我不清楚我寄的快递是否属于违禁品	在 APP 预约时进行信息提示	3
我觉得使用无人快递车的时候需要弯腰，有点低	根据国际标准尺寸设计	3
我觉得无人快递车不好发现	用蓝牙手机提示	2
可能需要它取件	取件需求大于寄件	1

图 3-4-12　无人快递车使用体验访谈调查数据统计云图

通过调查结果可以发现,用户的“痛点”集中在“我不清楚 APP 无人寄件的入口位置在哪”和“我不清楚快递超重如何补缴费用”两处,其中对于“我不清楚快递超重如何补缴费用”,采用 635 方法解决这个“痛点”问题。

三、APP 端问题分析及解决方案

1.无人快递车界面改良设计流程

1)定位与需求分析

在目前的市场环境下,无人快递车还只能在人工智能和大数据传输下试运行,只在高校内试点运行。因此,无人快递在当前应处于整个无人物流发展的初级阶段,希望将来可以带给用户完整、流畅的无人寄件体验。

通过对无人寄件的用户进行分析,研究团队发现,由于无人快递车的使用场景限制,用户年龄呈现年轻化的趋势。在调研范围内,20~28 岁的学生占比最大,达到 80%,其次是 35 岁以上的老师,占比达到 15%。通过采访无人快递车的工作人员,研究团队了解到,由于学生和老师的上下课时间比较固定,所以会导致下课后(11:00—13:00 和 17:00—18:30)集体取快递拥堵的现象,所以无人快递车的便捷性使其在校园中具有发展潜力。

通过对以上用户的调研和访谈发现,在当前阶段,可以将主要的用户目标定位为 20~28 岁的年轻人。他们普遍受教育程度较高,对新鲜事物的接受程度较高。

2)流程图绘制及信息构架搭建

在进行无人快递车的需求分析和用户调研之后,开始绘制流程图和进行信息架构的搭建。从用户的使用逻辑角度整理和设计界面,任何可能性和容许率都是需要重点考量的。

当用户进入无人快递的起始界面时，需要明显的启动和引导页面为用户提供缓冲和引导，不仅如此，还要给用户明显的提醒。因此，改良设计从 APP 原始的设计流程入手，重新进行设计并重构信息构架，这是非常有必要的。

3）高保真原型图绘制

在完成界面流程图和信息构架之后，为了验证布局的合理性，确定流程的出口与入口正确的框架图。本次设计通过 Axure 完成界面布局、按钮的设置，并且将每个界面按照之前的设计串联起来，并赋予相应的说明和备注。本次改良设计直接设计高保真原型图，在完成度、精度方面达到更高的要求，更容易看到细节存在的问题。

在高保真原型图（图 3-4-13）中，除了考虑功能和布局之外，还对那些对用户体验产生影响的部分进行深度的细节思考。使用环境不同，用户期望也随之改变，这就需要尽可能多地考虑特殊情况带来的影响。比如用户在既没有地图箭头引导，又没有无人快递车指引的情况下如何找到寄件车，对于不熟悉环境的同学还要进行适当的地图引导。

2. APP 界面设计呈现

1）登录进入界面

在首页 APP 设计中，其版式设计要考虑对用户有明显的引导，使其易找到寄件入口，所以在设计入口页时可以考虑将相对位置重要化，比如放在最显眼的位置，使用该页面最显眼的卡片，使用户一眼就可以寻找到自己所需要的信息，从而进行有明确意图的搜索（图 3-4-14）。

图 3-4-13 高保真原型图

图 3-4-14 入口页设计

2）选择寄件界面

在设计寄件界面时，为了突出无人寄件的寄件方式和考虑到用户的使用习惯，通过设计多个入口和调整卡片大小和色彩，增加入口的视觉吸引力，目的是让用户适应视觉习惯，吸引用户（图 3-4-15）。

图 3-4-15　寄件界面(组图)

3)预约车辆界面

预约界面涉及引导和反馈的重要性。被试者在预约过程中,往往会出现“我找不到无人快递车”“我不知道路该怎么走”的问题,界面应为用户提供引导,并且为用户提供即时的反馈。针对一些方向感弱的用户,可以适当增加导航界面,目的是提升寄件效率和用户体验感(图 3-4-16)。整个设计方案的交互流程如图 3-4-17 所示。

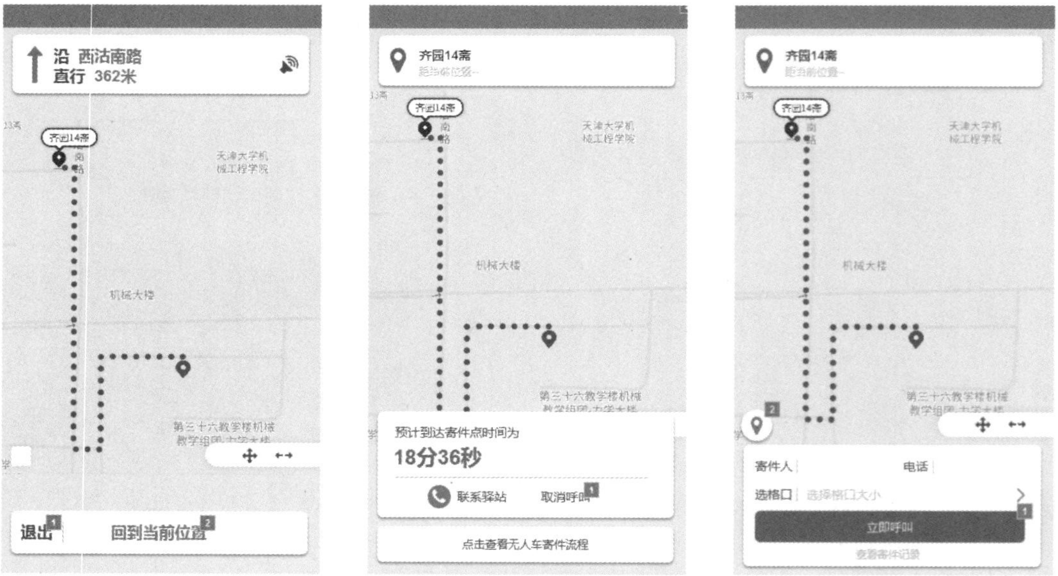

图 3-4-16　预约车辆界面(组图)

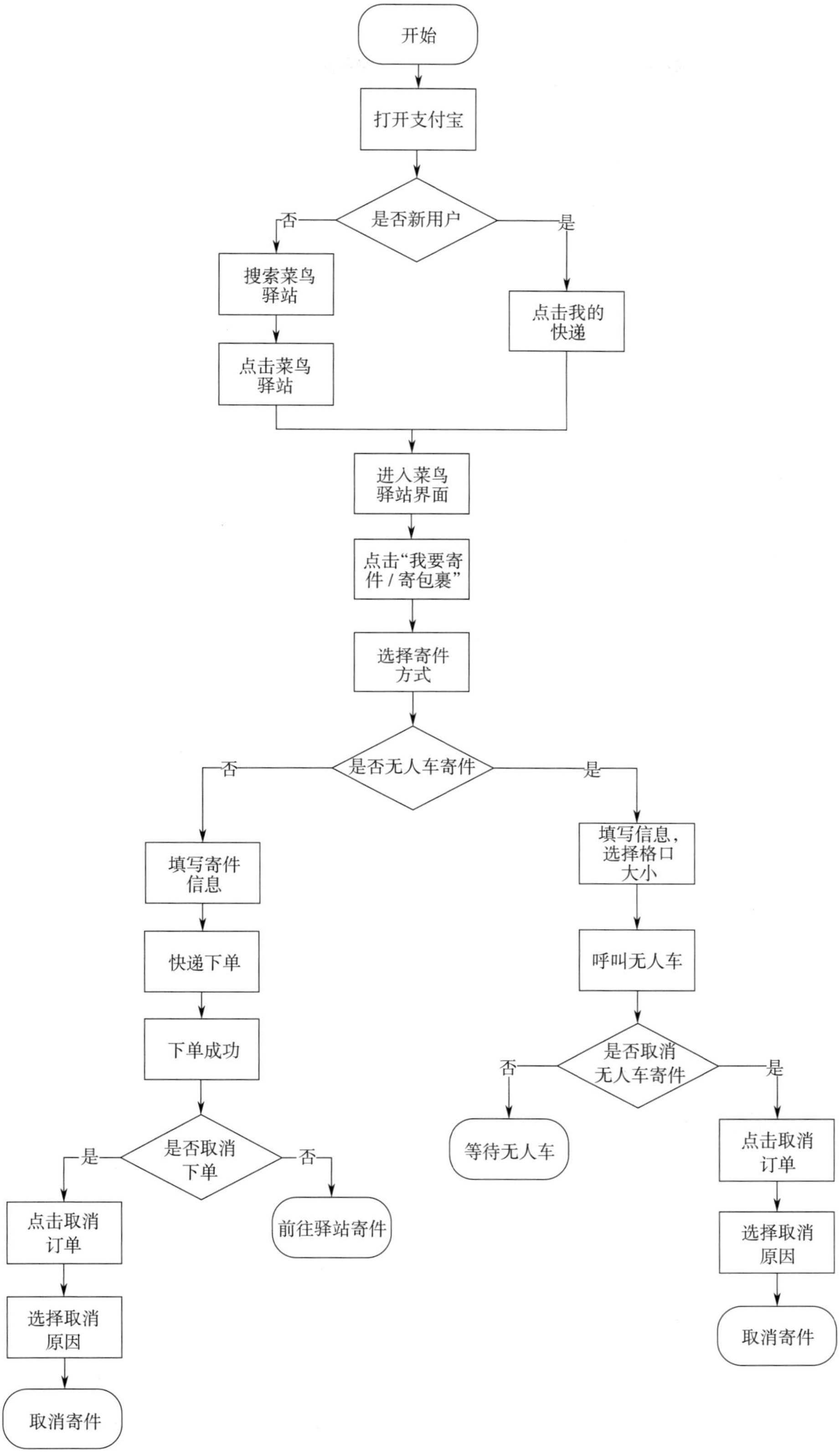

图 3-4-17　方案交互流程图

四、无人快递车问题分析及解决方案

1.无人快递车称重问题改进

1)方案一

方案一为在显示屏下方弹出电子秤进行称重。图 3-4-18 为方案一无人快递车效果图。图 3-4-19 为方案一评估图。寄件流程:选择寄件—弹出电子秤—放上包裹—屏幕显示金额以及二维码—扫码付款—柜门打开—放入包裹—关闭柜门。

图 3-4-18　方案一效果图

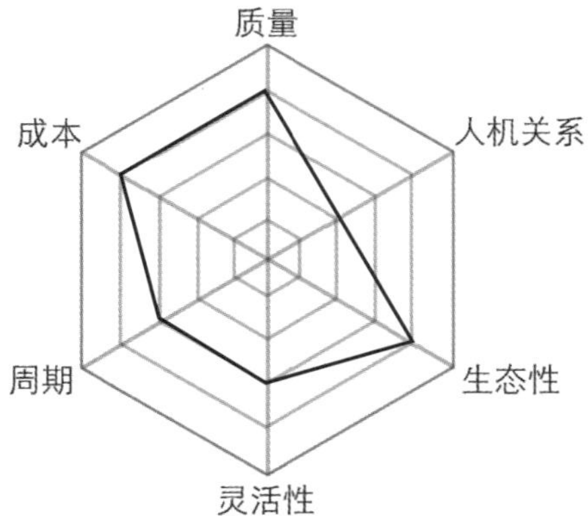

图 3-4-19　方案一评估

2)方案二

方案二将整个顶面设计成电子秤,同时在 4 个轮毂上放置压力传感器。图 3-4-20 为方案二无人快递车效果图。图 3-4-21 为方案二评估图。寄件流程:选择寄件—将包裹放在车顶—屏幕显示金额以及二维码—扫码付款—柜门打开—放入包裹—关闭柜门。

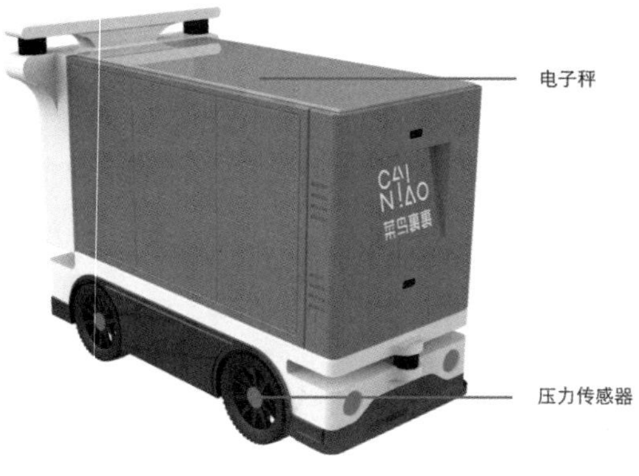

图 3-4-20　方案二效果图

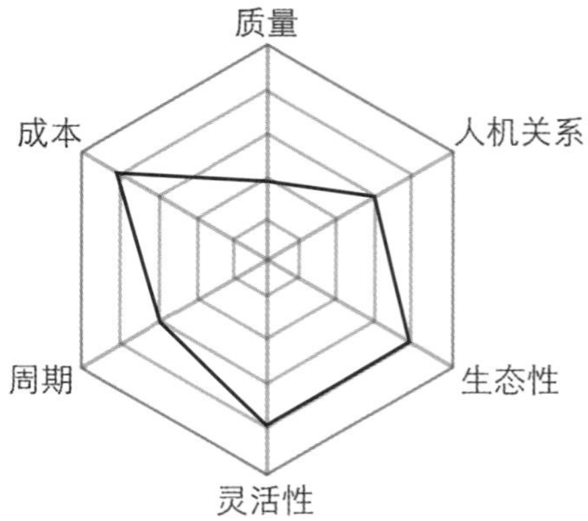

图 3-4-21　方案二评估

3)方案三

方案三为侧面设置电子秤挂钩称量包裹质量。图 3-4-22 为方案三无人快递车效果图。图 3-4-23 为方案三评估图。寄件流程:选择寄件—左侧弹出电子秤—挂上包裹—屏幕显示金额以及二维码—扫码付款—柜门打开—放入包裹—关闭柜门。

图 3-4-22　方案三效果图

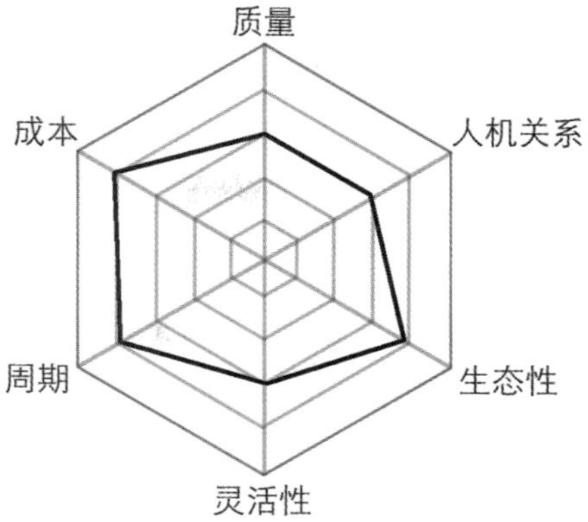

图 3-4-23　方案三评估

4)方案四

方案四为在屏幕底部设置手动电子秤。图 3-4-24 为方案四无人快递车效果图。图 3-4-25 为方案四评估图。寄件流程:选择寄件—手动放下电子秤—放上包裹—屏幕显示金额以及二维码—扫码付款—合上电子秤—柜门打开—放入包裹—关闭柜门。

图 3-4-24　方案四效果图

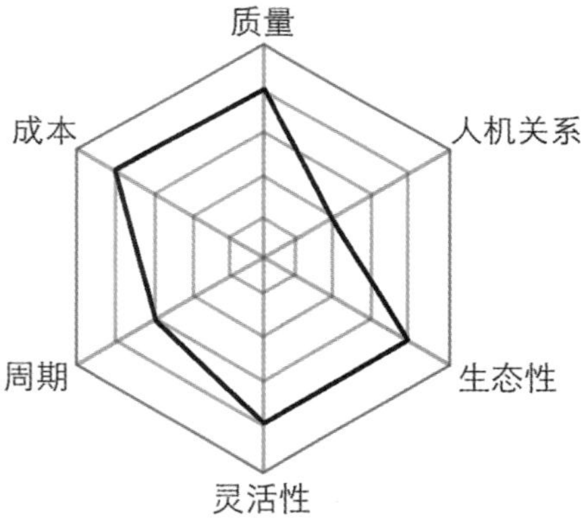

图 3-4-25　方案四评估

5)方案五

方案五为柜门打开后,设置电子秤。图 3-4-26 为方案五无人快递车效果图。图 3-4-27 为方案五评估图。寄件流程:选择寄件—扫码—打开柜门—放入包裹—手机显示金额—关闭柜门—手机付款。

图 3-4-26　方案五效果图

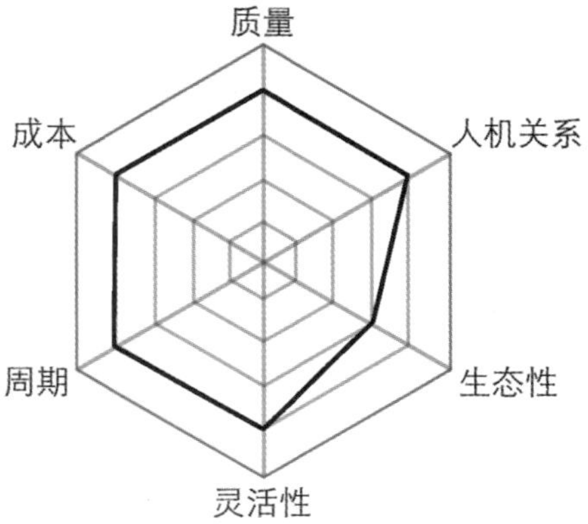

图 3-4-27　方案五评估

2.方案总结

经过方案评估（图 3-4-28），最终选择方案五，它在方案评估中最为均衡，并且它弥补了前 4 个方案的缺陷，也就是在关闭柜门之前，用户可以将已经称重完成的包裹调包，进而达到省钱的目的。而方案五是关闭柜门再付款，避免非正常用户钻空子的行为，因此方案五是比较完善的方案。

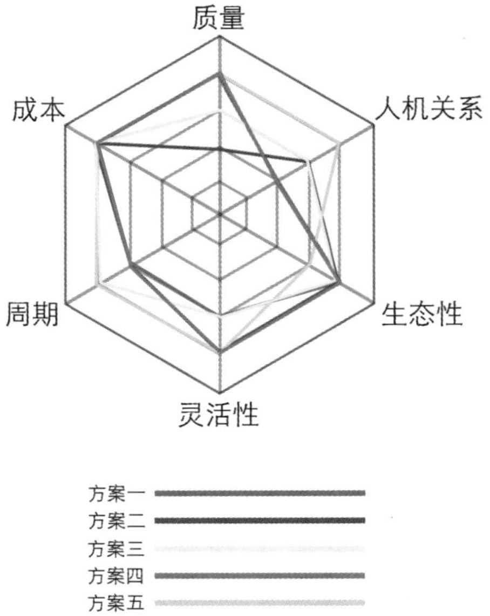

图 3-4-28　方案评估（彩色图可参见电子版本）

3.无人快递车面部改进方案

现行的无人快递车面部存在标识不清以及对车体状态描述不清的情况，无法让用户对无人快递车的状态作出正确的判断。针对这个问题进行相应的设计，在车体前部增加行车状态的显示，可以让用户知晓车辆状态，进而作出正确的判断（图 3-4-29）。

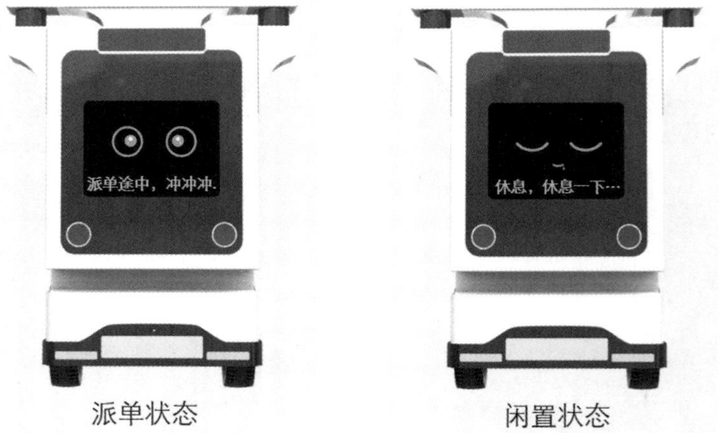

图 3-4-29　无人快递车面部设计方案（组图）

五、总结

1.问题总结

研究团队针对物品称重、APP 交互问题进行了改进(解决方案存在的各种不足),但是无人快递车不够灵活,需要下楼寻找等技术问题还无法解决。

2.实验总结

由于无人快递车测试的时间限制,研究团队将实验两个部分拆开进行单独测试,没有让被试者体会预约、等待、下楼、寻找无人快递车的完整过程,所以用户体验感以及实验环境并没能完全模拟现实场景,导致用户体验不够完整。

3.数据处理

由于之前研究团队对眼动仪不熟悉,所以在设计实验的过程中,对设备的使用以及后期数据的处理不够完善,而且对数据的挖掘不够深入,角度单一,需要通过从多个角度挖掘数据来分析问题。

案例五　自动售货机设计

设计者:王雨蓁　张　安　盛　麟　马雪振　王　智　薛俊婷
指导教师:邢　元　张赫晨

扫一扫

视频:自动售货机改进设计

一、项目介绍

1.背景介绍

随着商品经济的发展、民众购买力的提升、技术的进步和劳动力成本的增长,自动售货机正在我国快速普及。通过调查我国自动售货机的使用情况发现,50%以上的用户由于害怕出错和不愿意学习操作步骤而放弃使用自动售货机。操作出错和认知成本高都与操作流程和界面布局不合理有直接的关系,而这都属于自动售货机的可用性范畴。因此,对自动售货机进行可用性测试,对售货机的人机界面设计具有重要的意义。

测试目的:对自动售货机的可用性进行重点研究,从而发现自动售货机操作和界面布局的不合理之处,为自动售货机的人机界面设计提供帮助。

2.测试产品介绍

本项目的测试对象是天津大学北洋园校区公共教学楼 44 教一层的 2 台自动售货机,如图 3-5-1 所示。

二、可用性测试设计

1.5W1H 要素

WHAT:天津大学北洋园校区公共教学楼 44 教 1 层的自动售货机。

WHO:在校学生。

WHERE:天津大学北洋园校区公共教学楼 44 教 1 层。

WHEN:2019 年 12 月 9 日,2019 年 12 月 10 日。

WHY:使用中发现自动售货机操作和界面布局不合理,通过测试改善自动售货机的人机界面设计。

HOW TO:采用问卷、访谈以及实验的方式,收集数据进行分析。

2.用户使用流程

本项目着重对自动售货机进行使用流程的确定。首先是选择物品。选择物品有 3 种方式,第 1 种是直接在大屏幕上选择,第 2 种是使用取货码选择,第 3 种是在屏幕左侧显示实物的按钮上选择。其次是核对选择的信息。再次是支付，一种方式是扫码支付，另一种方式是扫脸支付。最后等待一定时间后完成取货。使用流程如图 3-5-2 所示。

图 3-5-1　自动售货机 1 和自动售货机 2（组图）

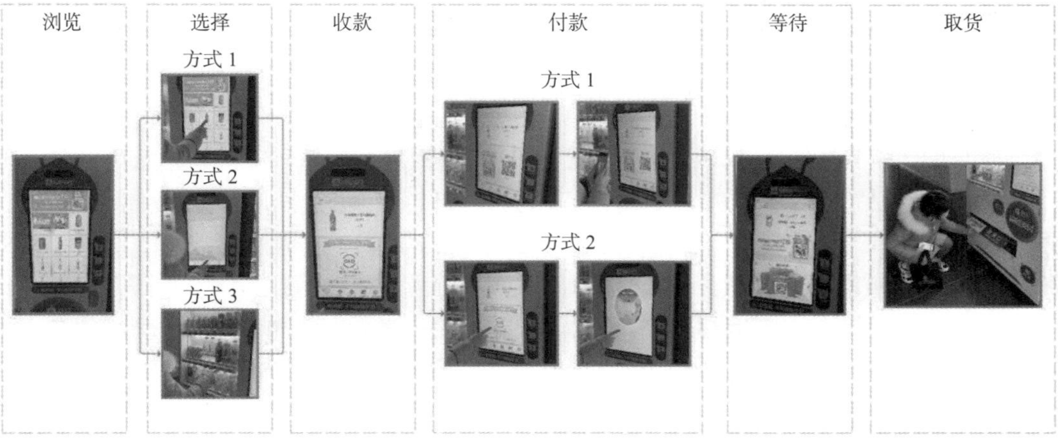

图 3-5-2　使用流程

3.人机交互过程

交互流程主要描述了大脑支配的手、眼、耳、肢体和脸与实现购买直接的交互关系，主要是通过手选择，自动售货机通过声音、视觉反馈系统反馈给眼睛、耳朵，然后自动售货机内系统自我作用，发出支付输出，人通过扫码或扫脸动作，实现支付，售货机系统再次接受输入信号，输出产品，人通过声音识别反馈，通过肢体取货。交互分析如图 3-5-3 所示。

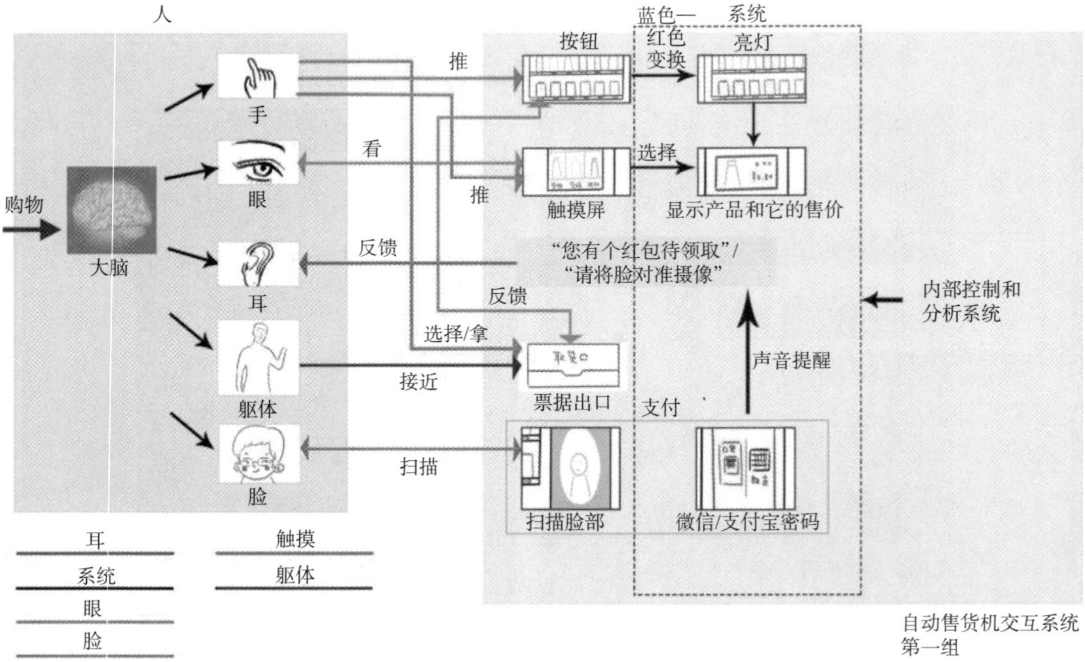

图 3-5-3　自动售货机交互分析图

4.测试实验设计

根据预设的用户和使用过程，研究团队设计了测试计划和实验。参与者为 16 名 18~30 岁的大学生，他们均无身体残疾，对售货机的使用无抵触心理，均为自愿参与。实验方法包括有声思维法、行为观察法、访谈法、问卷调查法和眼动追踪法等。测试工具为头戴式眼动仪、秒表、手机。其中眼动仪的型号为 Tobii Glasses2，采样频率为 50 Hz 或 100 Hz。测试地点为天津大学北洋园校区 44 教 1 层自动售货机旁，选取上课时间（安静的环境）开展测试。

通过初步的问卷调查，发现用户倾向于通过商品柜上的按钮和在屏幕点击商品图片这 2 种方式选择商品，支付方式倾向于支付宝刷脸和支付宝扫码支付，因此后续测试围绕这 2 种选择商品的方式和这 2 种支付方式进一步进行任务测试。实验步骤如下。①实验前访谈。实验前，向被测试者简单介绍实验背景，提问提前准备好的测试问题，了解被测试者的一些日常行为习惯、采用的购买方式和支付方式以及一些具体需求问题。②眼动仪校准。被测试者佩戴头戴式眼动仪，其中眼动仪的型号为 Tobii Glasses2，注视测试卡片进行校准，校准成功后，开始测试。③实验流程具体介绍。向被测试者简单介绍实验流程，规定操作流程和操作任务，让被测试者采用有声思维的方式表达出自己所想的内容，按照指令进行操作。④正式实验。依次开展针对 1 号自动售货机、2 号自动售货机的测试，在每次测试后，让被测试者填写 SUS 可用性量表（图 3-5-4），并且回答访谈问题。⑤测试结束。感谢被测试者的参与，将礼物送给被测试者。实验现场如图 3-5-5 所示。

	强烈反对				非常同意
1、我认为我会经常使用这个自动售货机	1	2	3	4	5
2、我发现这个自动售货机没必要这么复杂	1	2	3	4	5
3、我认为该自动售货机容易使用	1	2	3	4	5
4、我认为我会需要技术人员的支持才能使用自动售货机	1	2	3	4	5
5、我发现这个自动售货机中的不同功能被较好地整合在一起	1	2	3	4	5
6、我认为这个自动售货机不太一致	1	2	3	4	5
7、我以为大部分人会很快学会使用这个自动售货机	1	2	3	4	5
8、我发现这个自动售货机使用起来非常笨拙	1	2	3	4	5
9、对于使用这个自动售货机，我感到很自信	1	2	3	4	5
10、在我可以使用该自动售货机之前，我需要学习很多东西	1	2	3	4	5

图 3-5-4　SUS 可用性量表

图 3-5-5　实验现场（组图）

三、可用性测试的数据分析

1.测试前访问数据分析总结

访谈问题包括：平均每周使用自动售货机的频率，习惯用哪种方式选择物品（小屏幕、按钮、货道号），使用自动售货机习惯的支付方式（刷脸、扫码），使用自动售货机是否会买2个以上物品，对自动售货机是否有信任感。结果见表3-5-1。

表3-5-1　实验前访问的数据

性别	男（8）	女（8）	—	—	—
年级	本科（3）	研究生（12）	博士（1）	—	—
频率	没用过（3）	一个月一次（2）	两周一次（1）	一周一次（9）	一周两次（1）
选择方式	按钮（9）	小屏幕（5）	随机（1）	其他（1）	—
支付方式	刷脸（1）	扫码（15）	—	—	—
是否会买2个以上物品	是（8）	否（8）	—	—	—
信任感	有（7）	没有（9）	—	—	—

根据结果，可以得出下列结论：①大多数人喜欢用按钮选择；②大多数人喜欢扫码支付；③大多数人会有购买2个以上物品的需求；④使用者对机器还是缺乏信任。

2.SUS数据分析总结

根据1号和2号自动售货机的SUS量表得出机器的SUS数据，见表3-5-2。1号机器为72.03分，2号机器为73.75分。2号机器的得分比较高。根据不同问题对应的作用，可以算出机器1和机器2的可用性和可学习性分数，可以看出机器2的各项指标明显都比机器1高。

表3-5-2　SUS数据总结

问题/类别	1号机器	2号机器
Q1	2.812 5	2.5
Q2	1.875	2.312 5
Q3	2.875	3.125
Q4	3.688	3.687 5
Q5	2.188	2.375
Q6	2.75	2.813
Q7	3.25	3.25
Q8	3	3.063
Q9	3.125	3.063
Q10	3.25	3.313
总得分	28.812 5	29.5
SUS得分	72.03	73.75
可用性	68.359 375	70.313
可学习性	86.718 75	87.5

3.视频数据统计与总结

1)1 号售货机

根据现场实验拍摄的视频，对使用 1 号自动售货机时的有声思维和在各个阶段出现的问题及其次数进行总结。1 号售货机有声思维总结见表 3-5-3，1 号售货机问题与次数总结见表 3-5-4。

表 3-5-3　1 号售货机有声思维总结

编号	浏览	选择	支付	取货
1		说“按键，什么按键啊”		（先摸了上面）说“咋开呢”
2				说“卡住”
3	说“这个东西一跳一跳的到底是有还是没有，怎么一会儿有一会儿没有”		说“我扫哪个”	说“这个广告有意思”
4			说“咦，这是淘宝”（重复了整个流程）	
5		说“什么按键，这个?”		说“出来了没?”
6	说“太乱了，最好按颜色来排，会好一点”	说“还是没那么容易找，没能在瞬间找到”“我刚刚按好了吧，这个有点儿尴尬，我按下去之后这个灯最好常亮”		说“噢，抬起的，这个肯定不行”
7				（先摸了上面）
8				（先摸了上面后摸了两边）
9		（按了很多遍按键）		（先摸了上面后推了一下）
10				
11				
12				
13	（只看了屏幕）	（按了两次按键）		
14				
15				
16		（按了三次按键）		（先推了两下）

表 3-5-4　1 号售货机问题与次数总结

步骤	问题	人数
浏览	按钮指示灯混乱	1
	商品货架排布混乱	1
选择	找不到按键	2
	不确定是否按下按键	4

续表

步骤	问题	人数
付款	不知道扫哪个码	1
	点错 APP	1
取货	卡住	1
	找不到取货口打开方式	6
	不知道货物掉下来没	1

将 1 号自动售货机划分为情感、交互、产品层面，在不同层面上对其进行分析，找出需要改进的地方以及侧重点，情感、交互、产品层面见表 3-5-5。

表 3-5-5　情感、交互、产品层面（1 号售货机）

层面	出现的问题（提及次数）
产品层面	挡板出现打开错误的情况（10）
	取货口有 3 个槽，不知道从哪里出（4）
	可视性不强，不知道货物余量（4）
	挡板一只手打开不方便（2）
	产品种类太少（2）
交互层面	没有注意到语音提示（14）
	按键没有反馈（8）
	左侧不显示价格（5）
	无法快速从屏幕上找到对应商品（5）
	屏幕和按键结合会对选择产生困扰（5）
	货物的陈列方式不符合认知习惯（4）
	按键灯光总是闪（2）
	商品掉落前无提示（2）
情感层面	遇到需要排队等待的情况（11）
	刷脸支付存在信息泄露的风险（5）
	刷脸支付被人围观（4）
	担心支付后不掉落物品（2）
	支付界面缺乏信任感（1）

2）2 号售货机

根据现场实验拍摄的视频，对使用 2 号自动售货机时的有声思维和在各个阶段出现的问题及其次数进行总结。2 号售货机有声思维总结见表 3-5-6，2 号售货机问题与次数总结见表 3-5-7。

表 3-5-6 2 号售货机有声思维总结

编号	浏览	选择	支付	取货
1			说“扫哪里”	
2		说“语音声音小”	说“只能一种扫码吗”	说“好难拿呀”
3				说“吓死了”
4				说“脉动在哪”“好难拿呀”
5				说“在哪呀,挡板太沉了”
6	说“在哪扫码”			
7	说“扫码扫不了”			
8				
9				
10				说“手机显示出货失败了”
11	说“在哪扫码”			说“挡板太沉了”
12				
13				(先拉了两下)
14				(先拉了两下)
15				说“挡板太沉了”
16				说“挡板太沉了”

表 3-5-7 2 号售货机问题与次数总结

步骤	问题	人数
浏览	屏幕挡住货物	5
	屏幕位置高	3
选择	商品图片小,不容易找到商品	3
付款	扫码入口不容易找到	2
	认为微信和支付宝图标误可以点击	2
取货	取货板出现夹手的情况	7
	物品掉落突然,声音很大,被吓到	3
	物品会有破损	1
	取货口位置太低,取货姿势僵硬	3
	取货方式不明显	2

把 2 号自动售货机划分为情感、交互、产品层面,在不同层面上对其进行分析,找出需要改进的地方以及侧重点,见表 3-5-8。

表 3-5-8 情感、交互、产品层面(2 号售货机)

层面	出现的问题(提及次数)
产品层面	挡板出现夹手的情况(13)
	挡板太重(10)
	屏幕较小(5)
	屏幕遮挡部分商品(4)
	摄像头位置太高(2)
交互层面	无法快速从屏幕上找到对应商品(5)
	货物的陈列方式不符合认知习惯(4)
	屏幕上图片不清楚/太小(3)
	在货架上浏览后仍需在屏幕上寻找(2)
	商品掉落前无提示(2)
情感层面	刷脸支付存在信息泄露的风险(5)
	刷脸支付被人围观(4)
	担心支付后不掉落物品(2)
	支付界面缺乏信任感(1)
	担心掉落的物品与选择的物品不同(1)

4. 眼动仪数据分析

本部分将结合热点图和注视点序列图对自动售货机的购买效率、界面合理性以及信息提取难易度进行分析。注视热点图反映被测对象注视点具体的空间分布情况,采用颜色深浅程度反映注视时间的长短;注视点序列表示注视点在各区域之间的转换情况,是度量界面布局合理性的重要指标之一。

1 号自动售货机的热点图如图 3-5-6 所示,从热点图中可以看出,用户关注更多的区域主要分布在货品展示区和支付区,而且用户对人机界面左侧的注视程度比右侧的注视程度要高,在进行实验时用户在左侧进行的操作也更多。在按键周围的注视程度较高并且比较发散,这说明用户在这一区域提取信息较为困难,说明按键设计不合理。1 号自动售货机的注视点序列如图 3-5-7 所示,从图中可以看出,用户在进行货物浏览时首先将第一视线集中在售货机的上部区域,按从上到下的顺序对货物进行浏览。在使用按键选择货物时,用户的注视点序列较为杂乱,说明用户在寻找按键时较为困难,按键的语意性不强,在进行支付时用户首先确定货物是否准确,然后才会进行扫码支付。

2 号自动售货机的热点图如图 3-5-8 所示,用户在进行浏览时注视的区域主要分布在货物的展示区域和支付界面,对取货口几乎没有注视。与展示区域相比,用户对右侧显示屏的注视程度更高,这说明在支付界面存在一定的信息提取难度,结合访谈问题可以发现这是由于显示屏较小,界面信息提取难度大。2 号自动售货机注视点序列如图 3-5-9 所示,用户在进行浏览时的视线顺序与 1 号售货机大致相同,都是按照从上向下的顺序浏览货物。在进行扫码支付时,用户的视线首先被天猫红包的二维码所吸引,而且在对被测试者进行观察时也发现存在被测试者扫错支付二维码的行为,这说明支付界面设计不合理,会使用户混淆。

图 3-5-6　1 号自动售货机热点图(组图)

图 3-5-7　1 号自动售货机注视点序列图(组图)

图 3-5-8　2 号自动售货机热点图(组图)

图 3-5-9　2 号自动售货机注视点序列图（组图）

四、可用性测试总结

本研究针对这两款自动售货机的问题进行了总结并提出了解决方案，见表 3-5-9 和表 3-5-10。

表 3-5-9　1 号自动售货机问题及解决方案

步骤	发现问题	解决方案
浏览	1.按键示意性不强，按键灯混乱 2.货架上不显示价格 3.可视性不强，无法判断货物余量	1.按键灯更具示意性 2.货架上显示价格和货物余量
选择	按键没有反馈	按键后，有明显反馈，可通过视觉、听觉、触觉反馈
支付	红包二维码过于显眼	付款二维码和红包二维码主次分明
取货	1.取货槽太多，不确定从哪个槽出货 2.取货板操作方式示意不明显	1.减少取货槽数量 2.取货板的设计更具示意性

表 3-5-10　2 号自动售货机问题及解决方案

步骤	发现问题	解决方案
浏览	1.屏幕挡住货物 2.物品排列混乱 3.位置高，尺寸小	1.改进屏幕与展示柜的位置关系 2.物品排列更有规律 3.屏幕尺寸及位置符合人体工学
选择	1.商品图片小，不容易找到商品 2.反馈声音小	1.屏幕尺寸变大，商品图片变大 2.采用合理的反馈方式
支付	1.扫脸支付的摄像头太高 2.扫码入口不容易找到 3.微信和支付宝图标误认为可以点击	1.调整摄像头位置，符合人体工学 2.扫码图标更明显 3.调整图标形式
取货	1.取货板太重 2.取货板出现夹手的情况 3.物品掉落突然，声音很大，物品会有破损 4.取货口位置太低 5.取货方式不明显	1.改进取货板结构 2.底部加缓冲物 3.出货时有提示 4.调整取货口位置 5.取货板设计更具示意性

五、产品重新设计

1.选择产品改进问题

1 号自动售货机的问题：没有注意到语音提示（14）+按键没有反馈（8）+屏幕和按键结合会对选择产生困扰（5）+按键灯光总是闪（2）=按键（29），共计 29 次问题反馈，涉及 4 个方面。

2 号自动售货机的问题：挡板出现夹手的情况（13）+挡板质量太大（10）=挡板（23），共计 23 次问题反馈，涉及 2 个方面。

综合考虑问题的出现次数和问题的复杂性，对 1 号自动售货机的按键进行改进。

2. 635 方法的应用

首先对小组内的成员进行编号，随后按照主持人的指示进行方案设计，每人在 5 分钟内设计 3 个方案，然后将方案记录表逆时针传递给相邻的人。每个人接到卡片后，在第二个 5 分钟内再写 3 个方案，然后再传递出去。如此传递 6 次，半小时内完毕，最终小组内产生了 102 个方案（图 3-5-10）。之后，从灵活性、人机关系、周期、成本、质量、生态性等方面对方案进行评估（图 3-5-11）。

3.改进后的设计

根据评分，确定最终设计方案，如图 3-5-12 所示。该方案有以下特点：①凸显的屏幕按键设计；②按键简单化设计；③选择面板与货架等宽；④有声音反馈；⑤按键尺寸符合人体工学；⑥按键背光颜色有变化。

六、总结

通过此可用性测试和产品改进设计研究，研究团队可学习如何科学地完成可用性测试和处理测试数据。在可用性测试中，研究团队发现了学校自动售货机的一些问题，并对其进行了重新设计以解决这些问题。但本次实践仍存在一些不足，具体如下。首先，在进行 635 方案选择时，由每个人选自己最好的方案按照 6 个标准进行组内打分，但该方法可能过于主观，应该由专家小组进行打分，这样会更加准确。其次，改进方案需要进行进一步测试，才能证明改进是正确的解决问题的方案。最后，由于时间、精力不足的原因，改进的问题不全面，而很多问题是存在联系的，所以改进方案不能很完美地解决问题。

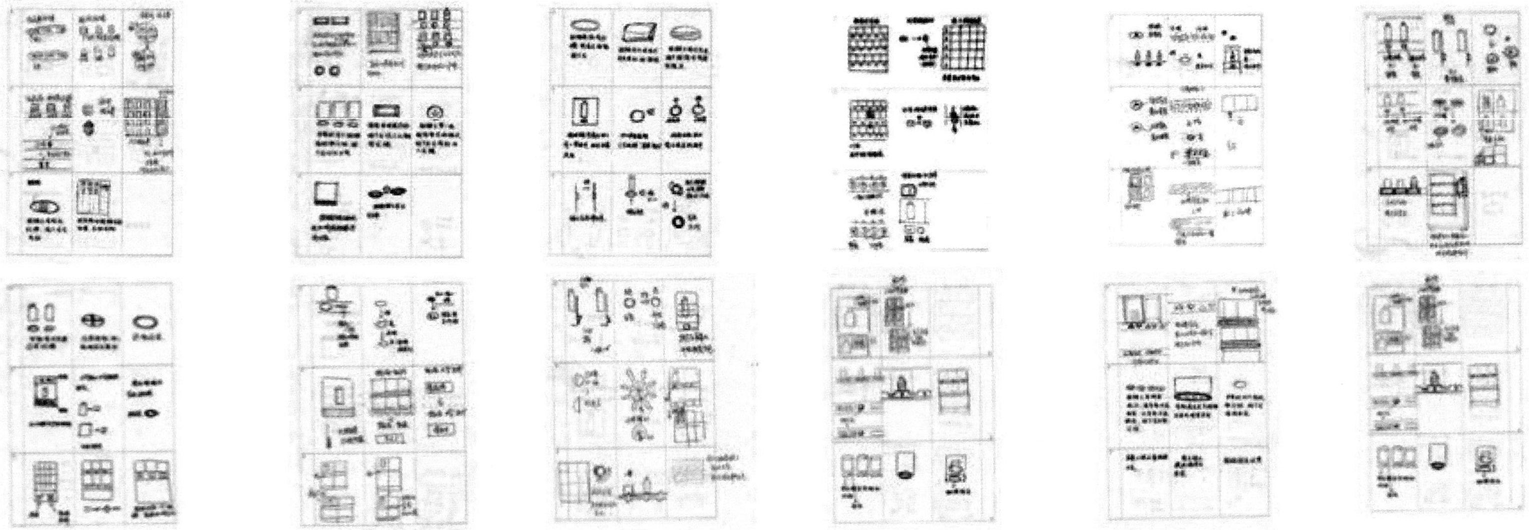

图 3-5-10　635 方案（彩色图参见电子版本）

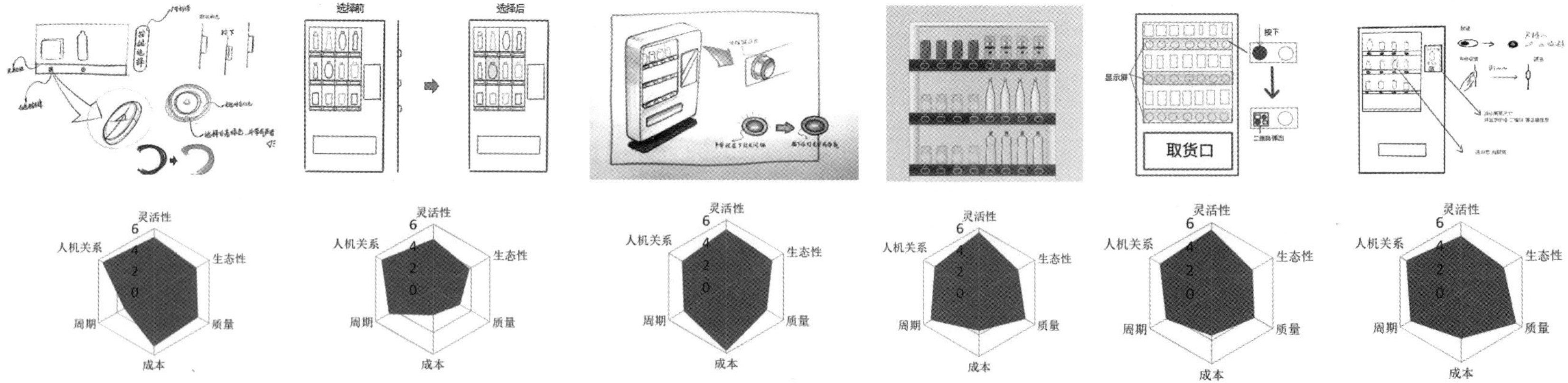

图 3-5-11　部分方案及评分雷达图（彩色图参见电子版本）

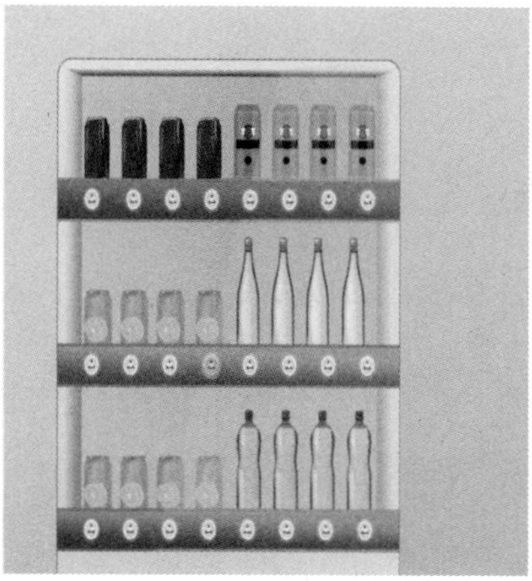

图 3-5-12　最终设计方案

致　　谢

感谢天津大学研究生院对研究生创新人才培养项目示范的支持!

感谢天津大学工业设计团队的大力支持! 感谢工业设计专业同学们的精彩创意和踏实工作,为本书贡献了丰富的案例!

感谢同济大学林松老师、天津大学工业设计专业项忠霞老师、张赫晨老师,以及马克思主义学院李瑞婷老师在书籍撰写和课程建设中给予的帮助!